高职高专水利工程类专业"十二五"规划系列教材

水利工程施工组织与管理

主　编　孟秀英　谢永亮　段凯敏
副主编　刘能胜　周　琼

U0363044

华中科技大学出版社
中国·武汉

内 容 提 要

本书是全国水利工程类专业高等职业教育规划教材,是根据"国家中长期教育改革和发展规划纲要(2010—2020 年)"的精神编写的。全书共分为 9 个项目,包括施工组织与管理概论、施工组织设计、网络计划技术、施工项目进度管理、施工项目质量管理、施工项目合同管理、施工项目成本管理、施工项目安全管理与职业健康、施工项目环境管理等。本书的编写全部采用新规范、新标准,广泛吸纳新技术,并针对职业教育的特点,以任务驱动的形式突出实用性,注重理论知识和实践应用相结合,力求体现施工组织与管理的先进经验和技术手段。

本书可供中等职业学校、高等职业院校、高等专科学校水利水电工程专业、水利水电施工专业、监理专业以及相关建筑施工专业等教学使用,也可作为其他相近专业的教学参考书,还可供水利水电工程技术人员、项目经理和项目管理人员参考使用。

图书在版编目(CIP)数据

水利工程施工组织与管理/孟秀英,谢永亮,段凯敏主编. —武汉:华中科技大学出版社,2013.2
ISBN 978-7-5609-8567-1

Ⅰ.①水…　Ⅱ.①孟…　②谢…　③段…　Ⅲ.①水利工程-工程施工-施工组织-高等职业教育-教材
②水利工程-施工管理-高等职业教育-教材　Ⅳ.①TV512

中国版本图书馆 CIP 数据核字(2012)第 290682 号

水利工程施工组织与管理　　　　　　　　　　　　　孟秀英　　谢永亮　　段凯敏　　主编

策划编辑:谢燕群　熊　慧
责任编辑:余　涛
封面设计:李　嫚
责任校对:李　琴
责任监印:周治超
出版发行:华中科技大学出版社(中国·武汉)　　　电话:(027)81321913
　　　　　武汉市东湖新技术开发区华工科技园　　　邮编:430223
录　排:武汉市洪山区佳年华文印部
印　刷:武汉市籍缘印刷厂
开　本:787mm×1092mm　1/16
印　张:17.75
字　数:448 千字
版　次:2017 年 1 月第 1 版第 2 次印刷
定　价:35.00 元

高职高专水利工程类专业"十二五"规划系列教材

编 审 委 员 会

主　任　汤能见

副主任（以姓氏笔画为序）

汪文萍　陈向阳　邹　林　徐水平　黎国胜

委　员（以姓氏笔画为序）

马竹青　陆发荣　吴　杉　张桂蓉　宋萌勃

孟秀英　易建芝　胡秉香　姚　珧　胡敏辉

高玉清　桂健萍　颜静平

前　　言

本教材是根据"国家中长期教育改革和发展规划纲要(2010—2020年)"的文件精神,为适应职业教育改革与发展的需要,以培养水利水电工程建设人才为目的而编写的职业教育系列教材之一。

"施工组织与管理"课程是水利类专业职业院校学生必修的一门专业课程,是一门理论与实践紧密结合的应用型课程。本书介绍了水利工程的施工组织与管理。通过对本课程的学习,学生应具有水利工程施工组织与管理的基本职业能力。

本教材的编写在注重基础知识的同时,结合水利工程施工实际,按照职业教育的要求,结合教学改革实践,严格遵照水利水电工程的新规范、新标准、新技术的要求;在编写过程中突出实用性,以任务驱动的形式提出知识目标和能力目标,列举了很多水利工程案例,力求体现施工组织与管理的先进经验和技术手段。

全书共分9个项目,包括施工组织与管理概论、施工组织设计、网络计划技术、施工项目进度管理、施工项目质量管理、施工项目合同管理、施工项目成本管理、施工项目安全管理与职业健康、施工项目环境管理等内容。

本书由华北水利水电学院水利职业学院的孟秀英,长江工程职业技术学院的谢永亮、段凯敏任主编,由湖北水利水电职业技术学院的刘能胜、华北水利水电学院水利职业学院的周琼任副主编。全书由孟秀英修改并统稿。编写分工如下:孟秀英编写了项目1、6、7(部分),谢永亮编写了项目2、7(部分),段凯敏编写了项目3、8,刘能胜编写了项目4、9,周琼编写了项目5。

我们恳切地希望各校师生及其他读者对本教材存在的缺点和错误随时提出批评和指正。

编　者

2012年10月

目　　录

项目 1　施工组织与管理概论

项目重点

　施工组织与管理的含义和任务、水利水电工程建设的基本程序、水利水电工程建设的项目划分、施工组织与管理的各种模式,项目施工的准备工作。

教学目标

　掌握施工组织与管理的含义和任务;掌握水利水电工程建设的基本程序;理解水利水电工程建设的项目划分原则;熟悉施工组织与管理的各种模式;熟悉和理解项目施工的各项准备工作。

任务 1　施工组织与管理的含义和任务

知识目标

　掌握组织、施工组织与管理的含义,理解施工组织与管理的任务。

能力目标

　能叙述组织的含义,能说出施工组织与管理广义和狭义的含义,能讨论分析施工组织与管理的任务。

　水利水电工程建设是国家基本建设的一个重要组成部分。水利水电工程建设规模大,涉及专业多,遇到的地形、地质、气候等条件复杂,施工难度大,施工周期长,要完成好水利水电工程建设,必须进行科学系统的施工组织与管理,做好施工人员、机械、材料、方法及各个环节的协调配合,保证工程按照计划、有序、连续地进行,这对提高工程质量、合理安排工期、降低工程成本、保证施工安全和施工环境具有重要的作用和意义。

模块 1　施工组织的含义

1. 组织的含义

组织是为了达到某些特定目标,在分工合作的基础上构成的人的集合。

组织作为人的集合不是简单的、毫无关联的、个人的加总,而是人们为了实现一定的目的,有意识地协同劳动而产生的群体。可从以下几个方面来理解组织的含义。

(1) 组织是一个人为的系统。

(2) 组织必须有特定目标。

(3) 组织必须有分工与协作。

(4) 组织必须有不同层次的权利与责任制度。

在管理学中,组织被看做是反映一些职位和一些个人之间的关系的网络式结构。组织可以从静态和动态两个方面来理解:静态方面,是指组织结构,即反映人、职位、任务以及它们之间的特定关系的网络;动态方面,是指维持与变革组织结构,以完成组织目标的过程。因此,组织被作为管理的一种基本职能。

2. 施工组织与管理的含义

对于一个水利水电工程项目,施工组织与管理的含义分为广义和狭义两种。

1）广义的施工组织与管理

广义的施工组织与管理是指在整个水利施工项目中从事各种项目管理工作的人员、单位、部门组合起来的管理群体。

由于工程项目参与者(投资者、业主、设计单位、承包商、咨询或监理单位、工程分包商等)很多,参与各方都将自己的工作任务称为施工项目,都有自己相应的施工管理组织,如业主的项目经理部、项目管理公司的项目经理部、承包商的项目经理部、设计项目经理部等。其间有各种联系,有各种管理工作、责任和任务的划分,形成该水利施工项目总体的管理组织系统。

2）狭义的施工组织与管理

狭义的施工组织是指由业主委托或指定的负责水利工程施工的承包商的施工项目管理组织。该组织以项目经理部为核心,以施工项目为对象,进行质量、进度、成本、合同、安全等管理工作。

本书中的施工组织与管理,如果不专门指出,则是指狭义的施工组织与管理。

模块 2　施工组织与管理的任务

施工组织与管理的任务是根据不同的水利施工项目,按照业主和承包商签订的施工合同中的要求和任务,通过对项目经理部人员的组织与管理,确定各种管理程序和组织实施方案,以便达到完成施工任务,获得合理利润的目的。其具体任务如下。

（1）研究施工合同,确定施工任务,确定工程项目的总体施工组织与设计,包括施工总体布置、施工总进度计划、施工设备和施工人员的安排。

（2）分析施工条件,研究确定不同施工阶段的施工方案、施工程序、施工组织安排。

（3）合理安排施工进度,组织现场的施工生产。

（4）解决施工的技术问题,确保按照施工图纸要求完成各项施工任务。

（5）解决施工中的质量问题,确保工程质量达到合同及国家规范要求。

（6）合理地控制施工成本,完成工程的各项结算管理,使项目经理部能获得有一定的利润。

（7）解决施工中的职业健康、安全问题,制订并落实各项管理措施。

（8）解决施工的环境保护问题,使项目施工达到环境部门的要求。

（9）解决协调同业主、监理工程师、设计单位、施工当地各部门以及项目经理内部的信息沟通、协调等问题。

（10）完成工程的各项阶段验收和竣工验收等工作,做好竣工资料的整理工作。

任务 2　水利水电工程建设程序

知识目标

理解工程建设程序的含义和过程,掌握工程建设的步骤。

能力目标

能叙述工程建设程序的含义和过程,分组讨论能熟悉掌握工程建设的步骤。

模块 1 工程建设程序

1. 工程建设程序含义

工程建设基本程序是指基本建设项目从决策、设计、施工到竣工验收整个工作进行过程中各阶段及其工作所必须遵循的先后次序与步骤。它所反映的是在基本建设过程中各有关部门之间一环扣一环的紧密联系和工作中相互协调、相互配合的工作关系。它是工程建设活动客观规律(包括自然规律和经济规律)的反映,也是人们在长期工程建设实践过程中的技术和管理活动经验的理性总结。科学的建设程序在坚持"先勘察、后设计、再施工"的原则基础上,突出优化决策、竞争择优、科学管理的原则。

2. 工程建设程序的组成

根据我国基本建设实践,水利水电工程基本建设程序归纳起来可以分为四大阶段八个环节,如图 1-1 所示。

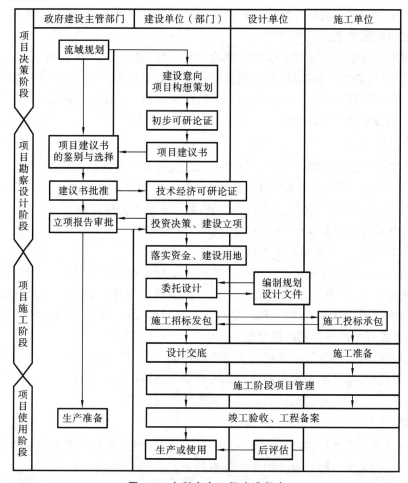

图 1-1 水利水电工程建设程序

(1)第一阶段是建设项目决策阶段,它包括:根据资源条件和国民经济长远发展规划进行流域或河段规划,提出项目建议书;进行可行性研究和项目评估,编制可行性研究报告两个环节。

(2)第二阶段是项目勘察设计阶段,对拟建项目在技术和经济上进行全面设计,是工程建设计划的具体化的阶段。这一阶段的成果是组织施工的依据。勘察设计直接关系到工程的投资、工程质量和使用效果,是工程建设的决定性环节。

（3）第三阶段是项目施工阶段,它包括建设前期施工准备、全面建设施工和生产（投产）准备工作三个主要环节。

（4）第四阶段的工作是项目竣工验收和交付使用,在生产运行一定时间后,对建设项目进行评价。

模块 2　工程建设步骤

1. 项目建议书

项目建议书是在流域规划的基础上,由主管部门提出建设项目的轮廓设想,从宏观上衡量、分析项目建设的必要性和可能性,分析建设条件是否具备、是否值得投入资金,以及如何进行可行性研究工作的文件。

项目建议书的编制一般由政府委托有相应资质的设计咨询单位承担,并按国家现行规定权限向主管部门申报审批。

项目建议书是确定建设项目和建设方案的主要文件,是编制设计文件的依据。其主要内容包括:拟建项目的必要性和依据、建设规模和建设地点的初步设想、建设布局和建设条件的初步分析、投资估算和资金筹措的设想,以及项目进度的初步安排和效益估算等。

项目建议书被批准后,即可进行下一步的可行性研究工作。

2. 可行性研究

可行性研究是项目能否成立的基础,这个阶段的成果是可行性研究报告。它是运用现代科学技术、经济学和管理工程学等,对项目进行技术经济分析的综合性工作。其任务如下。

（1）在技术上是否可行,经济效益是否显著,财务上是否能够盈利;

（2）建设中要动用多少人力、物力和资金;

（3）建设工期有多长,如何筹集建设资金等。

可行性研究是进行建设项目决策的主要依据。水利水电工程项目的可行性研究是在流域（河段）规划的基础上,组织各方面的专家、学者对拟建项目的建设条件进行全方位、多方面的综合论证比较的过程。例如,三峡工程就是对许多部门和专业,甚至整个流域的生态环境、文物古迹、军事等进行可行性研究后确定的。

可行性研究报告是由项目主管部门委托工程咨询单位或组织专家进行评估,并综合行业归口部门、投资机构、项目法人等方面的意见进行审批而形成的。项目的可行性研究报告批准后,应正式成立项目法人,并按项目法人责任制实行项目管理。

3. 勘察设计

可行性研究报告批准后,项目法人应择优（一般通过招标）选择有相应资质的设计单位承担工程的勘测设计工作。勘察设计的主要任务如下:

（1）确定工程规模,确定工程总体布置、主要建筑物的结构形式及布置;

（2）确定电站或泵站的机组机型、装机容量和布置;

（3）选定对外交通方案、施工导流方式、施工总进度和施工总布置、主要建筑物施工方法及主要施工设备、资源需用量及其来源;

（4）确定水库淹没、工程占地的范围，提出水库淹没处理，移民安置规划和投资概算；

（5）提出水土保持、环境保护措施设计；

（6）编制初步设计概算，复核经济评价等。

勘察设计完成后按国家现行规定权限向上级主管部门申报，主管部门组织专家和相关部门进行审查，审查合格后由主管部门审批通过。

4. 施工准备阶段

施工准备工作开始前，项目法人或其代理机构须依照有关规定向政府主管部门办理报建手续，须同时交验工程建设项目的有关批准文件。工程项目进行项目报建后，方可组织施工准备工作。施工准备阶段的主要内容如下：

（1）施工现场的征地、拆迁，施工用水、电、通信、道路的建设和场地平整等工程；

（2）生产、生活临时建筑工程；

（3）组织招标设计、咨询、设备和物资采购；

（4）组织建设监理和主体工程施工、主要机电设备采购招标，并择优选择建设监理单位、施工承包队伍及机电设备供应商；

（5）进行技术设计，编制、修正总概算和施工详图设计，编制设计预算。

5. 施工阶段

施工阶段以工程项目的施工和安装为工作中心，项目法人按照批准的建设文件组织工程建设，通过项目的施工，在规定的投资、进度和质量要求范围内，按照设计文件的要求实现项目建设目标，将工程项目从蓝图变成工程实体。

项目法人或其代理机构必须按审批权限向主管部门提出主体工程开工申请报告，报告经批准后，主体工程方可正式开工。主体工程开工须具备以下条件：

（1）前期工程各阶段文件已按规定批准，施工详图设计可以满足初期主体工程施工需要；

（2）建设项目已列入国家或地方水利水电工程建设投资年度计划，年度建设资金已落实；

（3）主体工程招标已经决标，工程承包合同已经签订，并得到主管部门同意；

（4）现场施工准备和征地移民等工程建设条件已经满足工程开工要求；

（5）建设管理模式已经确定，投资主体与项目主体的管理关系已经理顺；

（6）项目建设所需资金来源已经明确，投资结构合理；

（7）工程产品的销售已经有用户承诺，并确定了价格。

6. 生产准备阶段

生产准备是项目投产前所要进行的一项重要工作，是建设阶段转入生产经营的必要条件。项目法人应按照建管结合和项目法人责任制的要求，适时做好有关生产准备工作，其主要内容如下：

（1）生产组织准备，建立生产经营的管理机构及其相应管理制度；

（2）招收和培训人员，按照生产运营的要求，配备生产管理人员，并通过多种形式的培训，提高人员素质，使之能满足运营要求；

（3）生产技术准备，主要包括技术资料的汇总、运行技术方案的制定、岗位操作规程制定等；

（4）生产物资准备，主要落实投产运营所需要的原材料、协作产品、工器具、备品备件和其他协作配合条件；

（5）正常的生活福利设施准备。

7. 竣工验收

竣工验收是工程完成建设目标的标志,是全面考核基本建设成果、检验设计和工程质量的重要步骤。竣工验收合格的项目即从基本建设转入生产或使用。

在建设项目的建设内容全部完成,并经过单位工程验收,符合设计要求并按水利基本建设项目档案管理的有关规定,完成档案资料的整理工作,完成竣工报告、竣工决算等必需文件的编制后,项目法人按照有关规定向主管部门提出申请,根据国家和部颁验收规程组织验收。竣工决算编制完成后,须由审计机关组织竣工审计,其审计报告作为竣工验收的基本资料。

对于工程规模较大、技术较复杂的建设项目,可先进行初步验收。不合格的工程不予验收,有遗留问题必须有具体处理意见,且有限期处理的明确要求,并落实责任人。

工程验收合格后办理正式移交手续,工程从基本建设阶段转入使用阶段。

8. 后评价阶段

建设项目竣工投产,一般经过1～2年生产运营后就要对项目进行一次系统的项目后评价。其主要内容如下:

(1)影响评价,即项目投产后对各方面的影响所进行的评价;

(2)经济效益评价,即对项目投资、国民经济效益、财务效益、技术进步和规模效益、可行性研究深度等方面进行的评价;

(3)过程评价,即对项目立项、设计、施工、建设管理、竣工投产、生产运营等全过程进行的评价。

项目后评价工作一般按三个层次组织实施:项目法人的自我评价、项目行业的评价、计划部门(或投资方)的评价。

项目后评价的目的是总结工程项目建设的成功经验,发现项目管理中的问题,及时吸取教训,不断提高项目决策水平和投资效果。

任务 3　水利水电工程建设项目划分

知识目标

掌握工程建设项目划分;理解单项工程、单位工程、分部工程、分项工程的含义。

能力目标

能进行水利工程项目的项目划分;通过工程案例分组讨论划分各级工程项目。

模块 1　工程建设项目划分

工程建设项目是指按照一个总体设计进行施工,由一个或若干个单项工程组成,经济上实行统一核算,行政上实行统一管理的基本建设工程实体,如一座独立的工业厂房、一所学校或一项水利枢纽工程等。

一个基本建设项目往往规模大,建设周期长,影响因素复杂,尤其是大中型水利水电工程。因此,为了便于编制基本建设计划和工程造价,组织招投标与施工,进行质量、工期和投资控制,拨付工程款项,实行经济核算和考核工程成本,需将一个基本建设项目系统地逐级划分为若干个各级工程项目。基本建设工程通常按项目本身的内部组成,将其划分为单项工程、单位工程、分部工程和分项工程。

一个建设项目可以有几个单项工程,也可能只有一个单项工程。不得把不属于一个设计文件内的、经济上分别核算、行政分开管理的几个项目捆在一起作为一个建设项目,也不能把总体设计内的工程按地区或施工单位划分为几个建设项目。在一个设计任务书范围内规定分期进行建设的项目仍为一个建设项目。

1. 单项工程

单项工程是一个建设项目中具有独立的设计文件,可以独立组织施工,竣工后能够独立发挥生产能力和使用效益的工程。如工厂内能够独立生产的车间、办公楼建设等;一所学校的教学楼、学生宿舍建设等;一个水利枢纽工程的发电站、拦河大坝建设等。

单项工程是具有独立存在意义的一个完整工程,也是一个极为复杂的综合体,它是由许多单位工程所组成的,如一个新建车间,不仅有厂房建设工程,还有设备安装等工程。

2. 单位工程

单位工程是单项工程的组成部分,是指具有独立的设计文件、可以独立组织施工,但完工后不能独立发挥效益的工程。如工厂车间建设是一个单项工程,它又可划分为建筑工程和设备安装两大类单位工程。

每一个单位工程仍然是一个较大的组合体,它本身仍然是由许多结构更小的部分组成的,所以对单位工程还需要进一步划分。

3. 分部工程

分部工程是单位工程的组成部分,是按工程部位、设备种类和型号、使用的材料和工种的不同对单位工程所作的进一步划分形成的。如建筑工程中的一般土建工程,按照不同的工种和不同的材料结构可划分为土石方工程、基础工程、砌筑工程、钢筋混凝土工程等分部工程。

分部工程是编制工程造价、组织施工、质量评定、包工结算与成本核算的基本单位。在分部工程中影响工料消耗的因素仍然很多。例如,同样都是土方工程,土壤类别(如普通土、坚硬土、砾质土)不同,挖土的深度不同,施工方法不同,每一单位土方工程所消耗的人工、材料差别就很大,因此,还必须把分部工程按照不同的施工方法、不同的材料、不同的规格等进一步划分成分项工程。

4. 分项工程

分项工程是分部工程的组成部分,是通过较为简单的施工过程就能生产出来,并且可以用适当计量单位计算其工程量的建筑或设备安装工程;如 1 m³ 砖基础施工、一台电动机的安装等。一般来说,它的独立存在是没有意义的,它只是建筑或设备安装工程的最基本构成因素。

建设项目分解如图 1-2 所示。

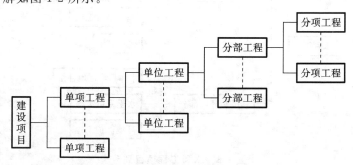

图 1-2   建设项目分解示意图

模块 2　水利水电建设工程项目划分

水利水电建设项目常常是由多种性质的水工建筑物构成的复杂的建筑综合体,与其他工程相比,包含的建筑种类多,涉及面广。例如,大中型水利水电工程除包含拦河大坝工程、主副厂房工程外,还有变电站、开关站、输变电线路、引水系统、泄洪设施、公路、桥涵、给排水系统、供风系统、通信系统、辅助企业、文化福利建筑等工程,难以严格按单项工程、单位工程等确切划分。在编制水利水电工程概预算时,根据现行水利部颁发的《工程设计概(估)算编制规定》(以下简称水总[2002]116 号文)的有关规定,结合水利水电工程的性质特点和组成内容进行项目划分。

1. 两大类型

水利水电建设项目划分为以下两大类型。

(1)枢纽工程:水库、水电站及其他大型独立建筑物工程。

(2)引水工程及河道工程:供水工程、灌溉工程、河湖整治工程和堤防工程。

2. 五大部分

水利水电枢纽工程和引水工程及河道工程又划分为以下五大部分。

(1)建筑工程。

(2)机电设备及安装工程。

(3)金属结构设备及安装工程。

(4)施工临时工程。

(5)独立工程。

3. 三级项目

根据水利工程性质,其工程项目分别按枢纽工程、引水工程及河道工程划分。投资估算和设计概算要求每部分从大到小又划分为一级项目、二级项目、三级项目,其中一级项目相当于单项工程,二级项目相当于单位工程,三级项目相当于分部分项工程。水利工程项目划分如图1-3所示。

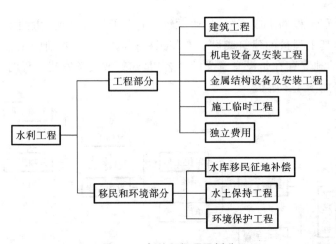

图 1-3　水利工程项目划分

任务 4 施工组织与管理模式

知识目标

掌握项目组织的各项职能;理解项目组织的各种形式。

能力目标

能叙述项目组织的各项职能;结合案例能分析项目组织的各种形式,分析比较各项目组织形式的特点。

对于工程项目组织,项目管理人员一般要通过组织取得项目所需的资源,并通过行使项目组织的职能管理这些资源以实现项目的目标。工程施工组织是在工程项目生命周期内临时组建的,是暂时的,当项目目标实现后,项目组织解散。

模块 1 项目组织的职能

项目组织的职能是项目管理的基本职能,项目组织的职能包括以下几个方面。

(1)计划职能,是指为了实现项目的目标,对所要做的工作进行安排,并对资源进行配置。

(2)组织职能,是指为了实现项目的目标,建立必要的权力机构、组织层次,进行职能划分,并规划职责范围和协作关系。

(3)控制职能,是指采取一定的方法、手段使组织活动按照项目的目标和要求进行。

(4)指挥职能,是指项目组织的上级对下级的领导、监督和激励。

(5)协调职能,是指为了实现项目目标,项目组织中各层次、各职能部门团结协作,步调一致地共同实现项目目标。

模块 2 项目组织的形式

一般来说,项目组织的组织形式有职能式组织、项目式组织和矩阵式组织三种类型。

1. 职能式组织

职能式组织是在同一个组织单位里,把具有相同职业特点的专业人员组织在一起为项目服务的机构,其机构形式如图 1-4 所示。

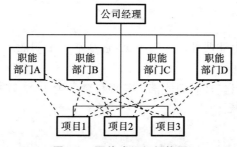

图 1-4 职能式组织机构图

职能式组织最突出的特点是专业分工强,其工作的注意力集中于本部门。职能部门的技术人员的作用可以得到充分的发挥,同一部门的技术人员易于交流知识和经验,使得项目获得部门内所有知识和技术的支持,对创造性地解决项目的技术问题很有帮助。技术人员可以同时服务于多个项目,为保持项目的连续性发挥重要作用。但职能部门工作的注意力集中在本部门的利益上,项目的利益往往得不到优先考虑。项目团体中的职能部门往往只关心本部门的利益而忽略了项目的总目标,造成部门之间协调困难。

职能式组织常用于某些专门项目,如开发新产品、设计公司信息系统、进行技术革新等。职能式组织中的项目领导仅作为一个联络小组的领导,从事收集、处理和传递信息的工作。图1-4所示职能式项目组织机构中的项目主要由企业领导作出决策,项目经理对项目目标不承担责任。

2. 项目式组织

项目式组织经常被称为直线式组织。在项目组织中,所有人员都按项目要求划分,由项目经理管理一个特定的项目团体,在没有项目职能部门经理参与的情况下,项目经理可以全面地控制项目,并对项目目标负责,其机构形式如图1-5所示。

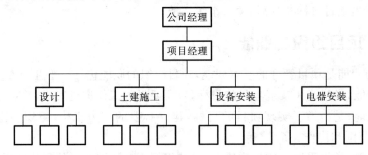

图 1-5　项目式组织机构图

项目式组织的项目经理对项目全权负责,享有最大限度的自主权,可以调配整个项目组织内外资源。采用这种组织形式的项目目标单一,决策迅速,能够对用户的需求或上级的意图做出最快的响应。项目式组织机构简单,易于操作,在进度、质量、成本等方面控制也较为灵活。但项目式组织对项目经理的要求较高,项目经理需要具备各方面知识和技术。项目各阶段的工作中心不同,会使项目团队各个成员的工作闲忙不一,一方面影响了组织成员的积极性,另一方面也造成了人才的浪费。项目式组织中各部门之间有比较明确的界限,不利于各部门的沟通。

项目式组织常用于中小型项目,也见于一些涉外及大型项目,是应用较广泛的一种组织形式。

3. 矩阵式组织

矩阵式组织可以克服上述两种形式的不足,它基本上是职能式组织和项目式组织重叠而成的,其机构形式如图1-6所示。

根据矩阵式组织中项目经理和职能部门经理权责的大小,矩阵式组织可分为弱矩阵式、强矩阵式和平衡矩阵式等三类。

1）弱矩阵式组织

由一个项目经理来协调项目中的各项工作,项目成员在各职能部门经理的领导下为项目服务,项目经理全权分配职能部门的资源。

2）强矩阵式组织

项目经理主要负责项目,职能部门经理负责分配人员。项目经理对项目可以实施更有效

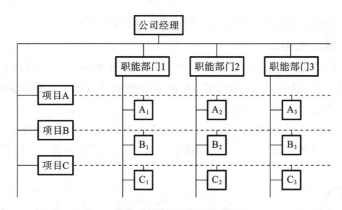

图1-6　矩阵式组织机构图

的控制,但职能部门对项目的影响却在减小。强矩阵式组织类似于项目式组织,项目经理决定什么时候做什么,职能部门经理决定派哪些人、使用哪些技术。

3)平衡矩阵式组织

项目经理负责监督项目的执行,各职能部门对本部门的工作负责。项目经理负责项目的时间和成本,职能部门的经理负责项目的界定和质量。一般来说,平衡矩阵式组织很难维持,因为它主要取决于项目经理和职能部门经理的相对力度。平衡得不好,要么变成弱矩阵式,要么变成强矩阵式。矩阵式组织中,许多员工同时属于两个部门——职能部门和项目部门,要同时对两个部门负责。

矩阵式组织建立与公司保持一致的规章制度,可以平衡组织中的资源需求,以保证各个项目完成各自的进度和质量要求,减少人员的冗余,职能部门的作用得到充分发挥。但组织中的每个成员接受来自两个部门的领导,当两个领导的指令有分歧时,常会令人左右为难,无所适从。权利的均衡导致没有明确的负责者,使工作受到影响,项目经理与职能部门经理的职责不同,项目经理必须与部门经理进行资源、技术、进度、费用等方面的协调和权衡。

矩阵式组织常用于大型综合项目,或有多个工程同时开展的项目。

任务5　项目施工准备工作

知识目标

掌握项目经理部的组织结构;熟悉项目经理、项目总工、项目副经理及各职能部门的工作职责;掌握项目施工的各项准备工作。

能力目标

能画出项目经理部的组织结构图;能叙述项目经理、项目总工、项目副经理及各职能部门的工作职责;能结合工程案例,提出工程施工前的各项准备工作。

模块1　建立项目施工管理组织

在工程项目施工组织中,业主建立或委托的项目经理部居于中心位置,在项目实施过程中起决定性作用。项目经理部以项目经理为核心,一般按项目管理职能设置职位(部门),按照项目管理规程工作。工程项目能否顺利实施,能否取得预期的效果,能否实现目标,直接取决于项目经理部,特别是项目经理的管理水平、工作效率、能力和责任心。

1. 项目经理部的结构

项目经理部的组成或人员设置与所承担的项目管理任务相关。项目经理部的部门和人员的设置要满足施工全过程项目管理的需要,既要尽量地减小规模,又要能保证高效运转,所确定的各层次的管理跨度要科学、合理。

项目经理部一般设项目经理、项目总工、项目副经理以及经营部、技术部、质检部、安全部、物资设备部、办公室、财务部等部门,各部门配备相应的施工员、质检员、预算员、安全员、材料员等专业人员。

1) 项目经理职责

项目经理作为项目部的核心,主持本项目经理部的全面工作,是项目经理部的负责人,这在后面将详细阐述。

2) 项目总工职责

(1) 协助项目经理部组织质量管理领导小组会议。

(2) 贯彻执行本项目部质量方针、目标,在分管范围和部门内保证质量体系的有效运行。

(3) 负责领导项目部技术工作,主持贯彻实施施工生产中重大技术质量问题会议并作出决定。

(4) 参加本项目部竣工产品的内部竣工验收,对本项目部的工程产品质量负技术责任。

(5) 主持本项目部质量事故分析,提出处理意见。

(6) 组织领导新技术、新工艺、新材料、新机具在本项目部推广应用。

(7) 有权提出质量奖惩建议。

3) 项目副经理职责

(1) 贯彻执行公司质量方针、目标,明确本项目部门人员岗位、质量职责,保证质量体系在本部门的有效运行。

(2) 负责本项目部生产工作,领导本项目部技术系统推行质量管理,按照"质量体系"文件和资料,控制"纠正和预防措施"、"质量记录的控制"、"内部质量审核"、"合同评审"、"服务"等要素及所属程序的实施管理。

(3) 负责本项目部技术领导工作,贯彻工程施工技术规范、规程、规定、标准的领导工作,审定本项目部制定的主要质量技术文件、质量标准、操作规程、施工工艺及施工组织设计等。

(4) 组织开展质量大检查和安全大检查,并督促检查施工过程中的各种施工记录。

(5) 搞好材料、设备系统的管理,确保材料设备的质量,满足工程施工、生产的需要。

(6) 对工程质量负领导责任,有权对质量实施优秀者提出奖励的建议,对发生质量事故造成损失的人员,责成有关部门进行调查处理,并有权按规定处置。

(7) 负责对本项目部质量奖惩的审批领导工作。

4) 各部门职责

(1) 经营合同部门主要负责预算、合同、索赔、成本核算、经营结算等工作。

(2) 工程技术部门主要负责生产调度、文明施工、技术管理、施工组织设计、计划统计等工作。

(3) 物资设备部门主要负责材料的询价、采购、计划供应、管理、运输、工具管理、机械设备的租赁配套使用等工作。

(4) 监控管理部门主要负责工程质量、安全管理、消防保卫、环境保护等工作。

(5) 测试计量部门主要负责计量、测量、试验等工作。

施工项目经理部的人员配置可根据具体工程项目情况而定,除设置经理、副经理外,还要设置总工程师、总经济师和总会计师,以及按职能部门配置的其他专业人员。技术业务管理人员的数量应根据工程项目的规模大小而定,一般情况下不少于现场施工人员的5%。

【例 1-1】 如某工程项目经理部决策领导层由项目经理、项目副经理和项目总工组成。项目经理部设工程科、质检科、财务科、机械科、办公室、安保科,组成现场控制的管理层。现场施工组织机构设置如图 1-7 所示。

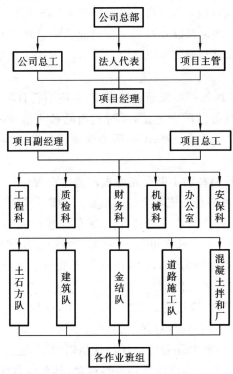

图 1-7 现场施工组织机构设置

2. 项目经理

项目经理在工程施工的过程中起着重要作用,是施工项目实施过程中所有工作的总负责人,在工程建设过程中起着协调各方面关系、沟通技术、信息等方面的纽带作用,在工程施工的全过程中处于十分重要的地位。

1）项目经理的职责

项目经理在承担工程项目管理过程中,应履行以下职责。

（1）贯彻执行国家和工程所在地政府有关工程建设和建筑管理的法律、法规和政策,执行企业的各项管理制度,维护企业整体利益和经济权益。

（2）严格财经制度,加强财务管理,积极组织工程款回收,正确处理国家、企业和项目及其单位个人的利益关系。

（3）组织制定项目经理部各类管理人员的职责和权限、各项管理规章制度,并认真贯彻执行。

（4）组织编制施工管理规划及目标实施措施,编制施工组织设计并组织实施。

（5）科学地组织施工和加强各项管理,并做好建设单位、监理和各分包单位之间的协调工作，及时解决施工中出现的问题。

（6）执行经济责任书中由项目经理负责履行的各项条款。

（7）对工程项目施工进行有效控制，执行有关技术规范和标准，积极推广、应用新技术、新工艺、新材料和项目管理软件集成系统，确保工程质量和工期，实现安全、文明生产，努力提高经济效益。

2）现代工程项目对项目经理的要求

项目经理部是项目组织的核心，而项目经理领导着项目经理部工作，所以项目经理居于工程项目的核心地位，对整个项目经理部以及对整个项目起着举足轻重的作用。现代工程项目对项目经理的要求越来越高，对项目经理的知识结构、工作能力和个人素质也提出了更高的要求。

（1）对项目经理的素质要求。

专职的项目经理不仅应具备一般领导者的素质，还应当符合项目管理的特殊要求。

① 项目经理必须具有良好的职业道德，要有相当的敬业精神，对工作积极、热情，勇于挑战，勇于承担责任，努力完成自己的职责；不会因为管理工作的效果无法定量评价而怠于自己的工作职责。

② 项目经理应具有创新精神和不断开拓发展的进取精神。每个工程项目都是一次性的，都有自己的特点，管理工作也不是一成不变的，这就要求项目经理不能墨守成规，要不断开拓创新，勇于承担责任和风险，并努力追求更高目标，确保工作的完美。

③ 项目经理要讲究信用，为人诚实可靠，要有敢于承担错误的勇气，为人正直，办事公平、公正，实事求是。项目经理不能因为受到业主的误解或批评而放弃自己的职责，而应以项目的总目标和整体利益为出发点开展工作。

④ 项目经理要忠于职守，任劳任怨。在实际工作中，项目管理工作很少能够使各方面都满意，甚至可能都不满意，都不能理解，有时还会吃力不讨好。所以项目经理不仅要能解决矛盾，而且要能使大家理解自己，同时还要经得住批评指责，有一定的胸怀和容忍性。

⑤ 项目经理要具有很高的社会责任感和道德观念，具有高瞻远瞩、全局性的观念。

（2）对项目经理的能力要求。

① 具有长期的工程管理工作经历和丰富的工程管理经验，特别是同类项目成功的经历。项目经理要有很强的专业技术技能，但又不能是纯技术专家。项目经理应当具有较强的综合能力，能够对项目管理过程和工程技术系统有较成熟的理解，能对整个工程项目作出全面、细致的观察，能预见到可能出现的各种问题并制定可行的防范措施。

② 具有处理人事关系的能力。项目经理对下属的领导应当主要依靠自身的影响力和说服力，而不是依靠职位权力和上级命令。项目经理要充分利用合同和项目管理规范赋予的权力进行工程管理和组织运作，采取有效的措施激励项目组成员、调动大家的积极性、提高工作效率。项目经理在项目中要充当教练、活跃气氛者、激励管理者和矛盾调解员等多种角色，因此要有较强的人际关系能力。

③ 具有较强的组织管理能力。项目经理作为领导者，要能胜任项目领导工作，积极研究领导的艺术，知人善用，敢于授权；要协调好项目管理中各个方面的关系，善于人际交往，能够与外界积极交往，与上层积极沟通与交流。项目经理在工作中要善于处理矛盾与冲突，具有追寻目标和跟踪目标的能力。

④ 具有较强的谈判能力。项目经理要有较强的语言表达和逻辑思维能力，讲究谈判技

巧,具有较强的说服能力和个人魅力。

⑤ 项目经理的个人领导风格和管理方式应具有可变性和灵活性,能够适应不同的项目和不同的组织。具备领导才能是成为一个好的施工项目经理的重要条件,团结友爱、知人善任、用其所长、避其所短,善于抓住最佳时机,并能当机立断,坚决果断地处理将要发生或正在发生的问题,避免矛盾或更大矛盾的产生。具有了这些能力,项目经理就能更好地领导项目经理部的全体员工,唤起大家的积极性和创造性,齐心协力完成施工项目的建设。

（3）对项目经理的知识要求。

项目经理不仅要有专业知识,还要接受过项目管理的专门培训或再教育,具有广博的知识,能够对所从事的项目迅速提出解决问题的方法、程序,进行有效的管理。

掌握熟练的专业技术知识是成为优秀项目经理的必要条件。如果没有扎实的专业知识作后盾,那么在项目的实施过程中遇到难题或模棱两可的问题就无从下手、手忙脚乱,最终导致人力物力上的浪费,甚至造成更大的错误。一个好的项目经理更要精通本专业各方面的技术知识。在精于本专业各项技术的同时应该有更广泛的知识面,要了解多学科专业的知识,也就是说什么都知道、什么都懂,形成 T 形的知识结构。这样就可以在工作中轻松自如地领导各方面的工作,化解来自各方面的矛盾,顺利地完成项目施工任务。

项目经理具有良好的素质和熟练的项目施工管理、经营技巧,可以为企业创造丰厚的利润。我国是发展中国家,相对于发达国家还有很大差距,基础设施建设还有很长的路要走,所以项目经理要积极努力学习,在实践中锻炼自己,成长为一名优秀的项目经理,为国家和社会做出自己的贡献,实现自身的人生价值和社会价值。

3. 施工队伍的准备

施工队伍的建立要考虑工种的合理配合,技工和普工的比例要满足劳动组织的要求,建立混合施工队或专业施工队。组建施工班组要坚持合理、精干的原则。在施工过程中,依工程实际进度要求,动态管理劳动力数量。需要外部力量的,可通过签订承包合同或联合其他队伍来共同完成。

1）建立精干的施工班组

基本施工班组应根据现有的劳动组织情况、结构特点及施工组织设计的劳动力需要量计划确定,一般有以下几种组织形式。

（1）建筑工程。该类建筑(如电站厂房、泵站等)在主体施工阶段主要是砌筑工程,应以瓦工为主,配合适量的架子工、钢筋工、混凝土工、木工及小型机械工;装饰阶段以抹灰工、油漆工为主,配合适量的木工、电工、管工等。因此,该类建筑的施工人员以混合施工班组为宜。

（2）土石方工程。此类工程(如土石坝、隧洞、渠道等)以土石方开挖和填筑为主,配备开挖设备操作工、爆破工、钻工,配合适量的杂工等。因此,该类建筑的施工人员以专业施工班组为宜。

（3）混凝土工程。该类工程(如重力坝、拱坝、水闸、渡槽等)以混凝土浇筑为主,应配备适量的电焊工、木工、钢筋工、混凝土工、模板工等,该类建筑的施工人员以专业班组为宜。

2）确定优良的专业施工队伍

大中型的工业项目或公用工程,内部的机电安装、生产设备安装一般需要专业施工队或生产厂家进行安装和调试,某些分项工程也可能需要由机械化施工公司来承担。这些需要外部施工队伍来承担的工作在施工准备工作中以签订承包合同的形式予以明确,并落实施工队伍。

3）选择优势互补的外包施工队伍

随着建筑市场的开放,施工单位往往依靠自身的力量难以满足施工需要,因而需联合其他建筑队伍(外包施工队)来共同完成施工任务。联合的队伍要通过考察外包队伍的市场信誉、已完工程质量、确认资质、施工力量水平等来选择,联合的要充分体现优势互补的原则。

4. 施工队伍的培训

施工前,企业要对施工队伍进行劳动纪律、施工质量和安全方面的教育,牢固树立"质量第一"、"安全第一"的意识。抓好职工的培训和技术更新工作,不断提高职工的业务技术水平,增强企业的竞争力。对于采用新工艺、新结构、新材料、新技术及使用新设备的工程,应将相关管理人员、技术人员和操作人员组织起来培训,达到标准后再上岗操作。

模块 2　施工原始资料收集

原始资料收集作为施工准备的一项重要内容,它主要是对工程条件、工程环境特点和施工条件等施工技术与组织的基础资料进行调查。原始资料调查工作应有计划、有目的地进行,事先要拟订明确的、详细的调查提纲,明确调查范围、内容、要求等。调查提纲应根据拟建工程的规模、性质、复杂程度及对工程当地熟悉了解程度而定。

原始资料调查内容一般包括建设场址的勘察和技术经济资料的调查,具体内容一般包括以下几个方面。

1. 建设场址的勘察

水利工程建设场址勘察的目的主要是了解建设地点的地形、地貌、地质、水文、气象以及场址周围环境和妨碍物的情况等,勘察结果一般可作为确定施工方法和技术措施的依据。

1）地形地貌勘察

地形地貌勘察要求提供水利工程的规划图、区域地形图(1:10000～1:25000)、工程位置地形图(1:1000～1:2000)、水准点及控制桩的位置、现场地形地貌特征、勘察高程及高差等。对于地形简单的施工现场,一般采用目测和步测;对于地形复杂的施工现场,可用测量仪器进行观测,也可向规划部门、建设单位、勘察单位等进行调查。这些资料可作为选择施工用地、布置施工总平面图、场地平整机土方量计算、了解障碍物及其数量的依据。

2）工程地质勘察

工程地质勘察的目的是查明建设地区的工程地质条件和特征,包括地层构造、土层的类别及厚度、土的性质、承载力及地震级别等。应提供的资料有钻孔布置图,工程地质剖面图,图层的类别、厚度,土壤物理力学指标(包括天然含水量、孔隙比、塑性指数、渗透系数、压缩试验及地基土强度等),地层的稳定性(包括断层滑块、流沙),地基土的处理方法及基础施工方法等。

3）水文地质勘察

水文地质勘察所提供的资料主要有以下两方面。

(1)地下水资料,包括地下水最高水位、最低水位及时间,水的流速、流向、流量,地下水的水质分析及化学成分分析,地下水对基础有无冲刷、侵蚀影响等。所提供资料有助于选择基础施工方案、选择降水方法以及拟订防止侵蚀性介质的措施。

(2)地面水资料,包括临近江河湖泊至工地的距离,洪水期、平水期、枯水期的水位、流量及航道深度,水质,最大、最小冻结深度及冻结时间等。调查目的在于为确定临时给水方案、施工运输方式提供依据。

4）气象资料调查

气象资料一般可向当地气象部门进行调查，调查资料作为确定冬、雨季施工措施的依据。气象资料包括以下几个方面。

（1）降水资料。全年降雨量、降雪量，一日最大降雨量，雨季起止日期，年雷雹日数等。

（2）气温资料。年平均气温、最高气温、最低气温，最冷月、最热月及逐月的平均温度。

（3）气象资料。主导风向、风速、风的频率，全年不小于8级风的天数。

5）周围环境及障碍物调查

周围环境及障碍物调查包括施工区域现有建筑物、构筑物、沟渠、水井、树木、土堆、电力架空线路等的调查。这些资料要通过实地踏勘，并向建设单位、设计单位等调查取得，可作为现场施工平面布置的依据。

2. 技术经济资料调查

技术经济资料调查的目的是查明建设地区工业、资源、交通运输、动力资源、生活福利设施等地区经济因素，获得建设地区技术经济条件资料，以便在施工组织中尽可能利用地方资源为工程建设服务，同时也可作为选择施工方法和确定费用的依据。

1）地区的能源调查

能源一般指水源、电源、气源等。能源资料可向当地城建、电力、燃气供应部门及建设单位等进行调查获取，主要用做选择施工用临时供水、供电和供气的方式，提供经济分析比较的依据。调查内容有：施工现场用水与当地水源连接的可能性、供水距离、接管距离、地点、水压、水质及消费等资料；利用当地排水设施排水的可能性、距离、去向等；可供施工使用的电源位置、引入工地的路径和条件，可满足的容量、电压及电费；建设单位、施工单位自有的发变电设备、供电能力；冬季施工时附近蒸汽的供应量、接管条件和价格；建设单位自有的供热能力；当地或建筑单位可以提供煤气、压缩空气、氧气的能力和至工地的距离等。

2）建设地区的交通调查

建设地区的交通运输方式一般有铁路、公路、水路、航空等方式，可向当地交通运输部门进行调查了解。收集交通运输资料包括调查主要材料及构件运输通道的情况，包括道路、街巷、途经桥涵的宽度、高度，允许载重量和转弯半径限制等资料。当有超长、超高、超宽或超重的大型构件、大型起重机械和生产工艺设备需整体运输时，还要调查沿途架空电线、天桥的高度，并与有关部门商议避免大件运输业务，选择运输方式，提供经济比较的依据。

3）主要材料及地方资源情况调查

该项调查的内容包括三大材料（钢材、木材和水泥）的供应能力、质量、价格、运费情况。地方资源如石灰石、石膏石、碎石、卵石、河沙矿渣、粉煤灰等能否满足水利工程建筑施工的要求，开采、运输和利用的可能性及经济合理性。这些资料可向当地计划、经济等部门进行调查获得，作为确定材料供应计划、加工方式、储存和堆放场地及建造临时设施的依据。

4）建设地区情况调查

该项主要调查建设地区附近有无建筑机械化基地、机械租赁站及修配厂，有无金属结构及配件加工厂，有无混凝土搅拌站和预制构件厂等。这些资料可用做确定后预制件、半成品及成品等货源的加工供应方式、运输计划和规划临时设施的依据。

5）社会劳动力和生活设施情况调查

该项调查的内容包括当地能提供的劳动力人数、技术水平、来源和生活安排，建设地区已有的可供施工期间使用的房屋情况,当地主副食、日用品供应,文化教育、消防治安等单位的基本情况以及能为施工提供的支援能力。这些资料是制订劳动力安排计划、建立职工生活基地、确定临时生活设施的依据。

模块 3　施工技术准备

技术资料的准备是施工准备工作的核心,是现场施工准备工作的基础。由于任何技术的差错或隐患都可能引起人身安全和质量事故,造成生命、财产和经济的巨大损失,所以必须认真地做好技术准备工作。其主要内容包括熟悉与会审图纸、编制施工组织设计、编制施工图预算和施工预算。

1. 熟悉与会审图纸

1) 熟悉与会审图纸的目的

(1) 能够在工程开工之前,使工程技术人员充分了解和掌握设计图纸的设计意图、结构与构造特点和技术要求。

(2) 通过审查发现图纸中存在的问题和错误并加以改正,为工程施工提供一份准确、齐全的设计图纸。

(3) 保证能按设计图纸的要求顺利施工,生产出符合设计要求的最终建筑产品。

2) 审查图纸及其他设计技术资料的内容

(1) 设计图纸是否符合国家有关规划及技术规范的要求。

(2) 核对设计图纸及说明书是否完整、明确,设计图纸与说明等其他各组成部分之间有无矛盾和错误,内容是否一致,有无遗漏。

(3) 总图的建筑物坐标位置与单位工程建筑平面图是否一致。

(4) 核对主要轴线、几何尺寸、坐标、标高、说明等是否一致,有无错误和遗漏。

(5) 基础设计与实际地质情况是否相符,建筑物与地下构筑物及管线之间有无矛盾。

(6) 主体建筑材料在各部位有无变化,各部位的构造方法。

(7) 建筑施工与安装在配合上存在哪些技术问题,能否合理解决。

(8) 设计中所选用的各种材料、配件、构件等能否满足设计规划的需要。

(9) 工程中采用的新工艺、新结构、新材料的施工技术要求及技术措施。

(10) 对设计技术资料的合理化建议及其他问题。

3) 审查图纸的程序

审查图纸的程序通常分为自审、会审和现场签证三个阶段。

(1) 自审,是指施工企业组织技术人员熟悉和审查图纸。自审记录包括对设计图纸的疑问和有关建议。

(2) 会审,是由建筑单位主持,设计单位和施工单位参加,先由设计单位进行图纸技术交底,各方面提出意见,经充分协商后统一认识,形成图纸会审纪要,由设计单位正式成文,参加单位共同会签、盖章,作为设计图纸的修改文件。

(3) 现场签证,是指在工程施工过程中,发现施工条件与设计图纸的条件不符,或图纸仍有错误,或因材料的规格、质量不能满足设计要求等,需要对设计图纸进行及时修改时应遵循设计变更的签证制度,进行图纸的施工现场签证的一种制度。对于一般问题,经设计单位同意即可办理手续进行修改;对于重大问题,须经建设单位、设计单位和施工单位协商,由设计单位修改并向施工单位签发设计变更单方可有效。

4）熟悉技术规范、规程和有关技术规定

技术规范、规程是国家制定的建设法规,是实践经验的总结,在技术管理上具有法律效用。建筑施工中常用的技术规范、规程主要有如下几种:

(1) 建筑安装工程质量检验评定标准;

(2) 施工操作规程;

(3) 建筑工程施工及验收规范;

(4) 设备维修及维修规程;

(5) 安全技术规程;

(6) 上级技术部门颁发的其他技术规范和规定。

2. 编制施工组织设计

施工组织设计是指导施工现场全部生产活动的技术经济文件。它既是施工准备工作的重要组成部分,又是做好其他施工准备工作的依据。它既要体现建设计划和设计的要求,又要符合施工活动的客观规律,对建设项目的全过程起到战略部署和战术安排的双重作用。

水利水电工程施工的特点决定了工程施工复杂、施工方法多变,没有一个通用的、一成不变的施工方法。每个建筑工程项目都需要分别确定施工组织方法,作为组织和指导施工的重要依据。

3. 编制施工图预算和施工预算

施工图预算是技术准备工作的主要组成部分之一,是按照施工图确定的工程量、施工组织设计所拟订的施工方法、建筑工程预算定额及其取费标准,由施工单位主持,在拟建工程开工前的施工准备工作期编制的确定建筑安装工程造价的经济文件。它是施工企业签订工程承包合同、工程结算、银行拨款及企业经济核算的依据。

施工预算是根据施工图预算、施工图纸、施工组织设计或施工方案、施工定额等文件,综合企业和工程实际情况编制的。施工预算在工程确定承包关系以后进行,是企业内部经济核算和班组承包的依据,因而是企业内部使用的一种预算。

施工图预算与施工预算存在很大区别:施工图预算是甲、乙双方确定预算造价、发生经济联系的技术经济文件,施工预算是施工企业内部经济核算的依据。将"两算"进行对比,是促进施工企业降低物质消耗、增加积累的重要手段。

模块 4 　现场施工准备

1. 施工场地准备工作

施工现场的准备又称室外准备,主要是为工程施工创造有利的施工条件。施工现场的准备工作按施工组织设计的要求和安排进行,其主要内容为"四通一平"、测量放线、临时设施的搭设等。

1）"四通一平"

"四通一平"是在建筑工程的用地范围内,实现水通、电通、路通、通信通和平整场地。

(1) 平整施工场地。

首先,通过测量,按建筑总平面图确定的标高计算出挖土及填土的数量,设计土方调配方案,组织人力或机械进行平整工作。若拟建场内有旧建筑物,则须拆迁房屋。其次,清理地面上的各种障碍物,对地下管道、电缆等要采取可靠的拆除或保护措施。

(2)通路。

施工现场的道路是组织大量物质进场的运输动脉。为了保证各种建筑材料、施工机械、生产设备和构件按计划到场,必须按施工总平面图要求修通道路。为了节省工程费用,应尽可能利用已有道路或正式工程的永久性道路。在利用正式工程的永久性道路时,为使施工时不损坏路面,可先做路基,施工完毕后再做路面。

(3)通水。

施工现场的通水包括给水和排水。施工用水包括生产、生活和消防用水,其布置应按施工总平面图的规划进行安排。施工用水设施应尽量利用永久性给水线路。临时管线的铺设既要满足用水点的需要和使用方便,又要尽量缩短管线。施工现场要做好有组织的排水系统,否则会影响施工的顺利进行。

(4)通电。

施工现场的通电包括生产用电和生活用电。根据生产、生活用电的电量选择配电变压器,与供电部门或建设单位联系,按施工组织要求布设线路和通电设备。当供电系统供电不足时,应考虑在现场建立发电系统以保证施工的顺利进行。

(5)通信通。

在开工前,必须形成完整畅通的通信网络,为施工进场提供条件。

2)测量放线

施工现场测量放线的任务是把图纸上所设计好的建筑物、构建物及管线等放线到地面或实物上,并用各种标志表现出来,作为施工的依据。在土方开挖前,按设计单位提供的总平面图及给定的永久性经、纬坐标控制网和水准控制基桩进行场区施工测量,设置场区永久性坐标、水准基桩和建立场区工程测量控制网。在进行测量放线前,应做好以下几项准备工作。

(1)了解设计意图,熟悉并校核施工图纸。

(2)对测量仪器进行检验和校正。

(3)校核红线桩与水准点。

(4)制定测量放线方案。测量放线方案主要包括平面控制、标高控制、±0.00以下施测、±0.00以上施测、沉降观测和竣工测量等项目,该方案依据设计图纸要求和施工方案来确定。

建筑物定位放线是确定整个工程平面图位置的关键环节,在施测中必须保证精度,杜绝错误,否则其后果将难以处理。建筑物的定位放线一般通过设计图中平面控制轴线来确定建筑物的轮廓位置,经自检合格后,提交有关部门和甲方(监理人员)验线,以保证定位的准确性。沿红线的建筑物,还要由规划部门验线,以防止建筑物超、压红线。

3)临时设施的搭设

现场需要的临时设施应报请规划、市政、消防、交通、环保等有关部门审查批准,按施工组织设计和审查情况来实施。

施工用地周围应用围墙(栏)围挡起来。围挡的形式和材料应符合市容管理的有关规定和要求,并在主要出入口设置标牌,标明工程名称、施工单位、工地负责人、监理单位等。

各种生产(仓库、混凝土搅拌站、预制构件场、机修站、生产作业棚等)、生活(办公室、宿舍、食堂等)用的临时设施,要严格按批准的施工组织设计规定的数量、标准、面积、位置等来组织实施，不得乱搭乱建，并尽可能做到以下几点。

（1）利用原有建筑物减少临时设施的数量，以节约投资。

（2）适用、经济、就地取材，尽量采用移动式、装配式临时建。

（3）节约用地，少占农田。

2. 生产资料准备

生产资料准备工作是指对工程施工中必需的劳动手段（施工机械、机具等）和劳动对象（材料、构件、配件等）的准备工作。该项工作应根据施工组织设计的各种资源需要量计划，分别落实货源、组织运输和安排储备。

生产资料的准备是工程连续施工的基本保证，主要内容有以下三方面。

1）建筑材料的准备

建筑材料的准备包括对"三材"（钢材、木材、水泥）、地方材料（砖、瓦、石灰、砂、石等）、装饰材料（面砖、地砖等）、特殊材料（防腐、防射线、防爆材料等）的准备。为保证工程顺利施工，材料准备有如下要求。

（1）编制材料需要量计划，签订供货合同。

根据预算的工料分析，按施工进度计划的使用要求、材料储备定额和消耗定额及材料名称、规定、使用时间进行汇总，编制材料需要量计划。同时，根据不同材料的供应情况，随时注意市场行情，及时组织货源，签订订货合同，保证采购供应计划的准确可靠。

（2）材料的储备和运输。

材料的储备和运输要按工程进度分期、分批进场。现场储备过多会增加保管费用、占用流动资金，现场储备过少则难以保证施工的连续进行。对于使用量少的材料，尽可能一次进场。

（3）材料的堆放和保管。

现场材料应按施工平面布置图的位置及材料的性质、种类，选取不同的堆放方式进行合理堆放，避免材料的混淆及二次搬运。进场后的材料要依据材料的性质妥善保管，避免材料变质或损坏，以保持材料的原有数量和原有的使用价值。

2）施工机具和周转材料的准备

施工机具包括在施工中确定选用的各种土方机械、木工机械、钢筋加工机械、混凝土机械、砂浆机械、垂直与水平运输机械、吊装机械等。在进行施工机具的准备工作时，应根据采用的施工方案和施工进度计划，确定施工机械的数量和进场时间，确定施工机具的供应方法和进场后的存放地点及方式，并提出施工机具需要量计划，以便企业内平衡或对外签约租借机械。

周转材料主要指模板和脚手架。此类材料施工现场使用量大、堆放场地面积大、规格多、对堆放场地的要求高，应按施工组织设计的要求分规格、型号整齐码放，以便使用和维修。

3）预制构件和配件的加工准备

在工程施工中需要大量的钢筋混凝土构件、木构件、金属构件、水泥制品、卫生洁具等，应在图纸会审后提出预制加工单，确定加工方案、供应渠道及进场后的储备地点和方式。现场预制的大型构件，应依据施工组织设计做好规划，提前加工预制。

此外，对于采用商品混凝土的现浇工程，要依施工进度计划要求确定需要量计划，主要内容有商品混凝土的品种、规格、数量、需要时间、送货方式、交货地点，并提前与生产单位签订供货合同，以保证施工顺利进行。

3. 冬、雨季施工的准备工作

1）冬季施工准备工作

（1）合理安排冬季施工项目。

建筑产品的生产周期长，且多为露天作业，冬季施工条件差、技术要求高。因此，施工组织设计应合理安排冬季施工项目，尽可能保证工程连续施工。一般情况下，尽量安排费用增加少、易保证质量、对施工条件要求低的项目在冬季施工，如吊装、打桩、室内装修等，而土方、基础、外装修、屋面防水等则不宜在冬季施工。

（2）落实各种热源的供应工作。

提前落实供热渠道，准备热源设备，储备和供应冬季施工用的保暖材料，做好供暖培训工作。

（3）做好保温防冻工作。

① 临时设施的保暖防冻，包括给水管道的保温，防止管道冻裂，防止道路积水、积雪成冻，保证运输顺利进行。

② 工程已成部分的保温保护，如基础完成后及时回填至基础面同一高度，砌完一层墙后及时将楼板安装到位等。

③ 冬季施工部分的保温防冻，如凝结硬化尚未达到强度要求的砂浆、混凝土要及时测温，加强保温，防止遭受冻结；将要进行的室内施工项目，要先完成供热系统，安装好门、窗、玻璃等。

④ 加强安全教育。要有冬季施工的防火、安全措施，加强安全教育，做好职工培训工作，避免火灾等事故的发生。

2）雨季施工准备工作

（1）合理安排雨季施工项目。施工组织设计要充分考虑雨季对施工的影响。一般情况下，雨季到来之前，多安排土方、基础、室外及屋面等不易在雨季施工的项目，多留一些室内工作在雨季进行，以避免雨季窝工。

（2）做好现场的排水工作。雨季来临前，在施工现场做好排水沟，准备好抽水设备，防止场地积水，最大限度地减少因泡水而造成的损失。

（3）做好运输道路的维护和物质储备。雨季前检查道路边坡排水情况，适当提高路面，防止路面凹陷，保证运输道路的畅通。多储备一些物质，减少雨季运输量，节约施工费用。

（4）做好机具设备等的保护。对现场各种机具、电器、工棚都要加强检查，特别是脚手架、塔吊、井架等，要采取防倒塌、防雷击、防漏电等一系列技术措施。

（5）加强施工管理。认真编制雨季施工的安全措施，加强对职工的教育，防止各种事故发生。

思　考　题

1. 简述施工组织与管理的含义。

2. 水利水电工程建设项目是如何划分的？

3. 项目组织的职能有哪些？

4. 项目组织的模式主要有哪些？并说出不同组织模式各自的特点。

5. 项目经理需具备哪些素质和要求？

6. 请画出施工现场的组织机构图。

项目 2　施工组织设计

项目重点

水利水电工程施工组织设计的编制内容;施工总体布置的要求和内容;施工总进度计划编制的要求和步骤;施工总体部署的安排;施工技术方案的编写;人员、设备、材料等资源的配置方法。

教学目标

熟悉施工组织设计编制的内容;理解并掌握施工总体布置的要求和内容;熟悉施工总进度计划编制的步骤;理解并掌握施工总体部署的安排;掌握施工技术方案的编写方法和基本内容;能进行人员、设备、材料等资源的配置计算。

任务 1　施工组织设计概述

知识目标

理解施工组织设计的作用;熟悉施工组织设计的分类;理解施工组织设计的编制原则;掌握施工组织设计的编制内容。

能力目标

能叙述施工组织设计的作用和分类;能书面列出施工组织设计的编制内容。

模块 1　施工组织设计的作用

水利水电工程投资多,规模庞大,周期长,包括的建筑物及设备种类繁多,形式各异。涉及专业纵多,如水文、规划、地质、水工、施工、机电、金结、建筑、环保、水保、移民、概算、经济评价等,各专业缺一不可,各专业之间均有一定程度的联系,需要在工程各阶段设计中紧密配合才能提供完整的设计产品。一个水利水电项目一般要经过规划、项目建议书、可行性研究、初步设计、招投标才能进入正式施工实施阶段。

水利水电工程施工组织设计是工程设计文件的重要组成部分,是指导拟建工程项目进行施工准备和施工的技术文件,是探讨施工科学管理、缩短建设周期的独立学科和工程项目建设前的总体战略部署。施工组织设计要根据水利水电工程项目的工程量大、结构复杂、施工质量要求高、建设地点多处荒山峡谷、交通困难,受水文、气象、地形地质等自然因素制约等工程施工特点,确定合理的施工顺序和总进度;选择适当的施工方法、施工工艺和相应的施工设备;选定原材料和半成品的产地、规格、数量;确定施工总布置;估算所需劳动力、能源,在人力和物力、时间和空间、技术和组织上做到全面合理的安排。做好施工组织设计,对正确选定工程布置及工程设计方案,对合理组织工程施工、降低工程造价都具有重要作用。

模块 2　施工组织设计的分类

施工组织设计根据设计阶段和编制对象,大致可以分为施工组织总设计、单位工程施工组织设计和分部分项工程施工组织设计等三类。

1. 施工组织总设计

施工组织总设计是针对整个水利水电工程编制的施工组织设计,规划施工全过程中各项活动的技术、经济的全局性、控制性文件。它是整个建设项目施工的战略部署,涉及范围较广,内容比较概括。它一般是在初步设计或扩大初步设计批准后,由总承包单位的总工程师负责,会同建设、设计和分包单位的工程师共同编制的。它也是施工单位编制年度施工计划和单位工程施工组织设计的依据。

2. 单位工程施工组织设计

单位工程施工组织设计是以单位工程为编制对象,用来指导施工全过程中各项活动的技术的、经济的、局部性、指导性文件。它是拟建工程施工的战术安排,是施工单位年度施工计划和施工组织总设计的具体化,内容应详细。它是在施工图设计完成后,由工程项目主管工程师负责编制的,可作为编制季度、月度计划和分部分项工程施工组织设计的依据。

3. 分部分项工程施工组织设计

分部分项工程施工组织设计是以分部分项工程为编制对象,用来指导施工活动的技术、经济文件。它结合施工单位的月、旬作业计划,把单位工程施工组织设计进一步具体化,是专业工程的具体施工设计。一般在单位工程施工组织设计确定了施工方案后,由施工队技术队长负责编制。

单位工程施工组织设计是施工组织总设计的继续和深化,同时也是单独的一个单位工程在施工图阶段的文件。而分部分项工程施工组织设计,既是单位施工组织设计中某个分部分项工程更深、更细的施工设计,又是单独一个分部分项工程的施工设计。

模块3　施工组织设计编制原则

(1) 认真贯彻国家工程建设的法律、法规、规程、方针和政策。

(2) 严格执行工程建设程序,坚持合理的施工程序、施工顺序和施工工艺。

(3) 采用现代建筑管理原理、流水施工方法和网络计划技术,组织有节奏、均衡和连续的施工。

(4) 优先选用先进施工技术,科学确定施工方案;认真编制各项实施计划,严格控制工程质量、工程进度、工程成本和安全施工。

(5) 充分利用施工机械和设备,提高施工机械化、自动化程度,改善劳动条件,提高生产率。

(6) 扩大预制装配范围,提高建筑工业化程度;科学安排冬期和雨期施工,保证全年施工均衡性和连续性。

(7) 坚持"安全第一,预防为主"原则,确保安全生产和文明施工;认真做好生态环境和历史文物保护,严防建筑振动、噪声、粉尘和垃圾污染。

(8) 尽可能利用永久性设施和组装式施工设施,努力减少施工设施建造量;科学地规划施工平面,减少施工用地。

(9) 优化现场物资储存量,合理确定物资储存方式,尽量减少库存量和物资损耗。

模块4　施工组织设计的编制内容

施工组织总设计、单项工程施工组织设计和分部分项工程施工组织设计是整个工程项目不同广度、深度和作用的三个层次,它们都具有以下基本内容。

(1) 工程特性分析。

(2) 施工部署和施工方案的选择。

(3) 施工准备工作计划。

(4) 施工进度计划。

（5）各项资料需要量计划。

（6）施工总布置。

（7）各项技术经济指标分析。

施工组织设计在各设计阶段有不同的深度和要求，其成果组成也有所不同，如图2-1所示。

不同设计阶段，施工组织设计的主要设计成果

项目建议书报告阶段（含规划阶段）

一、报告——工程施工
1. 施工条件
2. 天然建筑材料
3. 施工导流
4. 施工方法
5. 施工总布置
6. 施工总进度

二、附图附表
1. 主要工程量汇总表
2. 对外交通示意图
3. 施工导流方案布置图
4. 施工总布置图
5. 施工总进度图

三、其他
表格
1. 工程特性表施工部分
2. 方案比选表施工部分

可行性研究报告阶段

一、报告——施工组织设计
1. 施工条件
2. 天然建筑材料
3. 施工导流
4. 主体工程施工
5. 施工交通及施工总布置
6. 施工总进度

二、附表与附图
附表
1. 主体及临时工程量汇总表
2. 主要施工设备汇总表

附图
1. 对外交通示意图
2. 施工导流方案布置图
3. 施工总布置图
4. 主体工程施工方法布置图
5. 施工总进度图

三、其他
表格
1. 工程特性表施工部分
2. 方案比选表施工部分

初步设计报告阶段

一、报告——施工组织设计
1. 施工条件
2. 料场的选择与开采
3. 施工导截流
4. 主体工程施工
5. 施工交通运输
6. 施工工厂设施
7. 施工总布置
8. 施工总进度
9. 主要技术供应

二、附表与附图
附表
1. 主体及临时工程量汇总表
2. 施工工厂设施规模汇总表
3. 主要施工设备规格及数量汇总表

附图
1. 施工对外交通示意图
2. 施工总布置图
3. 施工转运站规划布置图
4. 施工导流方案综合比较图
5. 各期施工导流程序及工程布置图
6. 导流建筑物结构布置图
7. 主要建筑物开挖、施工程序及地基处理示意图
8. 主要建筑物砼施工程序、施工方法及施工布置示意图
9. 主要建筑物土石方填筑施工程序、施工布置示意图
10. 金属结构安装施工方法示意图
11. 砂石骨料生产工艺布置图
12. 砼及制冷系统布置图
13. 建筑材料开采、加工及运输线路布置图
14. 施工总进度图
15. 施工网络图

三、其他
表格
1. 工程特性表施工部分
2. 方案比选表施工部分

图 2-1　不同设计阶段的施工组织设计主要设计成果

任务 2　水利水电施工布置

知识目标

熟悉水利水电施工总体布置的要求和任务;掌握场内交通规划的内容和工作步骤;掌握水电工程设置施工辅助企业的一般项目和要求。

能力目标

能叙述水利水电施工总体布置的任务;能结合工程案例规划场内交通和布置施工附属企业。

模块 1　施工总体布置

1. 施工总体布置的任务

施工总体布置是施工组织设计的主要组成部分,它以施工总体布置图的形式反映拟建的永久建筑物、施工设施及临时设施的布局。施工总布置应在全面了解、综合分析枢纽工程布置、主体建筑物特点和社会环境及自然条件等基础上,合理确定并统筹规划布置施工设施和临时设施,妥善处理施工场地内外关系,以保证施工质量、加快施工进度、提高经济效益。

施工总布置应着重研究如下内容:

(1) 施工临时设施项目的划分、组成、规模和布置;

(2) 前后期结合和重复利用场地的可能性;

(3) 对外交通衔接方式、站场位置、主要交通干线及跨河设施的布置情况;

(4) 供生产、生活设施布置的场地;

(5) 可资利用场地的相对位置、高程、面积和占地赔偿;

(6) 临建工程和永久设施的结合。

施工总布置应根据施工需要分阶段逐步形成,做好前后衔接,尽量避免后阶段拆迁。

初期场地平整范围按施工总布置最终要求确定。

2. 施工场地区域规划

大中型水利水电工程施工场地内部可分为下列几个主要区域:

(1) 机电、金属结构和大型施工机械设备安装场地;

(2) 主体工程施工区;

(3) 施工管理及主要施工工段;

(4) 辅助企业区;

(5) 仓库、站场、转运站、码头等储运中心;

(6) 工程弃料堆放区;

(7) 建筑材料开采区。

3. 施工分区布置

在施工场地区域规划好后,就可进行各项临时设施的具体布置。具体布置包括:场内交通线路布置,施工辅助企业及其他施工辅助设施布置,仓库站场及转运站布置,施工管理及生活福利设施布置,风、水、电等系统布置,施工弃料场地布置和永久建筑物施工区布置。

1）分区布置顺序

（1）场外交通采用公路时,可以首先布置重点辅助企业和生产系统,再按上述顺序布置其他各项临建设施;也可以首先布置与场外公路相连接的主要公路干线,再沿线布置各项临建设施。一般前者较适用于场地宽阔的情况,后者较适用于场地狭窄的情况。

（2）凡有铁路线路通过的施工区域,在分区布置时,一般应首先布置线路,或在分区布置时考虑预留线路的布置条件。

（3）场外交通采用标准轨铁路和水运时,首先确定车站、码头的位置,然后布置重点辅助企业和生产系统,同时布置主要场内交通干线;再沿线布置其他辅助企业、其他施工辅助设施、仓库、生产指挥和施工工段;最后布置风、水、电等系统,施工管理和生活福利设施。

（4）按上述顺序布置各种可能的方案,进行技术经济比较,选择综合最佳方案。

2）分区规划方式

根据工程特点,施工场地地形、地质和交通条件,施工管理的组织形式等,施工总体布置一般除建筑材料开采区、转运站及特种材料仓库外,可分为集中式、分散式和混合式三种基本形式。

（1）分散式布置。

分散式布置有两种情况,一种是枢纽永久建筑物集中布置在坝轴线附近,坝址位于峡谷地区,地形比较狭窄,施工场地沿河一岸或两岸冲沟延伸,因此,常将施工临时设施根据现场施工直接影响程度分类排队,把密切相关的项目靠近坝址布置,其他项目依次远离坝址。我国新安江、上犹江、资水柘溪水电枢纽就是因地形狭窄而采用分散式施工总布置的例子。另一种情况是,因枢纽建筑物布置分散,如引水式工程主体建筑物施工地段长达几公里甚至几十公里,因此需在枢纽首部、末端和引水建筑物中间地段设置主要施工工区,负责该地段的施工,合理选择布置交通线路,妥善解决跨河桥渡位置等,尽量与其构成有机整体。我国渔子溪、鲁布革水电枢纽就是因枢纽建筑物布置分散而采用分散式布置的例子。

（2）集中式布置。

集中式布置的基本条件是枢纽永久建筑物集中在坝轴线附近,坝址附近两岸场地开阔,可基本上满足施工总布置的需要,交通条件比较方便,可就近与铁路或公路连接。因此,集中式布置又可分为一岸集中式布置和两岸集中式布置两类,但其主要施工场地选择在对外交通线路引入的一岸。我国陆水水利枢纽及黄河龙羊峡水电枢纽是集中式一岸布置的例子。黄河青铜峡、长江葛洲坝、汉水丹江口、东江及石头河水电枢纽是集中式两岸布置的例子。

（3）混合式布置。

混合式布置有较大的灵活性,能更好地利用现场地形（斜坡、滩地、冲沟等）和不同地段场地条件,因地制宜选择内部施工区域划分,以各区的布置要求和工艺流程为主,协调内部各生产环节,就近安排职工生活区,使各区构成有机的整体。

4. 方案比较

1）综合比较的内容

（1）施工场地选择时应研究的内容如下:

① 区域规划及其组织是否合理,管理是否集中、方便,场地是否宽阔,是否有扩展的余地等;

② 场内交通线路的技术指标（弯道、坡度、交叉等）;

③ 场地内部主要交通线路的建筑和营运里程、货流的顺畅程度、可靠性,以及修建线路的技术条件、工程数量和造价;

④ 场地平整的技术条件、工程量及其费用、场地形成时间;

⑤ 施工给水、供电条件;

⑥ 交通进入施工场地的条件。

(2) 分区布置时,应研究的内容如下:

① 能否满足安全、防火、卫生的要求,对污染环境的各污染源采取的措施是否合理有效;

② 场内物料运输是否产生倒流现象;

③ 场内布置是否满足生产和施工工艺的要求;

④ 布置是否紧凑及占地面积;

⑤ 各施工临时设施与主体工程施工之间、各项临时设施之间是否产生干扰。

2) 比较项目

根据综合比较研究的内容,特别是重点研究内容,确定重点和一般比较项目。一般情况下,比较项目如下所述。

(1) 定性项目。

① 场内交通布置的难易程度和技术指标;

② 工艺布置的难易程度和效益发挥程度;

③ 场地形成时间是否满足施工要求;

④ 当地政府和上级机关对布置的意见;

⑤ 施工干扰程度;

⑥ 对施工进度、施工强度的保证程度;

⑦ 管理和生活方便程度。

(2) 定量项目。

① 迁建、改建建安工作量;

② 临建工程量;

③ 占地面积;

④ 运输工作量($t \cdot km$)或运输总功消耗量[$t \cdot km$ 和爬坡高度$/(t \cdot km)$];

⑤ 可达到的防洪标准。

模块 2　场内交通规划

1. 场内交通规划的内容和工作步骤

场内交通规划的任务是正确选择场内主要运输和辅助运输方式的合理布置线路,合理规划和组织场内运输。

场内交通规划主要内容和工作步骤如图 2-2 所示。

2. 场内运输特点

1) 运输方式多样性

场内物料运输是由多种运输方式联合实现的,运输方式有陆运的,也有水运的;有水平的,也有垂直的。对于不同施工方法、不同分区布置、不同物料,可有多种方式与之相适应,因此,应注意运输方式的选择和运输组织设计。

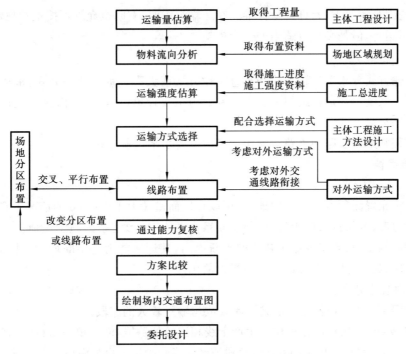

图 2-2　场内交通规划内容和工作步骤

2）物料品种多、运输量大、运距短

场内运输的物料不但有各种外来物资器材,还有各种辅助企业产品、自采材料及各种工程弃料。场内运输不仅有物料运输,还有人流运输,运输组织复杂,车型多,运输量大,场内运输受施工场地限制,运距短,运输效率低。

3）场内交通的临时性

场内交通线路随工程施工的结束,大部分会失去使用价值,在确定线路等级、标准时,应予考虑。

4）对运输保证性要求高

水电工程施工有明显的季节性、时间性,要求运输能充分保证,因此线路应有合适的标准,应有对运输强度要求,应能安全、可靠地满足施工需要(正常施工时应满足年、月运输强度,截流抢险时,应满足日、旬运输强度)。

5）运输不均衡

场内运输强度受施工进度影响,运输物料品种受施工安排影响,具有明显的时间性,一般很难实现均衡运输。高峰运输强度出现在施工高峰阶段,而不同施工阶段场内各路段上运输量也是不均衡的。

6）物料流向明确,车辆单向运输

场内运输是为工程施工服务的,物料流向受工艺布置影响,一般可分为施工需要的材料、机械和工程弃料两种物料流,流向比较明确。由于物料集散点不同,物料种类和质量要求不同,因此很难实现往复运输,单向运输的特点突出。

7）个别情况允许降低标准

场内地形比较复杂,且运输车辆必须在有限范围内达到较高的场地,因此线形设计、纵坡设计,在某些困难情况下,允许降低标准。在运输组织时,有时也允许不按正常规定运行,如机车倒行、推车运行,但是必须有适当的安全措施。

3. 场内运输方式

场内运输方式分水平运输方式和垂直运输方式两大类。垂直运输方式、永久建筑物施工场地和各生产系统内部运输组织一般由各专业施工设计单位考虑;场内交通规划主要考虑场区之间的水平运输方式。

水电工程常采用公路和铁路运输作为场内主要水平运输方式。

1)公路运输

(1)公路运输特点。

公路线路布置无须宽阔平坦的地形,可以在地面横坡大于1∶300的情况下布置线路。公路的爬坡能力高,容易进入施工现场,便于联系高差大、地形复杂的施工场地。公路运输可以达到较高的运输量,随着车辆载重吨位的不断提高,其运输能力将不断增大。因此,公路运输方式具有方便、灵活、适应性强以及运输量大的优点。

(2)场内公路分类。

① 生产干线:各种物料运输的共同路线或运输量较大的路段。

② 生产支线:各物料供需单位与生产干线相连接的路段,多为单一物料的运输线路。

③ 联络线:物料供需单位间的分隔路段或经常通行少量工程车辆和其他运输车辆的路段。

④ 临时线:料场、施工现场等内部运输路段。

2)铁路运输

(1)铁路运输特点。

铁路站、线占地面积大,且要求在较为平坦、顺直的场地上建站、线。铁路的爬坡能力差,难以到达高差较大的施工场地。在以铁路方式为主时,必须有其他运输方式相互配合和补充。

铁路线路工程量大,一次投资较高,施工技术复杂,施工工期长,不能很快投入运行。

铁路的运输量大,可靠性好,运行耗能少,运营费用低。

(2)场内铁路分类。

① 生产干线:大宗外来物资、场内企业产品运输的共用线路,大量自采材料、工程弃料等运输的固定线路。

② 生产支线:生产干线通往企业、仓储系统的固定线路。

③ 站场线:工地车站、货场内部的线路。

④ 移动线:料场、弃渣场内经常迁移的线路。

3)其他运输

(1)水路运输。

这需要有较好的通航和河岸条件。截流工程和拦洪蓄水等影响,会使水路运输有明显的局限性,一般不作为场内主要运输方式。山区河流水流湍急、水位差大、礁石多,不宜采用水运方式。水路运输的成本低,但需较大规模的转运码头、仓库,运输损耗大,可靠性差。

(2)胶带机运输。

胶带机运输占地面积小,线路布置容易,灵活可靠,适于上坡不大于1∶250,下坡不大于1∶100的松散材料的短途运输,运距一般可为几十米至几百米,有时可达几千米。运输效率视型号、胶带宽度、胶带速度、胶带长度、物料种类及粒径等各异,运输能力大,运输费用低。水电工程常用胶带机作为辅助运输方式,运送土、石料填筑土石坝体、砂砾石或骨料及运输拌制的混凝土料。

(3) 架空索道运输。

架空索道运输不受地形和宽阔障碍物的影响,爬坡能力大(可达 1∶350),占地少,工程量省,建设速度快。适于装卸地点固定的松散物料或单件重量较小的机、器具的运输,运输量单线可达 150 t/h,双线可达 100~250 t/h。但是初期投资大,设备维修困难,运输不大可靠,一般作为辅助运输方式,用于运送土、石料、骨料等。根据维修和管理的需要,一般沿线要修一条简易公路。

4. 场内运输方式选择

场内物料运输是多种运输方式联合作业,共同完成的。其中主要运输方式担负大部分施工地点、生产企业大多数不同品种的物料以及绝大部分运输工作量。因此,主要运输方式选择是场内交通规划的关键环节,必须周密考虑限定条件下各种因素的影响,并结合其他专业的施工设计,反复协调,才能选定技术上可行、经济上合理的运输方式。

场内运输方式选择取决于各方式本身特点,如场内物料运输量、运输距离、运输物料特点、对外运输方式、场地分区布置和地形条件、施工方法及工艺布置、设备来源,以及线路修建速度、工程量等。

模块 3　施工辅助企业及设施布置

1. 项目设置

施工辅助企业及其他施工辅助设施布置的任务是:根据工程特点、规模及施工条件,确定辅助企业及设施的设置项目,根据施工总进度和拟定的施工方法估算生产规模,估算建筑面积和占地面积,确定其平面布置位置。

1) 大、中型水电工程的施工辅助企业一般设置的项目

(1) 混凝土拌和系统;

(2) 砂、石料开采加工系统(包括混凝土骨料、反滤料等);

(3) 压缩空气系统;

(4) 汽车修配厂、保养系统;

(5) 综合加工厂(混凝土预制构件厂、钢筋加工厂、木材加工厂等);

(6) 机械修配厂;

(7) 施工供电系统;

(8) 施工给水系统;

(9) 制氧厂、修钎厂、轮胎翻修车间;

(10) 机电设备及金属结构安装场地;

(11) 制冷、供热系统;

(12) 施工通信系统。

2) 施工辅助设施一般设置的项目

(1) 消防站;

(2) 工地实验室;

(3) 工地值班室等工房;

(4) 水文气象站;

(5) 其他生产设施(包括各生产单位及工作面的修理间、木工间、工具房及施工机械安装、停放场等)。

2. 布置步骤

(1) 确定辅助企业及设施的设置项目,并初步考虑其内部组成。

(2) 根据工程量及施工总进度计划,估算生产规模,并据此估算其建筑面积和占地面积。

(3) 根据施工场地区域布置规划、地形、地质条件及供水、电等情况,按分区布置工作顺序,研究各主要辅助企业的各种可能布置位置。

(4) 根据货流方向、运输线路布置及运输工作量,初步拟选主要辅助企业的布置位置。

(5) 考虑其他辅助企业及设施与主要辅助企业的关系,逐步选定布置位置。

(6) 配合协调各辅助企业设计,根据其设计成果,对估算的建筑面积、占地面积进行修正,并将各辅助企业和设施的最终布置位置绘制在施工总布置图上。

3. 辅助企业布置

(1) 砂、石料加工系统应尽量靠近料场,选择水源充足、运输及供电方便,有足够堆料场地和有适当坡度而便于排水、清淤的地段。

(2) 混凝土拌和系统尽量集中设置,并靠近混凝土工程量集中的地点。距浇筑地点最远距离应满足混凝土运输入仓的时间要求;最近距离则应满足运输线路的布置和安全要求,一般情况在 200～800 m 之间。

(3) 空压机站、修钎厂宜分散布置在石方开挖集中地点或其他有风地点附近。

(4) 综合加工厂最好相邻设置,并靠近主体工程施工厂,有条件时可与混凝土系统相邻设置。

(5) 机械修配厂、汽车修配厂、汽车保养厂宜相邻设置,以利共用加工修配力量,其位置一般选在较后且平坦、宽阔、交通方便的地段。如采用分散布置,则宜分别靠近使用机械、车辆的工段。

(6) 低压变电站或自备电厂应布置在负荷中心附近。

(7) 施工供水尽量集中,选择水质、水量满足要求且靠近主要用水地点的地方,并且使干管总长度最短。如用水地点分散,可采用多水源分区供水。

(8) 有条件时,将比较固定且难以迁建的辅助企业,如机械修配厂、汽车修配厂、金属结构加工制作厂等,尽量设于基地,既服务于工程又服务于社会。

(9) 机电设备、金属结构安装场地常靠近主要安装地点,也可直接布置在永久设备仓库内,以利共用库房、起重设备和场地。

(10) 凡对空气、水源有污染的企业,有噪声、振动的企业,布置时应满足环境保护的有关要求。

(11) 氧气厂宜设置在空气洁净的较偏僻的地点。

4. 仓库系统布置

1) 仓库系统

仓库系统设计的基本任务是:实行科学管理,确保物资器材安全完好,并及时、准确地把物资器材供应给使用单位。同时,要求以最少的费用达到最好的经济效果。

仓库系统设计中应解决下面几个问题:

选定仓库位置和布置方案;

确定各类仓库面积和仓库结构形式；

确定各种材料在仓库中的需要储存量；

提出仓库管理机构形式的意见；

选定仓库装卸设备和仓库建设所需要材料的数量。

（1）仓库按结构形式分类，可分为以下几类。

① 露天式：储存一些量大、笨重和与气候无关的物资、器材，一般有砂石骨料、砖、木材、煤炭等。

② 棚式：这种仓库有顶无墙，能防止日晒、雨淋，但不能挡住风沙，主要储藏钢筋、钢材及某些机械设备等。体积大和重量大不能入库的大型设备可采取就地搭棚保管。

为防止火灾，房顶不能用茅草或油毡纸等易燃物盖建。棚顶高度应不低于 4.5 m，以利搬运和通风。

（2）仓库系统布置的一般原则如下。

① 仓库系统的布置应符合国家有关安全防火等规定。

② 大宗建筑材料一般应直接运往使用地点堆放，以减少施工现场的二次搬运。

③ 应有良好的交通运输条件，以利器材、设备的进出库。

④ 易燃、易爆材料仓库最好布置在远离其他建筑物的下风处，以防发生事故波及其他建筑物。

⑤ 仓库系统应布置一定数量的起重装卸设备，以减轻工人的劳动强度。

（3）仓库的布置原则如下。

① 服务对象单一的仓库、堆场，可以靠近所服务的企业或工程施工地点，也可以作为某一企业的组成部分布置。

② 服务于较多企业和工程的仓库，一般作为中心仓库，布置于对外交通线路进入施工区的入口处附近。

③ 易爆易燃材料，如炸药、油料、煤等，应布置于不会危害企业、施工现场、生活服务区的安全位置。

④ 仓库的平面布置应尽量满足防火间距要求。当施工场地不能满足防火间距要求时，应有相应的防火措施，以保安全生产。

2）外来物资转运站

水利水电工程所需外来物资、器材、设备在运抵工地前，如运输方式发生变化，需在改换运输方式地点设置转运站，负责装卸、临时保存和转运工作。

转运站一般包括铁路专用线（或专用码头）、仓库、道路、管理及生活服务等附属设施。由于转运站一般距工地很远，所以应按独立系统专门设计。

为了保证工程外来物资器材的及时转运，转运站的规模和布置应满足下列要求：

（1）起重运输设备的配备，一方面应保证满足转运强度的要求，另一方面，其设备容量的大小亦应相互协调；

（2）转运站的储运能力应满足及时将物料运至工地，最大限度地减少中转损耗；

（3）外来物资器材应以直接运往使用单位为宜，避免多次装卸倒运；

（4）应有足够的装卸作业场、堆料场和仓库；

（5）装卸机械和装卸方法应符合装卸货物的特殊要求及操作规程的规定；

（6）应满足工程重大件转运的要求。

5. 施工管理及生活服务区布置

1）设计内容、任务和步骤

（1）设计内容。

① 计算施工管理及生活福利设施的建筑面积、占地面积。

② 选择合适场地。

③ 施工管理、生活福利设施布置。

（2）各阶段设计任务。

① 可行性设计阶段：提出工地人口及其组成、建筑面积、占地面积等指标。

② 初步设计阶段：进一步提出分区布置建筑面积、占地面积、分区布置图（反映到总体布置图上）、场地平整及各项工程量。

③ 技术施工设计阶段：提出小区详细规划布置图。

（3）设计步骤。

① 估算工地人口及其组成。

② 确定建筑面积定额，计算建筑面积。

③ 估算占地面积。

④ 根据施工场地布置方式选择合适场地。

⑤ 确定各场地布置的建筑面积、实际占地面积。

⑥ 绘制布置图。

2）居住建筑的规划布置

（1）规划布置要求。

场地规划布置需要注意以下各点。

① 根据场地的自然条件，居住建筑可以分散布置在各自的生产区附近或相对集中布置于离生产区稍远的地点。但是，无论分散布置或集中布置，单职工宿舍、民工宿舍、职工家属住宅应各有相对的独立区段，与生产区应有明确界限。一般单职工宿舍、民工宿舍较靠近生产区或施工区，职工家属住宅则布置在较靠后的地点。

② 布置地点应考虑居住建筑的特点，尽可能选择具有良好建筑朝向的地段。北方和严寒地区以保证冬季获得必要的日照时间和质量、防止寒风吹袭为主要条件，在南方和炎热地区以避免夏季西晒和争取自然通风等为主要条件，确定建筑的有利朝向。

③ 采用建筑组合的变化和搭配以及绿化遮阳等措施防止西晒。

④ 考虑必要的防震抗灾措施。

（2）工地居住建筑布置的几种形式。

① 行列式布置。建筑物按一定朝向和合理间距，成行成列地布置，形成一个个建筑组群，再由若干个组群组成生活区。这种布置形式有利于建筑物通风和取得最好的日照条件，布置外观整齐，适合于地形起伏地段，结合地形灵活布置。

② 沿路布置。建筑物沿交通线路布置，视场地情况，可以单行或多行平行于路线，也可以垂直于路线，或组成小院落。建筑物距路线应有一定安全距离，最好设置围墙，使出入口集中。这种布置形式卫生安全条件较差，噪声干扰大。

③ 工段或施工队是生产、生活管理的基层机构，一般不分设业务科室，其办公人员少，建筑规模小，业务范围小，一般设在车间、工段内部或本单位单职工宿舍区中。

④ 零散布置。在较陡山地,利用局部较缓地形分散布置建筑物,但难以布置一般交通线路,适合在施工区附近利用零散地块布置民工或单职工宿舍。

3) 公共建筑的规划布置

公共建筑规划布置的主要工作是合理确定公共建筑的项目内容、核定面积定额、计算指标及合理配置等。

公共建筑的项目内容、定额、指标,可根据工地实际情况、工程地点附近城镇的服务设施配置情况等,参照国家有关规定,设置必要的项目和选用定额。

(1) 公共建筑的分级配置。

根据生活区规划布置特点和公共建筑的本身功能,一般可分为二级配置。

第一级(工地生活区级)以工地全部居民为服务对象,布置必要的、规模较大的公共建筑,形成整个工地的服务中心。项目内容可包括影剧院、医院、招待所、商店、理发店、浴室、综合服务中心、中小学校、运动场等。

第二级(居住小区级)以小区内居民为服务对象,设置居民经常使用、日常必需的服务项目,形成区域中心。项目内容可包括小学、托幼所、门诊所、理发店、浴室、百货副食店、职工食堂、锅炉房等。居住区规模较小,或使用时间较短的临时性场地,可以只设置个别项目或营业点。

(2) 工地生活区级服务中心布置。

工地生活区级服务中心应考虑合理的服务半径,设置在居民集中、交通方便,并能反映工地生活区面貌的地段。其布置方式有如下几种。

① 沿街道线状布置。连续布置在街道的一侧或两侧、交叉口处。布置集中紧凑,使用方便,但不宜布置在车流过大的交通干支线上,并需在适当地点配置必要的广场,供车辆停放和人流集散。

② 成片集中布置。布置紧凑,设施集中,节约用地,使用方便。布置时,应考虑按功能分类分区,留有足够的出入口、停车场地等。

③ 沿街道和成片集中混合布置。

上述各种布置方式各有优缺点和一定的适应条件,布置时应因地制宜合理选用。

任务 3　施工总进度计划

知识目标

掌握施工总进度的编制方法;掌握准备工作、地基和地下工程、混凝土坝和土石坝施工进度的编制方法;理解施工导流设计对施工总进度的影响;掌握施工导流的几种设计方案。

能力目标

结合工程案例,能分析编制施工总进度计划和单项施工进度计划。

模块 1　编制施工总进度的方法

1. 编制施工总进度的步骤

1) 收集基本资料

在编制施工总进度之前和在工作过程中,要收集和不断完善编制施工总进度所需要的基本资料。

2）编制轮廓性施工进度

在河流规划阶段和可行性设计阶段初期，一般基本资料不齐全，但设计方案较多，有些项目尚未进行工作，不可能对主体建筑的施工分期、施工程序进行详细分析，因此，这一阶段的施工进度属轮廓性的，称轮廓性施工进度。

轮廓性施工进度在河流规划阶段，是施工总进度的最终成果；在可行性设计阶段，是编制控制性施工进度的中间成果，其目的一是拟定可能成立的导流方案，二是对关键性工程项目进行粗略规划，拟定工程的受益日期和总工期，并为编制控制性进度做好准备。在初步设计阶段，可不编制轮廓性施工进度。

在编制轮廓性施工进度的同时，还需继续收集和完善基本资料。

3）编制控制性施工进度

控制性施工进度在可行性设计阶段，是施工总进度的最终成果；在初步设计阶段，是编制施工总进度的重要步骤，并作为中间成果，提供给施工组织设计的有关人员，作为设计工作的初步依据。

控制性施工进度与导流、施工方法设计等专业都有密切的联系，在编制过程中，应根据工程建设总工期的要求，确定施工分期和施工程序，以拦河坝为主要主体建筑的工程，还应解决好施工导流和主体工程施工方法设计之间在进度安排上的矛盾，协调各主体工程在施工中的衔接关系。因此，控制性施工进度的编制过程必然是一个反复调整的过程。

完成控制性施工进度的编制后，施工总进度中的主要施工技术问题，应当基本解决。

4）编制施工总进度表

在初步设计的后期，即选定施工总体布置方案之后，对于以拦河坝为主要主体建筑的工程，在导流方案确定之后，要编制选定方案的施工总进度表。

2. 轮廓性施工进度的编制

编制轮廓性施工进度的方法如下。

（1）与施工设计共同研究，选定代表性的施工方案，并了解主要建筑物的施工特性，初步选定关键性的工程项目。

（2）对初步掌握的基本资料，进行粗略地分析，根据对外交通和施工布置的规模和难易程度，拟定准备工程的工期。

（3）对于以拦河坝为主要主体建筑的工程，可根据初步拟定的导流方案，对主体建筑物进行施工分期规划，确定截流和主体工程下基坑施工的日期。

（4）根据已建工程的施工进度指标，结合本工程的具体条件，规划关键性工程项目的施工期限，确定工程受益日期和总工期。

（5）对其他主体建筑物的施工进度做粗略的分析，绘制轮廓性施工进度表。

3. 控制性施工进度的编制

1）分析选定关键性工程项目

编制控制性施工进度时，应以关键性工程项目为主线，根据工程特点和施工条件，拟定关键性工程项目的施工程序。

（1）分析工程所在地区的自然条件。

在编制控制性施工进度之前，应当首先取得工程所在地区的水文、气象、地形、地质等基本资料，并认真分析研究水文、地形、地质条件影响等。

（2）分析主体建筑物的施工特性。

水电工程一般由拦河坝、引水系统、泄洪、放空建筑物、过船过木设施和发电厂房等工程组成；大型输水灌溉工程，一般由渠道建筑物、引水渠、隧洞、渡槽等组成。在编制控制进度之前，应取得主要水工建筑物的布置图和剖面图，根据水工图纸，分析主要建筑物的施工特性。

（3）分析主体建筑物的工程量。

主体建筑物的工程量由施工设计提供，取得工程量之后，应对各建筑物的工程量分布进行分析。例如，位于河床水上部分和水下部分，右岸和左岸，上游和下游，以及在某些控制高程以上或以下的工程量，分析施工期洪水对这些工程施工的影响等。

2）初拟控制性施工进度表

选定关键性工程之后，首先分析研究关键性工程的施工进度，而后以关键性工程的施工进度为主线，安排其他单项工程的施工进度，拟定初步的控制性施工进度表。

下面详细阐明以拦河坝为关键性工程项目时，初拟控制性施工进度的步骤和方法。

（1）结合研究导流方案，确定拦河坝的施工程序。

拦河坝的施工，受水文、气象条件的直接影响，汛期往往受到洪水的威胁，因此拦河坝的施工进度与施工导流方式以及施工期历年度汛方案有密切的关系。

（2）确定准备工程的净工期。

在编制控制性施工进度时，首先要分析确定准备工程的净工期，才能安排导流工程、其他准备工程和岸坡开挖的开始时间。

（3）确定坝基开挖工期和坝体各期上升高程。

① 确定截流时段。

② 确定坝基开挖和地基处理的工期。

（4）安排其他单项工程的施工进度。

其他单项工程的施工进度，根据其本身在施工期的运用条件以及相互衔接关系，围绕拦河坝的施工进度进行安排和调整。考虑的主要原则如下：

① 施工期洪水的影响；

② 水库蓄水的要求；

③ 避免平面上的互相干扰；

④ 所用石料上坝的要求；

⑤ 施工强度平衡。

模块 2　施工总进度的编制

1. 准备工程进度的编制

1）准备工程的主要项目和内容

施工准备工程与施工临建工程在内容上有相当一致的地方，但不是完全等同的。根据需要，部分属于永久工程的，如大坝岸坡处理、上坝公路、结合施工供电的永久输电线路以及其他在准备工程期间必须提前兴建的永久工程也要在准备工程工期内安排并完成，否则将影响主体工程的开工及施工进度。

2）准备工程施工进度的编制

编制准备工程的步骤如下：

（1）列出准备工程的项目，了解各项准备工程布置概况，收集工程量等资料；

（2）根据各项准备工程的规模、工程量、施工特性、参照类似工程的经验分析和拟定所需工期；

（3）结合控制性施工进度表对各项准备工期、投入使用日期的要求绘制初步的准备工程施工进度表；

（4）综合平衡土石方、砌石、混凝土、房建等工程的施工强度和投资比例（一般年投资不宜超过建安工作总投资的 6%～8%），调整并完成准备工程施工进度表；

（5）根据初步确定的投资拨款计划、征地进展情况，适当调整施工准备工程施工进度表。准备工程施工进度参考工期见表 2-1。

表 2-1　准备工程施工参考工期

序　号	项　　目	规　　模	施工条件	参考工期（年）	备　　注
1	准轨铁路	100 km	山区 丘陵	2～3 1～2	
2	窄轨铁路	50 km		0.5～1.0	
3	公路	100 km	山区 丘陵	1.5～2.5 1～2	
4	大型桥梁	>300 m		0.5～1.0	
5	砂、石料系统： 天然砂石系统 人工砂石料系统	>150 万 t/年 30 万～150 万 t/年 <30 万 t/年		0.5～1.0 1.5～2.5 0.5～1.5 0.5	
6	混凝土系统	>70 万 m³/年 20 万～70 万 m³/年 <20 万 m³/年		1～1.5 0.5～1 0.5	
7	高压输电线	100 km		0.5～1.5	山区取大值
8	通信线路	100 km		0.5～1.0	山区取大值
9	房屋建筑	10 万 m² 10 万～20 万 m² >20 万 m²		0.5～1.0 1～2 2～3	

2. 地基处理和地下工程的施工进度

1）地基处理

水利水电工程地基处理一般包括灌浆、断层处理和防渗墙工程，其施工进度主要根据施工总进度要求，结合本身的施工特性来安排。

（1）固结灌浆和接触灌浆。

对于混凝土坝，灌浆一般在地基开挖并浇筑几层混凝土之后进行，先进行接触灌浆，而后进行固结灌浆，与混凝土浇筑平行交叉施工。在编制控制性施工进度时，可不考虑占用直线工期，但由于灌浆同混凝土浇筑有一定的干扰,故混凝土的浇筑速度较正常情况下略有降低。

（2）帷幕灌浆。

混凝土坝和建在基岩上的黏土心墙坝,一般在廊道或灌浆洞内进行帷幕灌浆,基本上不受气候和洪水的影响,与大坝施工干扰少,故可均衡安排其施工进度;斜墙坝和面板坝的帷幕灌浆一般在坝的上游坡脚进行,可与坝体填筑平行作业,不占直线工期,但应考虑汛期坝前水位对灌浆工期的影响。所有帷幕灌浆一般均应安排在水库蓄水以前完成。

建在软基上的中小型坝,一般不设廊道,须在河床帷幕灌浆完后才能修建坝体,此时,帷幕灌浆成为控制直线工期的一道重要工序。

安排帷幕灌浆的进度,应首先分析工作面上可能布置的灌浆机械,根据地质条件和钻灌方法,拟定台班产量定额,再根据设计的灌浆工程量分析所需要的工期。

（3）断层破碎带处理。

断层破碎带处理一般包括开挖、回填混凝土和灌浆,应根据断层破碎带所在部位、处理方案、工作量的大小,分析其处理工期。

（4）混凝土防渗墙。

混凝土防渗墙的施工工序,主要是施工准备、造孔和混凝土浇筑。控制工期的主要工序是造孔,造孔的速度与地质条件、孔深有关。

2）地下工程

水电工程的地下工程,一般包括隧洞、竖井、斜井及地下厂房等工程。施工主要工序为开挖、出渣、安全处理或临时支护、浇筑混凝土衬砌或锚喷混凝土衬砌、灌浆及附属工作等。

地下工程的施工进度与地质、水文地质、断面积和断面形状、采用的施工方法及工作量有关。在编制施工进度之前,应根据施工总进度的要求,研究设置施工支洞的可能性与必要性,结合具体条件,确定进出口和洞身的施工程序与施工方法。在编制施工进度时,要考虑地质条件可能的变化,注意留有适当的余地。

3）地下厂房

（1）地下厂房的一般施工程序。

地下厂房一般跨度较大,开挖量集中,出渣和运送混凝土均较为困难。与厂房本体相连的孔洞多,施工干扰较大。因此,在拟定施工程序之前,应首先分析水工建筑物的布置特性,研究利用已有水工孔洞作为通风和施工通道的可能性,当地形有利时,还应研究设置必要的施工支洞,以增加工作面,加快施工进度。

一般情况下,厂房本体常分为三部分进行施工,即顶部、中部和下部。顶部利用排风洞（或施工支洞）出渣和运送混凝土,中部和下部分别利用交通洞和尾水洞作为施工通道。故在安排施工进度时,应同时研究排风洞（或支洞）、交通洞、尾水洞和其他洞室的进度,使整个地下厂房系统的施工,既能平行作业,又能互相配合。

（2）地下厂房施工进度的安排。

① 顶部:顶部施工之前,应首先开挖排风洞或施工支洞,在进入厂房部位之后,一般采用导洞扩大法施工,先导洞、后扩大。支洞和导洞的进度,可参考隧洞进尺指标控制;扩大进度按工作面上可能布设的装渣设备的生产能力估算工期。当地质条件较好时,开挖完成后进行顶拱衬砌,地质条件不利时,采用边开挖、边衬砌的施工方法。

② 中部:中部开挖和浇筑混凝土一般是以交通洞为施工通道,故在中部开挖以前,应完成

交通洞的开挖。

中部开挖常采用导井扩大法施工,首先开挖导井,形成导井后,即可自上而下分层进行扩大。导井施工进度可参考竖井开挖的工期指标控制,扩大时按出渣能力估算工期。

③ 下部:下部开挖一般利用尾水洞出渣,故下部开挖之前,应完成尾水洞的开挖。

④ 地下厂房系统的其他洞室,可以厂房本体的施工进度为主线,根据出渣方便和施工强度平衡的原则进行安排。

⑤ 每个工程都有其不同的地形、地质条件和厂房布置形式,各种孔洞的相对位置和尺寸也不尽相同,有的厂房需要进行混凝土衬砌,有的则仅需喷锚支护,因此,施工程序和进度各异。安排地下厂房系统的施工进度时,应首先分析工程的自然条件和布置特点,妥善处理各孔洞之间的相互配合和相互衔接关系,并根据采用的施工方法和开挖出渣设备,分析各洞室的施工工期,而后根据施工总进度的要求,进行反复调整,最终确定地下厂房系统的施工进度。

3. 混凝土坝的施工进度

1) 混凝土坝施工进度的特点

(1) 混凝土坝的施工受气温条件的影响,在高温季节要加强骨料的降温和混凝土的散热措施;在寒冷季节,日平均气温稳定在 5 ℃以下会增加混凝土坝的施工难度。因此,在我国南方的高温季节和北方的冬季寒冷季节,混凝土坝的施工强度和坝体上升速度都将受到影响。

(2) 在浇筑混凝土坝过程中,要求各块体均匀上升,相邻块体高差有一定的限制。块体之间形成缝面,重力坝的纵缝、拱坝的横缝只有在混凝温度降低到设计灌浆温度时进行水泥灌浆,使坝形成整体,才能承受水压力,因此坝体的二期冷却和接缝灌浆是影响混凝土坝施工进度的一个重要因素。

(3) 一般混凝土坝内常设置引水系统、泄洪建筑和埋设件、孔洞和廊道多,施工干扰较大,这使坝体上升速度受到限制,同时在施工过程中,还要考虑汛期洪水对坝内孔洞的影响。

(4) 混凝土坝在施工进度安排上,可考虑坝内设置底孔导流,汛期坝上留缺口过水,在大流量的河流上,施工导流问题较土石坝容易解决,施工进度安排较为灵活。

(5) 混凝土坝一般采取柱状分块分层浇筑,浇筑过程中,层与层之间,因温度控制要求,应有一定的间歇时间,特别是基础层,因受基础约束的影响,浇筑层应薄,温控要求严格,须利用有利季节浇筑混凝土,对施工进度有一定的制约;块体之间的间歇期,随混凝土浇筑的准备工序而异。因此,混凝土坝的上升速度,与块体多少、分层厚度、温控条件以及浇筑混凝土的准备工序有直接关系。

2) 确定坝体各期上升高程的一般方法

坝体各期上升高程的确定应考虑的因素很多,不同的坝型、不同的水工布置和不同的导流方案就有不同的要求。下面介绍确定坝体各期上升高程的一般方法。

(1) 导流和大坝度汛的要求。

① 当采用上、下游围堰一次拦断河流的导流方案,且为全年挡水围堰时,坝体上升不受洪水影响,可根据总工期的要求分析施工强度和上升速度的可能性,使坝体均匀上升;当采用枯水期挡水围堰时,在枯水期末最好将大坝浇筑到洪水期可以继续施工的高程,此高程可按下一施工月份一定标准的河流流量相对应的水位控制,如果达不到此高程,则至少应浇筑到枯水期的正常水位以上,以便代替上游围堰挡水,使汛后能继续施工。

如果基坑工作量大,一个枯水期内难以将坝体浇出枯水期正常水位,则可考虑采用允许过水的围堰,此时,应根据设计的围堰挡水流量分析汛期可能的过水次数和由于过水而损失的工期,据此安排混凝土的浇筑进度;有时,汛期坝体过水次数较多,不宜在汛期进行间断施工,对于在河床较宽的坝址,应考虑河床坝段留作过水缺口,使两岸坝体在汛期继续升高,两岸不过水坝段在枯水期末应达到下一个施工月份的洪水位以上。

②当采用分期导流方案时,大坝分作两期或三期施工,第一期坝体的浇筑高程应考虑在二期围堰截流前形成导流泄水建筑物,并达到汛期能够继续施工的高程。有时,为了降低二期围堰高度,可考虑在一期坝体预留一部分坝段作为过水缺口,参与后期导流。缺口的高程一般应定在枯水期正常水位以上,以便于后期加高。

第二期坝体的上升高程常由导流和度汛要求决定,如果第一期坝体内留有导流底孔和过水缺口,导流过水能力大,则第二期坝体可连续升高,直至坝顶,待后期一次封堵缺口;如果一期坝体内仅留导流底孔,未留过水缺口,且底孔仅能在枯水期导流,则应考虑在第二期坝体内也设置底孔,或留缺口度汛,以保证多数坝段能常年施工。缺口高程的选定以尽量争取汛期停工时间最短为原则。

当坝后布置有发电厂房时,厂房坝段最好能优先升高,把过水缺口留在其他坝段,历年汛期厂房坝段的高程应达到相应的挡水标准。

由于组合情况很多,安排进度时,应结合施工导流和施工布置条件,进行作多种方案的比较,选择最有利的施工程序和坝体各期上升高程。

③当采用明渠导流方案时,大坝的河床部分应分成明渠坝段和河床坝段两期进行施工,其各期上升高程的确定方法与分期导流方案的基本相同。

④施工期大坝临时挡水,不论何种坝型,在未进行接缝灌浆之前,均应按单独坝块核算其稳定和应力,要求坝基面和坝面不出现或出现不大的拉应力(规范规定施工期坝基面的垂直正应力,可允许有不大于 $10\ \text{N/cm}^2$ 的拉应力,坝体可允许有不大于 $20\ \text{N/cm}^2$ 的主拉应力),否则应加速工期冷却和灌浆进度,或限制大坝的上升高程。

坝体在施工期挡水或坝体过水的洪水标准由导流设计根据规范选定,并核算坝体和下游河床的安全,在安排进度时保证坝体正常施工的挡水标准,可参考表 2-2。

表 2-2　施工期坝体临时挡水参考标准

施 工 条 件	坝体挡水标准	备　　注
准备汛期过水的缺口坝段	枯水期常水位以上	在导流允许的条件下,越高越好
要求汛期继续加高的坝段	$P = 20\% \sim 10\%$	视要求继续加高的保证性而定
坝后有厂房或其他建筑物的坝段	$P = 5\% \sim 1\%$	视坝后建筑物的重要性而定

(2)蓄水发电的要求。

①封堵导流隧洞(或底孔)后的下一个汛期,洪水将通过永久泄洪建筑宣泄(库容很大的工程除外),故封孔时或在封孔后的下一个汛前,大坝最好浇筑至溢流堰顶以上。有时为了提前发电,可在溢流坝浇至死水位以上时,就封洞(孔)蓄水,此时应有相应的后期导流措施。非溢流坝应根据坝高和库容,按规范规定的洪水标准计算相应的坝体挡水高程。

②水库蓄水后,在一般情况下,库水位不再降至死水位以下,故在底孔封堵后的下一个汛期之前,坝体接缝必须灌至死水位以上,接缝灌浆时坝体高程应满足接缝灌浆的要求,否则,应推迟下闸蓄水的日期。

③ 设有电站进水口的引水坝段应在机组投产发电前 3～6 个月浇筑达到坝顶,以便进行进水口闸门和启闭机的安装(当采取提前发电措施时,需另做专门研究)。

3) 坝体浇筑进度的论证

坝体浇筑进度应从坝体上升速度和浇筑强度两方面进行安排并加以论证,经过反复调整才能最后确定。

(1) 上升速度。

首先根据导流、度汛和蓄水、发电的要求,初步确定坝体各期上升高程,安排大坝控制进度,算出各时段的坝体上升速度。然后,根据分层分块、温控要求和坝内埋设件等施工条件,拟定层块之间的间歇期,对关键部位进行浇筑排块,论证进度安排的坝体上升速度是否能够达到,在安排控制进度时可参考已建同类工程的坝体升高速度指标进行控制。

(2) 浇筑强度。

在坝体高程-混凝土累计曲线上查得各控制时段的混凝土量,算出混凝土的平均浇筑强度和高峰强度,根据可能布置的混凝土运输、浇筑设备的生产能力,估算可能达到的浇筑强度,论证控制进度所安排的浇筑强度是否能够达到要求。

采用大型浇筑设备,改进混凝土的运输工艺,采用通仓薄层浇筑,减少浇筑层之间的间歇时间,浇筑干硬性混凝土时,采用碾压混凝土施工方法可以减少坝体接缝灌浆数量,提高混凝土的浇筑强度。

(3) 坝体浇筑进度的调整。

经过上升速度和浇筑强度的论证,如果确认达不到控制进度的要求,则应反过来修正导流和度汛方案。例如,增加导流底孔数量,加大缺口宽度,降低缺口高程等,或者修改初步拟定的控制进度,推迟蓄水、发电日期。经过反复调整和修正,求得导流度汛可靠施工技术可行的各期坝体上升高程。

4) 坝体接缝灌浆进度

坝体浇筑形成的垂直于坝轴线的缝为横缝,平行于坝轴线的缝为纵缝。大坝在挡水之前,应进行接缝灌浆,使坝结成整体。拱坝或拱形重力坝的横缝和纵缝均需灌浆,重力坝一般只灌纵缝。

(1) 灌浆时段应选择在冬季或春季的低温时段,同时须待混凝土温度冷却到设计的灌浆温度时才允许灌浆。

(2) 不允许灌浆层在承受水压的情况下进行灌浆(在特殊情况下,经过论证,可以在较小的水压下灌浆),故水库蓄水前至少应将死水位以下的接缝全部灌完,如做不到,则应推迟蓄水日期。

(3) 各时段接缝灌浆高程应结合施工期限前可能出现的最高水位进行研究,每年汛前,灌浆达到的高程应能满足坝体稳定和应力的要求。汛期的最高水位应根据大坝的高度和相应的库容按规范规定的洪水标准进行计算。

(4) 灌浆时除本灌浆层的混凝土温度应达到设计灌浆温度外,本层以上至少应有 9 m 厚的压重层,压重层温度也应达到设计要求的温度。

(5) 灌浆时本层混凝土层达到设计的干缩龄期,此龄期一般应大于 4 个月。

(6) 在技术设计阶段,要结合混凝土的工期冷却措施对坝体接缝灌浆进度进行详细的研究和安排,在初步设计阶段,编制控制性施工进度时,主要分析各时段可能达到的灌浆高程,从而论证大坝上升的进度。

5）坝体分期兴建

（1）分期兴建的优缺点。

大型混凝土坝工程的混凝土数量巨大，投资高，工期长。为了工程能提前发挥效益，减少受益前的工程投资，有时要研究分期兴建的方案。

分期兴建的优点如下：

① 减少工程受益前的工程量和水库淹没、移民数量，从而减少工程受益前的投资；

② 降低施工强度，减少施工设备和劳动力用量；

③ 加快施工进度，使水库和水电站提前发挥效益。

分期兴建的缺点如下：

① 使工程的设计和施工复杂化，因而可能会增加工程的总投资；

② 坝内要增加一条接缝，这对坝体结构带来不利的影响。

（2）分期兴建的方式。

① 大坝一次建成，水库分期蓄水，电站分期投产。

② 大坝分期兴建，连续施工，水库分期蓄水，电站分期投产。

③ 大坝分期兴建，分期施工，水库分期蓄水，电站分期投产。

（3）安排分期兴建施工进度的要点。

坝体采取分期兴建时，水工、机电和施工各专业进度应进行专门设计，仅就施工专业而言，须注意以下问题。

① 第一期工程应将坝基全部开挖完成，位于第一期蓄水范围内的二期工程的建筑物应列入第一期工程内兴建。

② 在安排第一期工程进度时，应考虑到有关建筑物一、二期施工的衔接方式及其施工方法，如一、二期进水口工程、引水建筑物工程、厂房工程和机电安装工程的衔接与替换方法等。

③ 对于不溢流的坝，要研究旁侧溢洪道或泄洪洞的分期运行方式及其施工中存在的问题；对于溢流的坝，则需要研究坝顶闸门和下游消能设施的分期运行方式及后期大坝加高培厚时的导流和度汛问题，必要的导流建筑物应安排在第一期工程内兴建。

④ 研究后期大坝加高加厚时的温控措施、接缝处理及施工方法。

⑤ 后期施工时，水库已蓄水，机组已运转，应研究施工总体布置，骨料及混凝土运输、施工机械的布置方式，以及施工队伍的撤退和二次进场等问题。

根据以上研究结果，安排分期施工进度，计算初期工程的投资和总投资，与一次建成方案进行全面的技术、经济比较。

4. 土石坝的施工进度

1）土石坝施工进度的特点

（1）黏土心墙坝施工时，上、下游坝壳受心墙上升速度的制约，而心墙施工首先要进行地基处理（如开挖截水槽或浇筑混凝土防渗墙等），且心墙填筑受气候因素的影响，因此，黏土心墙坝的施工进度主要由心墙上升速度来控制。

黏土斜墙坝的堆石体施工进度受气候因素影响较小，可均衡上升，但斜墙的升高往往落后于堆石体，而大坝拦洪时，要求斜墙也达到拦洪高程。

混凝土面板堆石坝的施工进度主要由石料的运输条件、填筑工艺和上坝强度来控制，面板可待完成堆石体填筑之后采用拉模浇筑混凝土来制作,因而施工干扰小,上升速度快。

（2）土石坝一般采用全年挡水围堰的方法施工,其高度和填筑量均较大,上游围堰常与大坝的坝壳相结合,有时利用围堰代替坝体拦洪,为此,应慎重分析围堰的施工进度。

（3）对于采用黏性土料作防渗体的土石坝,降雨和气温条件对施工进度有很大影响,在雨季和严寒季节,施工有效工日显著减少,为此,须根据工程所在地区的气象资料详细分析施工的有效工日。

（4）土石坝在施工期间一般不允许坝体过水,在截流后的下一个汛前,一般应将坝体填筑到拦洪高程。如果达不到拦洪高程,则必须采取有效措施,并进行专门的论证。

为了减少在拦洪前坝体的填筑数量,降低施工强度,一般采用临时断面的方法施工。

2）施工有效工日的分析

对于采用黏性土料作为防渗体的土石坝,黏性土料的备料和填筑受气温、降雨等因素的影响,年内各月的施工有效工日有很大的差异。在我国南方的雨季和北方的冬季,施工有效工日较少,工期受到明显的影响。因此,在安排大坝施工进度之前,首先要分析施工有效工日,作为安排施工进度的依据。

分析施工有效工日的步骤如下:

（1）收集工程所在地区历年的有关气象资料;

（2）拟定各项停工标准;

（3）统计历年各月由于气象因素影响的停工日数;

（4）分析和选取各月的施工有效工日数。

3）拦洪高程和拦洪日期

拦洪高程是指大坝在施工过程中,按一定的洪水标准确定的坝体挡水高程。拦洪日期是指施工进度规定的坝体达到拦洪高程的日期。拦洪日期的确定是安排土石坝施工进度的一个重要问题。拦洪时间过早,虽减少了抢修拦洪坝体的工期,但加大了施工强度;而拦洪时间过迟,万一洪水提前到来,将造成坝体漫水,可能引起大坝出事故,因此,必须慎重对待。

（1）确定拦洪高程。

确定拦洪高程是一项综合性的工作,须由导流设计、施工总进度、施工方法密切配合,反复比较后才能最后选定。在初步选定拦洪高程后,施工总进度着重分析拦洪前的填筑量和填筑强度,并由施工设计加以配合。如果不能达到此高程,则应改变拦洪方案,如加大导流的泄洪能力,以降低拦洪高程,或者采取特殊的泄洪或保坝措施。

进行几个拦洪方案的分析与比较,最终选定一个经济上合理、技术上可靠、保证大坝安全的坝体拦洪高程。

（2）确定拦洪日期。

① 根据历年实测洪水资料,选用历年资料中洪水来临最早的日期。这种方法比较安全,但工期短,施工强度高,一般较少采用。

② 根据河流的水文特性,分析历年最大洪水的出现规律,与导流设计单位共同研究,选取最大洪水可能出现的日期,这是设计中常用的方法。

（3）拦洪过渡期坝体上升高程。

由枯水期末到设计规定的拦洪日期这一时段称为拦洪过渡期。确定拦洪过渡期坝体上升高程的方法如下。

① 按水文特性划分时段法。

这种方法将过渡期按水文特性划分若干时段，计算各时段不同频率的洪水及其相应的坝前水位（库容大时应调洪）。坝体高程在各时段末应达到下一时段的设计洪水位以上。下面举例说明其方法。

某坝采取枯水期挡水围堰方法浇筑，枯水时段为 9 月 15 日至次年 3 月 31 日，拦洪日期为 7 月 20 日，拦洪设计洪水标准为 $P=1\%$ 的流量为 11000 m^3/s。根据本流域的水文特性，将过渡期划分为三个时段，分别计算其不同频率的流量，见表 2-3。

表 2-3　某坝不同时段、各种频率洪水流量

设 计 频 率	时段和流量/(m³/s)		
	4.1～5.15	5.16～6.20	6.21～7.20
$P=10\%$	2000	3000	
$P=5\%$	3000	4200	5300
$P=2\%$		6500	7300
$P=1\%$			9000

根据各时段的拦河坝的坝高、库容等条件，选定时段设计洪水位，并计算其坝前水位，从而确定各时段末的坝体上升高程，见表 2-4。

表 2-4　某坝不同时段坝体上升高程

项　　　目	时段（月，日）				
	枯水期末	4.1～5.15	5.16～6.20	6.21～7.20	7.2
设计频率		5%	5%	2%	1%
设计流量/(m³/s)		3000	4200	7300	11000
相应坝前水位/m		45.5	52	60.3	64.3
坝体上升高程/m	46	53	61	66	

② 按月划分时段法。

按月计算不同频率的流量及相应水位，从而确定月末的坝体上升高程，其方法同上。

4）坝体填筑强度和上升速度的论证

（1）填筑强度。

① 根据坝体各期上升高程，在坝体高程-填筑量累计曲线上查得各控制时段的填筑量，根据相应时段的有效工日算出该时段的日平均填筑强度。

② 日平均强度乘以日不均衡系数即为日高峰强度。日不均衡系数与工程的机械化配套程度、施工管理水平、料物性质以及时段的长短有关，该系数可以在 1.3～1.6 的范围内选取。

③ 确定工日高峰强度之后，应进行施工方法设计，研究料物运输、上坝方式、碾压施工方法、坝面流水作业分区等，经过施工方法设计，论证能否达到施工进度规定的施工强度。

（2）坝体上升速度。

① 根据坝体各期上升高程和该时段的施工有效工日计算坝体的日平均上升速度。

② 黏土心墙坝和斜墙坝的上升速度，主要由心墙或斜墙的上升速度控制。心墙、斜墙可

能的上升速度与土料的性质、压实机械的性能及压实参数有关,要通过碾压试验确定。钢筋混凝土面板坝的上升速度主要由上坝强度控制。根据不同高程可能达到的上坝强度,查坝体高程-填筑量累计曲线,就可以分析出施工进度拟定的各期上升高程是否能够达到。

改善上坝运输道路,采用大型运输设备和重型碾压机械,加大铺土厚度,可以提高土石坝的施工强度,加快上升速度。在安排土石坝施工进度时,应结合工程的具体条件,尽可能采用先进的施工方案,加快土石坝的施工进度。

在初步拟定施工进度时,可参考已建工程的施工进度指标,结合本工程的具体条件,初拟坝体的上升速度和施工强度。

5. 发电厂房的施工进度

1) 发电厂房的施工程序

发电厂房主要包括主厂房、副厂房和开关站。一般情况下,主厂房项目是控制直线工期的关键项目,副厂房和开关站可和主厂房同时进行施工。

厂房布置形式不同,其施工程序也有所差异,应根据厂房布置的特点灵活规划施工程序。

2) 安排施工进度的一般方法

首先分析控制直线工期的厂房地基开挖、主厂房下部混凝土、上部混凝土和水轮发电机组安装的工期,而后根据厂房布置特点和施工总进度的要求,安排全部厂房工程的控制性施工进度。安排施工进度的一般方法如下。

(1) 厂房基础开挖。根据开挖面积和深度,出渣路线布置和开挖方法,分析可能达到的开挖强度,确定地基开挖工期。

(2) 厂房下部和上部混凝土浇筑。首先根据经验,粗略进行混凝土分层,分析每层的浇筑工期,结合导流和度汛的要求,安排混凝土浇筑总工期。

(3) 机组安装拟定。结合机组安装工期和已建工程的机组安装工期安排施工,安装顺序最好是从距安装间最远的一台开始。

(4) 确定直线工期之后,安排安装间、副厂房和开关站的施工进度,使之互相衔接合理。

厂房施工和大坝、引水系统工程的施工既有联系又有干扰,不同类型的厂房,有其不同的施工特点,要根据其施工特点具体安排施工进度。

模块 3　施工总进度和导流方案

1. 编制施工总进度及其导流设计的关系

以拦河大坝为主体建筑物的水利水电工程的施工总进度与导流设计的关系十分密切,施工总进度的编制以导流方案为基础,既满足导流方案,又应满足施工总进度的要求,两者既相互制约,又相辅相成。在设计过程中,须将两者紧密配合,综合研究,进行综合的技术经济比较,才能制定经济合理的导流方案和施工总进度。

两者的关系主要表现在以下几个方面。

(1) 围堰的挡水标准及其相应的挡水流量是根据围堰的挡水时段来选定的。而围堰挡水时段的长短,一方面关系到导流流量的大小,进而影响到导流建筑物的布置、形式和造价,另一方面将直接影响到大坝施工的有效工期和施工总进度的编制,因此,需要进行导流设计与施工总进度的综合比较。

(2) 拦河坝的施工分期和施工程序应当同导流方案相适应,不同的导流方案有其不同的施工分期和施工程序。施工分期和施工程序的合理与否又反过来影响导流方案的拟订。

（3）拦河坝施工期的度汛方案主要由导流设计进行研究，但拦河坝的施工进度能否达到度汛方案所要求的，应通过对施工总进度的分析论证之后才能确定。

2. 常用导流方案的施工程序

1）分期导流方案

分期导流方案适用于混凝土坝和浆砌石坝。

在河床较宽的坝址，常用分期导流方案，一般采用二期导流。其施工程序是将拦河坝分为两期施工，第一期先围一岸，进行一期基坑施工。待形成导流条件后，进行二期围堰截流，形成二期基坑，修建二期坝体，直至大坝完建。根据地形、水工布置和施工条件，也有用三期导流的，其施工程序和二期导流方案基本相同。

2）隧洞导流方案

隧洞导流方案适用于各种坝型。一般在河谷狭窄、没有条件布置纵向围堰或导流明渠的坝址常采用隧洞导流方案。其施工程序是在建成导流隧洞之后，上、下游围堰一次拦断河床，形成基坑，进行坝基开挖处理，然后坝体全面升高。对于混凝土坝，有时为了减少施工期坝体过水次数，加快施工进度，在后期常配合坝内底孔导流。对于土石坝，为了降低拦洪高程、减小填筑强度，后期常利用永久的泄洪洞或放空洞进行导流。

3）涵管导流方案

涵管导流方案多用于土石坝。在河床相对较宽且一岸具有布置涵管的地形、地质条件时，可采用涵管导流方案。与隧洞导流方案相比，它具有施工场面大、速度快、造价低的优点。

4）围堰挡水时段的选定

围堰的挡水时段，一般有以下三类情况。

（1）洪水期挡水：采用允许过水的围堰形式，选择适当的挡水流量，争取汛期有一定的有效工期。

（2）枯水期挡水：洪水期围堰失效，基坑施工时段仅一个枯水期。

（3）全年挡水：基坑和大坝可以常年施工。

5）枯水施工时段的选定

当采用枯水期挡水的围堰时，须对枯水施工时段进行选择。时段短时，导流流量小，导流建筑物布置和施工简易，造价低，但基坑施工期短，施工强度高；时段长时，对施工进度有利，但导流建筑物的规模大、造价高，施工困难。因此，须进行导流设计与施工有效工期的综合比较，选定经济合理的枯水施工时段。选定的方法是：首先分析河流的水文特性，根据历年洪、枯流量的变化规律划分几个可能的时段，然后分别计算各时段的技术经济指标，进行比较选择。

任务 4　施工部署与施工方案

知识目标

掌握施工部署的主要内容；理解工程开展程序；掌握施工部署的内容和施工方案的编制方法。

能力目标

能叙述施工部署内容；能分析施工部署案例。

施工部署是对整个建设项目全局做出的统筹规划和全面安排,主要解决影响建设项目全局的重大战略问题。它是施工组织设计的中心环节,是对整个建设项目带有全局性的总体规划。

建设项目的性质、规模、客观条件不同,施工部署的内容和侧重点也各不相同。当进行施工部署设计时,应对具体情况进行具体分析,按国家工期定额、总工期、合同工期的要求,应事先制定出必须遵循的原则,做出切实可行的施工部署。

施工部署主要包括:确定工程开展程序、拟定主要建筑物的施工方案、明确施工任务的划分与组织安排、确定主要工种的工程施工方法和编制"四通一平"规划等。

模块 1　工程开展程序的确定

确定工程开展程序就是根据建设项目总目标要求,确定工程分期分批施工的合理开展程序。在确定工程开展程序时,应主要考虑以下几点。

1. 在保证工期要求的前提下,尽量实行分期分批施工

为了充分发挥国家工程建设投资的效果,对于大中型、总工期较长的工程建设项目,一般应当在保证总工期的前提下,实行分期分批建设,既可使各具体项目迅速建成,及早发挥工程效益,又可在全局上实现施工的连续性和均衡性,减少暂设工程数量,降低工程成本。

至于如何进行分期分批施工,则要根据生产工艺要求、工程规模大小、施工难易程度、建设单位要求、资金和技术资源情况等,由建设单位、监理单位和施工单位共同研究确定。

对于小型企业或大型企业建设项目的某个系统,由于工期较短、规模较小或生产工艺的要求,因此可以不进行分期分批施工,而应采取一次性建成投产。

2. 统筹安排各类项目的施工,既要保证重点,又要兼顾其他

在安排施工项目先后顺序时,应按照各工程项目的重要程度,优先安排如下工程:

(1) 按生产工艺要求,必须先期投入生产或起主导性作用的工程项目;

(2) 工程量大、施工难度大、施工工期长的工程项目;

(3) 为施工顺利进行所必需的工程项目,如运输系统、动力系统等;

(4) 生产上需先期使用的机修、车床、办公楼及部分家属宿舍等;

(5) 供施工使用的项目,如钢筋加工厂、木材加工厂、各种预制构件加工厂、混凝土搅拌站、采砂(石)场等附属企业及其他为施工服务的临时设施。

3. 注意施工顺序的安排

施工顺序是指互相制约的工序在施工组织上必须加以明确、而又不可调整的安排。建筑施工活动由于建筑产品的固定性,必须在同一场地上进行,如果没有前一阶段的工作,后一阶段就不能进行。在施工过程中,即使它们之间交错搭接地进行,也必须遵守一定的顺序。在施工组织总设计中,施工顺序虽然不必像单位工程施工组织设计那样写得比较详细,但也要对某些较特殊项目的施工顺序作为重点安排对象列出,以引起足够重视。

4. 注意施工季节的影响

不同季节对施工有很大影响,它不仅影响施工进度,而且还影响工程质量和投资效益,在确定工程开展程序时,应特别注意。

模块 2　施工方案的编制

1. 明确项目管理机构和任务分工

明确项目管理组织目标、组织内容和组织机构形式,建立统一的工程指挥系统,组建综合或专业承包单位,合理划分每个承包单位的施工区域或划分若干个单项工程,明确主导施工项目和穿插施工项目。

2. 确定项目开展程序

根据合同总工期要求合理安排工程开展的程序,即单位工程或分部工程之间的先后开工、平行或搭接关系。确定工程开展程序的原则如下。

(1) 在满足合同工期要求的前提下,分期分批施工。

合同工期是施工时间的总目标,不能随意改变。虽然有些工程在编制施工组织总设计时没有签订工期合同,但也应保证总工期控制在定额工期之内。在此前提下,可以将单位工程或分部工程进行合理的分期分批施工并进行合理的搭接。施工期长、技术复杂、施工难度大的工程应提前安排施工;急需的和关键的工程应先期施工和交工,如供水设施、排水干线、输电线路及交通道路等。

(2) 统筹安排,保证重点,兼顾其他,确保工程项目按期投产。

按生产工艺要求,起主导作用或先期投入生产的工程应优先安排,并注意工程交工的配套或使用不得妨碍在建工程的施工,使建成的工程能投产,生产、施工两方便,尽早发挥先期施工部分的投资效益。

(3) 所有工程项目均应按照先地下后地上,先深后浅,先干线后支线的原则进行安排。如对地下管线和修筑道路的施工程序,应先铺设管线,后在管线上修筑道路。

(4) 要考虑季节对施工的影响,把不利于某季节施工的工程提前到该季节来临之前或推迟到该季节终了之后施工,并应保证工程进度和质量。如大规模土方工程和深基础工程施工,应避开雨季;寒冷地区的房屋施工尽可能在入冬前封闭,在冬季即可在室内作业或设备安装。

3. 拟订主要项目的施工方案

施工组织总设计中要拟订一些主要工程项目的施工方案。这些项目通常是工程量大、施工难度大、工期长,对整个建筑项目起关键控制性作用及影响全局的特殊分项工程。其目的是为了进行技术和资源的准备工作,同时也为了施工顺利开展和现场的合理布置。施工方案的内容包括施工方法、施工工艺流程、施工机械设备等。

施工方法与工艺流程的确定要兼顾技术的先进性和经济的合理性,尽量采用工厂化和机械化,即在工厂可预制或在市场上可以采购到成品的,就不在现场制造,能采用机械施工的应尽量不进行手工作业。重点应解决以下问题。

(1) 单项工程中的关键分部工程　要通过技术经济比较确定其关键分部工程的施工方法与工艺流程,如深基坑支护结构、地下水的处理方式等。

(2) 确定主要工种工程的施工方法,主要依据施工规范,明确针对本工程的技术措施,做到提高生产效率,保证工程质量与施工安全,降低造价。

4. 施工准备工作计划

施工准备工作是完成建筑项目的重要阶段,它直接影响项目施工的经济效果,必须优先安

排。根据项目开展程序和主要工程项目施工方案,编制好全场性的施工准备工作计划。其主要内容如下:

(1) 安排好场内外运输、施工用主干道、水电来源及引入方案;

(2) 安排好场地平整方案、全场性排水方案;

(3) 安排现场区域内的测量工作,设置永久性测量标志,为放线定位做好准备;

(4) 安排好生产和生活基地建设,包括钢筋、木材加工厂,金属结构制作加工厂以及职工生活设施等;

(5) 安排建筑材料、成品、半成品的货源运输和储存方式;

(6) 编制新材料、新技术、新工艺、新结构的试制试验计划;

(7) 冬、雨季施工所需要的特殊准备工作;

安排时应注意充分利用已有的加工厂、基地,不足时再扩建。

5. 施工机械的选择

要加快施工进度、提高施工质量,就必须努力提高施工机械化程度。在确定主要工程施工方法时,要充分利用并发挥现有机械能力,针对施工中的薄弱环节,在条件许可的情况下,尽量制定出配套的机械施工方案,购置新型的高效能施工机械,提高机械动力的装备程度。

在安排和选用机械时,应注意以下几点。

(1) 主导施工机械的型号和性能,既能满足构件的外形、重量、施工环境、建筑轮廓、高度等的需要,又能充分发挥其生产效率。

(2) 选用的辅助施工机械的性能和生产效率要与主导施工机械的相适应。

(3) 选用的施工机械能够在几个项目上进行流水作业,以减少施工机械安装、拆除和运输的时间。

(4) 一般情况下,工程量大时宜选用专用机械,工程量小时宜选用一机多用的机械。

(5) 建设项目的工程量大而又集中时,应选用大型固定的机械设备;施工面大而又分散时,宜选用移动灵活的施工机械。

(6) 选用施工机械时,还应注意贯彻土洋结合、大中小型机械相结合的方针。

任务 5　资源配置计划

知识目标

掌握劳动力需求量的计算方法和步骤;了解材料需求量的估算依据和掌握分期供应计划的编写方法;掌握施工机械设备的用量计算、型号选择、设备平衡,以及分年度供应计划的编写方法。

能力目标

能进行劳动力、材料、机械设备的需求计算;能平衡配备各种机械设备;能制订分年度资源需求计划。

资源是施工生产的物质基础,是工程实践必不可少的前提条件,它们的费用占工程总费用的 70% 以上,所以节约资源是节约工程成本的主要途径。如果资源不能保证,则考虑得再周密的工期计划也不能实行。资源需要量是指项目施工过程中所必须消耗的各类资源的计划用量,包括劳动力、建筑材料、机械设备以及施工用水、电、动力、运输、仓储设施等的需要量。资源管理的任务就是按照工程项目的实施计划编制资源的使用和供应计划,将项目实施所需的资源按正确的时间、正确的数量供应到正确的地点,并降低资源成本(如采购费用、仓库保管费等)。

模块 1 劳动力计划

1. 劳动力需要量

劳动力需要量指的是在工程施工期间,直接参加生产和辅助生产的人员数量以及整个工程所需总劳动量。水利水电工程施工劳动力,包括建筑安装人员,企业工厂、交通的运行和维护人员,管理、服务人员等。劳动力需要量是施工总进度的一项重要指标,也是确定临时工程规模和计算工程总投资的重要依据之一。

劳动力计划的计算内容是施工期各年份、月份劳动力数量(人)、施工期高峰劳动力数量(人)、施工期平均劳动力数量(人)和整个工程施工的总工作量(工日)。

2. 劳动力计算方法

1) 劳动定额法

(1) 劳动力定额。

劳动力定额是完成单位工程量所需要的劳动工日。在计算各施工时段所需要的基本劳动力数量时,是以施工总进度为基础,用各施工时段的施工强度乘以劳动力定额而得到的。总进度表上的工程项目,是基本施工工艺环节中各施工工序的综合项目,例如,石方开挖,包括开挖和出渣等,混凝土浇筑包括砂石料开采、加工和运输、模板、钢筋、混凝土拌和、运输、浇筑和养护等,土石方填筑包括料物开采、运输、上坝和填筑等。所以计算劳动力所需的劳动力定额,主要是依据本工程的建筑物特性、施工特性、选定的施工方法、设备规格、生产流程等经过综合分析后拟定的。

(2) 劳动力需要量计算步骤如下:

① 拟定劳动力定额;

② 以施工总进度表为依据,绘制单项工程的施工进度线,并说明各时段的施工强度;

③ 计算基本劳动力曲线;

④ 计算企业工厂运行劳动力曲线;

⑤ 计算对外交通、企业管理人员、场内道路维护等劳动力曲线;

⑥ 计算管理人员、服务人员劳动力曲线;

⑦ 计算缺勤劳动力曲线;

⑧ 计算不可预见劳动力曲线;

⑨ 计算和绘制整个工程的劳动力曲线。

(3) 基本劳动力计算。

以施工总进度表为依据,用各单项工程分年、分月的日强度乘以相应劳动力定额,即得单项工程相应时段劳动力需要量。同年同月各单项工程劳动力需要量相加,即为该年该月的日需要劳动力。

(4) 施工企业工厂劳动力。

施工企业工厂劳动力是以施工进度表为依据,列出各企业工厂在各年各月的运行人员数量,同年同月逐项相加而得。各企业各时段的生产人员,一般由企业工厂设计人员提供。

（5）对外交通、企管人员及道路维护劳动力。

对外交通、企管人员及道路维护劳动力是用基本劳动力与企业工厂运行人员之和乘以系数 $0.1\sim0.5$（混凝土坝工程和对外交通距离较远者取大值）而得到。

（6）管理人员。

管理人员（包括有关单位派驻人员）的数量取上述（3）～（5）项的生产人员总数的 $7\%\sim10\%$。

（7）缺勤人员。

缺勤人员数量取上述生产人员与管理人员总数之和的 $5\%\sim8\%$。

（8）不可预见人员。

不可预见人员数量取上述（3）～（7）项人员之和的 $5\%\sim10\%$,可行性研究阶段的取 10%,初步设计阶段的取 5%。

2）类比法

通过与同类型、同规模（水工、施工）的实际定员类比进行适当调整的方法,称为类比法。此方法比较简单,也有一定的准确度。

模块 2　材料、构件及半成品需用量计划

水利水电工程所使用的材料包括消耗性材料、周转性材料和装置性材料。由于材料品种繁多,且不同设计阶段对材料需要量估算精度的要求不同,一般在初步设计阶段,仅对工程施工影响大,用量多的钢材、木材、水泥、炸药、燃料等材料进行估算。

1. 材料需要量估算依据

（1）主体工程各单项工程的分项工程量。

（2）各种临时建筑工程的分项工程量。

（3）其他工程的分项工程量。

（4）材料消耗指标一般以部颁定额为准,当有试验依据时,以试验指标为准。

（5）各类燃油、燃煤机械设备的使用台班数。

（6）施工方法,原材料本身的物理、化学、几何性质。

2. 主要材料汇总

主要材料用量应按单项工程汇总并小计用量,最后累计全部工程主要材料用量。汇总工作可按表 2-5 形式进行。

表 2-5　主要材料汇总表

序号	单项工程名称	工程部位	主要材料用量					
			钢材	木材	水泥	炸药	燃料	
							汽油	柴油
	小计							

3. 编制分期供应计划

（1）根据施工总进度计划的要求,在主要材料计算和汇总的基础上编制分期供应计划。

（2）分期材料需要量表项目有材料种类、工程项目、计算分期工程量占总工程量的比例等，并累计整个工程在各时段中的材料需要量，计算表的形式见表 2-6。

表 2-6　材料分期需要量计算表

材料种类	单项工程或工程部位名称	该工程或工程部位材料耗用总量	计算项目	分期用量		
				第 年	第 年	第 年
			分期工程量占总工程量比例			
			材料分期用量			
			分期工程量占总工程量比例			
			材料分期用量			
			分期工程量占总工程量比例			
			材料分期用量			
	小计					

（3）材料供应至工地时间应早于需要时间，并留有验收、材料质量鉴定、出入库等时间。

（4）如考虑某些材料供应的实际困难，可在适当时候多供应一定数量以备后用。但储存时间不能超过有关材料管理和技术规程所限定的时间，同时应考虑资金周转等问题。

（5）供应计划应按各种材料品种或规格、产地或来源分列供应数量和小计供应量。

主要材料分期供应量表的形式见表 2-7。

表 2-7　主要材料分期供应量表

材料名称	品种或规格	产地或来源	分期供应量											
			第　年				第　年				第　年			
	32.5		1	2	3	4	1	2	3	4	1	2	3	4
	42.5													
水泥														
	小计													
	合计													

模块 3　施工机械需用量计划

施工机械是施工生产要素的重要组成部分。现代工程项目都要依靠机械设备才能完成任务。随着科学技术不断发展，新机械、新设备层出不穷，大型的资金密集型和技术密集型的机械在现代化、机械化施工中起着越来越重要的作用。

1. 施工机械设备的选择

正确拟定施工方案和选择施工机械是合理组织施工的关键，施工方案要做到技术上先进、经济上合理，满足保证施工质量、提高劳动生产率、加快施工进度及充分利用机械的要求；而正确选择施工机械设备能使施工方法更为先进、合理又经济。因此，施工机械选择的好坏很大程度上决定了施工方案的优劣,在选择施工机械时应遵照以下原则。

(1) 适应工地条件,符合设计和施工要求,保证工程质量,生产能力满足施工强度要求。

选择的机械类型必须符合施工现场的地质、地形条件及工程量和施工进度的要求等。为了保证施工进度和提高经济效益,工程量大的采用大型机械,否则选用小型机械,但这并不是绝对的。例如,某大型工程施工地区偏僻,道路狭窄,桥梁载重量受到限制,大型机械不能通过,为此要专门修建运输大型机械的道路、桥梁,显然是不经济的,所以选用中型机械较为合理。

(2) 设备性能机动、灵活、高效、能耗低、运行安全可靠。

选择机械时要考虑到各种机械的合理组合,这是决定所选择的施工机械能否发挥效率的重要因素。合理组合主要包括主机与辅助机械在台数和生产能力的相互适应,以及作业线上的各种机械相配套的组合。首先主机与辅助机械的组合,必须保证在主机充分发挥作用的前提下,考虑辅助机械的台数和生产能力。其次一种机械施工作业线是几种机械联合作业组合成一条龙的机械化施工线,几种机械的联合才能形成生产能力。如果其中某一种机械的生产能力不适应作业线上的其他机械的生产能力或机械可靠性不好,则整条作业线的机械都发挥不了作用。

(3) 通用性强。

机械设备能满足在先后施工的工程项目中重复使用。

(4) 设备购置及运行费用较低,易获得零配件,便于维修、保养、管理和调度。

施工机械固定资产损耗费(折旧费用、大修理费用等)与施工机械的投资成正比,运行费(机上人工费,动力、燃料费等)可以看做与完成的工程量成正比。这些费用是在机械运行中重点考虑的因素。大型机械需要的投资大,但如果把其分摊到较大的工程量中,对工程成本的影响就很小。所以,大型工程选择大型的施工机械是经济的。为了降低施工运行费,不能大机小用,一定要以满足使用需要为目的。

设备采购应通过市场调查,一般机械应为常用机型,有利于承包商自带,少量大型、特殊机械,可由业主单位采购,提供承包商使用。原则上,零配件供应由承包商自行解决。

2. 施工机械设备汇总平衡

在施工机械设备选型后,应进行主要施工机械设备的汇总工作。汇总时按各单项工程或辅助企业汇总机械设备的类型、型号、使用数量,分别了解其使用时段、部位、施工特点及机械使用特点等有关资料。

3. 施工机械设备平衡

施工机械设备平衡的目的是在保证施工总进度计划的实施、满足施工工艺要求的前提下,尽量做到充分发挥机械设备的效能,配套齐全、数量合理,管理方便和技术经济效益显著,并最终反映到机械类型、型号的改变、配置数量的变化上。一般情况下,施工机械设备平衡的对象是主要的土石方机械、运输机械、混凝土机械、起重机械、工程船舶、基础处理机械和主要辅助设备等七大类不固定设置的机械。

机械的平衡主要是同类型机械设备在使用时段上的平衡,同时应注意不同施工部位,不同类型或型号的互换平衡。平衡内容和主要原则见表2-8。

表 2-8 机械设备平衡的内容与原则

平衡内容	平衡原则	
	施工单位不明确	施工单位明确
使用上的平衡	由大型、高效机械充当骨干	现有大型机械充当骨干,同时注意旧机械更新
	由中小型机械起填平补齐作用	
型号上的平衡	型号尽力简化,以高效能、调动灵活机械为主;注意一机多能;大中小型机械保持适当比例	使现有机械配套
数量上的平衡	数量合理	减少机械数量
时间上的平衡	利用同一机械在不同时间、作业场所发挥作用	
配套平衡	机械设备配套应由施工流程决定。多功能、服务范围广的机械应与大多数作业的其他机械配套选择;施工机械应与相应的检修、装拆设施水平相适应	
其他 机械拆迁	减少重型机械的频繁拆迁、转移	
其他 维修保养	配件来源可靠,有与之相适应的维修保养能力	
其他 机械调配	有灵活可靠的调配措施	

4. 施工机械总需要量计算

机械设备总需要量为

$$N=\frac{N_0}{1-\eta}$$

式中:N——某类型或型号机械设备总需要量;

N_0——某类型或型号机械设备平衡后的历年最高使用数量;

η——备用系数,可参考表 2-9 选用。

表 2-9 备用系数 η 参考值

机械类型	η	机械类型	η
土石方机械	0.10~0.25	运输机械	0.15~0.25
混凝土机械	0.10~0.15	起重机械	0.10~0.25
船舶	0.10~0.15	生产维修设备	0.04~0.08

计算机械总需要量时,应注意以下几个问题。

(1) 总需要量应在机械设备平衡后汇总数量的基础上进行计算。

(2) 同一作业可由不同类型或型号机械互代(即容量互补),且条件允许时,备用系数可适当降低。

(3) 对生产均衡性差、时间利用率低、使用时间不长的机械,备用系数可以适当降低。

(4) 应专门研究风、水、电机械设备的备用量。

(5) 确定备用系数时,应考虑设备的新旧程度、维修能力、管理水平等因素,力争做到切合实际情况。

5. 施工机械设备总量及分年供应计划

1) 机械设备数量汇总表

表 2-10 为机械设备数量汇总表。本表汇总数量为机械设备平衡后考虑了备用数的总需要量。表中应包括主要的、配套的全部机械设备。

表 2-10　机械设备数量汇总表

编号	施工机械设备名称及型号	功率	制造厂家	总需要量	现有数量	尚　缺　数		
						新购	调拨	总数
	设备总量							

2) 分年度供应计划制订

表 2-11 为施工机械设备分年度供应计划表。制表时应注意以下几点。

表 2-11　机械设备分年供应计划表

统一编号	机械类型	机械来源	供应时间数量									不同来源机械供应总数	说明
			年			年			年				
	小计												

（1）分年供应计划在机械设备平衡表、机械设备数量汇总表的基础上编制,反映机械进场的时间要求。

（2）分年度供应计划应分类型列表,分类型小计。

（3）供应时间应早于使用时间,从机械设备全部抵运工地仓库时起至能实际运用时止,应包括清点、组装、试运转等时间。对于技术先进的机械设备,还应包括技术工人培训时间。

（4）考虑设备进场及其他实际问题,备用数量可分阶段实现,但供应数不得低于实际使用数量。

（5）制订分年供应计划时应对设备来源进行调查。如供应型号不能满足要求时,应与专业设计人员协商调整型号。

（6）机械设备来源包括自备、购国产、购进口、租赁等。

思　考　题

一、简答题

1. 施工组织设计的作用是什么?

2. 在进行土石坝的施工进度安排时,如何处理与导流设计的关系?

3. 如何计算劳动力计划和进行施工机械的选择?

二、案例分析

某混凝土重力坝工程包括左岸非溢流坝段、溢流坝段、右岸非溢流坝段、右岸坝肩混凝土刺墙段。最大坝高 43 m,坝顶全长 322 m,共 17 个坝段。该工程采用明渠导流施工。坝址以上流域面积 610.5 km²，属于亚热带暖湿气候区，雨量充沛，湿润温和。平均气温比较高，需要采取温控措施。其施工组织设计主要内容包括以下几方面。

（1）大坝混凝土施工方案的选择。

（2）坝体的分缝分块。根据混凝土坝型、地质情况、结构布置、施工方法、浇筑能力、温控水平等因素进行综合考虑。

（3）坝体混凝土浇筑强度应满足该坝体在施工期的历年度汛高程与工程面貌。在安排坝体混凝土浇筑工程进度时，应估算施工有效工作日，分析气象因素造成的停工或影响天数，扣除法定节假日，然后根据阶段混凝土浇筑方量拟定混凝土的月浇筑强度和日平均浇筑强度。

（4）混凝土拌和系统的位置与容量选择。

（5）混凝土运输方式与运输机械选择。

（6）运输线路与起重机轨道布置。门、塔机栈桥高程必须在导流规划确定的洪水位以上，宜稍高于坝体重心，并与供料线布置高程相协调，栈桥一般平行于坝轴线布置，栈桥桥墩应部分埋入坝内。

（7）混凝土温控要求及主要温控措施。

问题：

（1）大坝水工混凝土浇筑的水平运输包括哪两类？垂直运输设备主要有哪些？

（2）大坝水工混凝土浇筑的运输方案有哪些？本工程采用哪种运输方案？

（3）混凝土拌和设备生产能力主要取决于哪些因素？

项目 3　网络计划技术

项目重点

理解网络计划技术的基本概念;掌握网络计划的绘制方法及时间参数的计算。

教学目标

熟悉网络计划技术的基本概念;掌握网络计划绘制及时间参数计算方法;熟悉网络计划优化的思路和方法;能通过时间参数的计算预先知道各工作提前或推迟完成对整个计划的影响程度,并能根据变化的情况迅速进行调整,保证计划始终受到控制和监督;能利用计算机绘制调整和优化网络计划图。

任务 1　网络计划技术概述

知识目标

熟悉网络计划技术的基本概念;理解网络计划技术的基本原理和特点;掌握工程网络计划的类型。

能力目标

能够进行网络计划类型的判别。

模块 1　网络计划技术的历史及基本原理

1. 网络计划技术的产生和发展

各类工程各种进度计划常常采用网络计划技术来编制。网络计划技术是 20 世纪 50 年代国外陆续出现的一些计划管理的新方法。由于这些方法均将计划的工作关系建立在网络模型上,把计划的编制、协调、优化和控制有机地结合起来,所以称为网络计划技术。

早期的进度计划大多采用横道图来表现。第二次世界大战以后,特别是进入 20 世纪 50 年代,世界经济迅猛发展,生产的现代化、社会化达到一个新的水平,组织管理工作越来越复杂,以往的横道图计划已无法对大型、复杂的计划进行准确的判定和管理,于是网络计划技术应运而生了。当时最具有代表性的是关键线路法(CPM)和计划评审技术法(PERT)。

关键线路法是 1955 年由美国杜邦公司首创的。1957 年,此法应用于新工厂建设工作后,通过与传统横道图法对比,结果使工期缩短了 4 个月。后来,此法又被用于设备维修,使原来因设备大修需停产 125 小时的工程缩短为 78 小时,仅 1 年就节约了资金近 100 万美元。计划评审法的出现较关键线路法稍迟,1958 年由美国海军特种计划局在研制北极星导弹时首次使用并获得极大成功。当时有 10000 多家单位参加导弹研制项目,协调工作十分复杂。采用这种办法后,效果显著,进度比原来提前了两年,并且节约了大量资金。为此,1962 年美国国防部规定,以后承包有关工程的单位都应采用这种方法来安排计划并进行管理。

网络计划技术的成功应用,引起了世界各国的高度重视,被称为计划管理中最有效、先进、科学的管理方法。我国对于网络计划技术的应用归功于著名数学家华罗庚教授。1956年,华罗庚教授将此技术引进中国,并把它称为"统筹法"。之后我国的一些高科技项目开始应用网络计划技术,并获得成功。目前,网络计划技术在我国已广泛应用于国民经济各个领域的计划管理中,而应用最多的还是工程项目的施工组织与管理,并取得了巨大的经济效益。根据国内统计资料,工程项目的计划与管理应用网络计划技术,可平均缩短工期20%,节约费用 10%左右。随着计算机的普及,网络计划技术在组织管理中的优越性也日益显著。

为了使网络计划在管理中遵循统一的技术标准,做到概念一致、计算原则与表达方式统一,以保证计划管理的科学性、提高企业管理水平和经济效益,原建设部于 1999 年颁发了《工程网络计划技术规程》(JGJ/T 121—1999),并于 2000 年 2 月 1 日起正式实施。

采用网络计划技术的大体步骤为:收集原始资料,绘制网络图;组织数据,计算网络参数;根据要求,对网络计划进行优化控制;在实施过程中,定期检查、反馈信息、调整修订。它借助网络图的基本理论对项目的进展及内部逻辑关系进行综合描述和具体规划,有利于使用计算机优化、调整计划系统。

2. 网络计划技术的基本原理

网络图是网络计划的基础,它由箭线(用一端带有箭头的实线或虚线表示)和节点(用圆圈表示)组成,是用来表示一项工程或任务进行的有向顺序。

网络计划是用网络图表达任务构成、工作顺序,并加注工作时间参数的进度计划。

网络计划技术的基本原理可以表述为:用网络图的形式和数学运算来表达一项计划中各项工作的先后顺序和相互关系,通过时间参数的计算,找出关键工作、关键线路及工期,在满足既定约束条件下,按照规定的目标不断改善网络计划,选择最优方案并付诸实施。在计划实施过程中,不断进行跟踪检查、调整,保证计划自始至终有计划、有组织地顺利进行,从而达到工期短、费用低、质量好的目的。

模块 2　网络计划技术的类型

网络计划技术的类型很多,国内外有几十种。工程网络计划的类型有如下几种不同的划分方法。

1. 按性质划分

1) 肯定型网络计划

各工作之间的逻辑关系以及工作持续时间都是肯定的网络计划,称为肯定型网络计划。肯定型网络计划包括关键线路法网络计划和搭接网络计划两种。

2) 非肯定型网络计划

各工作之间的逻辑关系和工作持续时间两者中任一项或多项不肯定的网络计划,称为非肯定型网络计划。

3) 随机网络计划

随机网络计划是一种反映多种随机因素的网络计划。随机网络计划中的节点、箭线、流量等均带有一定程度的不正确性,组成网络图的各项是随机的,可按照一定的概率发生或不发生,允许有多个原节点或多个汇节点的网络循环回路存在。

本书中只介绍肯定型网络计划。

2. 按工作和事件在网络图中的表示方法划分

1）事件网络

事件网络是用节点表示事件的网络计划。

2）工作网络

（1）用箭线表示工作的网络计划（《工程网络计划技术规程》（JGJ/T 121—1999））称为双代号网络计划。

（2）用节点表示工作的网络计划（《工程网络计划技术规程》（JGJ/T 121—1999））称为单代号网络计划。

3. 按有无时间坐标划分

（1）时标网络计划是指以时间坐标为尺度绘制的网络计划。在网络图中，工作箭线的水平投影长度与工作的持续时间长度成正比。

（2）非时标网络计划是指不以时间坐标为尺度绘制的网络计划。在网络图中，工作箭线的长度与其持续时间的长度无关，可按需要绘制。

4. 按网络计划包含范围划分

（1）局部网络计划是指以一个建筑物或构筑物中的一部分，或以一个施工段为对象编制的网络计划。

（2）单位网络计划是指以一个单位工程为对象编制的网络计划。

（3）综合网络计划是指以一个单项工程或一个建设项目为对象编制的网络计划。

5. 工程网络计划按目标划分

（1）单目标网络计划是指只有一个终点节点的网络计划，即网络计划只有一个最终目标。

（2）多目标网络计划是指终点节点不止一个，即网络计划有多个独立的最终目标。

注意：无论是单目标网络计划还是多目标网络计划，都只有一个起始节点，即网络图的第一个节点。本书只介绍单目标网络计划。

《工程网络计划技术规程》（JGJ/T 121—1999）推荐的常用工程网络计划类型包括：

① 双代号网络计划；

② 单代号网络计划；

③ 双代号时标网络计划；

④ 单代号搭接网络计划。

美国较多使用双代号网络计划，欧洲各国则较多使用单代号搭接网络计划。

模块 3　网络计划技术的特点

网络计划技术与横道图计划方法在性质上有一致的地方，都可用于表达工程生产进度计划。但网络计划技术克服了横道图的许多不足之处，具有下列特点。

（1）能全面而明确地反映出各项工作之间的逻辑关系，使各工作组成一个有机整体。

（2）能进行各种时间参数的计算，明确对全局有影响的关键工作和关键线路，便于管理者抓住主要矛盾，确保工程按计划工期完成。

（3）可以对网络计划进行调整和优化，更好地调配人力、物力和财力，根据选定的目标寻求最优方案。

（4）在计划实施过程中,可通过时间参数计算预先知道各工作提前或推迟完成对整个计划的影响程度,并能根据变化的情况迅速进行调整,保证计划始终受到控制和监督。

（5）能利用计算机编制程序,使网络计划的绘图、调整和优化均由计算机来完成。这是横道图所不能达到的。

网络计划技术也存在一些缺点,具体表现为:绘图较麻烦,表达不直观,不能反映流水施工的特点,不宜显示资源需要量等。采用时标网络计划有助于克服这些缺点。

综上所述,网络计划技术的最大特点是能够提供施工管理所需的多种信息,有利于加强工程管理。所以,网络计划技术已不仅仅是一种编制计划的方法,而且还是一种科学的工程管理方法。它有助于管理人员合理地组织生产,使他们做到心中有数,知道管理的重点应放在何处,怎样缩短工期,在哪里挖掘潜力,如何降低成本。在工程管理中能够提高应用网络计划技术的水平,就必然能够进一步提高工程管理的水平。

任务 2 双代号网络计划

知识目标

理解双代号网络计划的基本概念;掌握双代号网络计划的绘制规则和方法。

能力目标

能够根据工程已知条件正确绘制双代号网络计划图;能够进行相关时间参数的计算并找出关键线路和关键工作;能够利用计算机绘制简单的网络计划图。

模块 1 双代号网络计划的基本概念

双代号网络计划图是以有向箭线及其两端节点的编号表示工作的网络图。双代号网络计划图用有向箭线表示工作,工作的名称标注在箭线的上方,工作持续的时间标注在箭线下方,箭尾表示工作的开始,箭头表示工作的结束。箭头和箭尾衔接的地方画上圆圈并进行编号,利用一条有向箭线和其箭头、箭尾处的两个圆圈的号码表示一项工作,如图 3-1 所示。

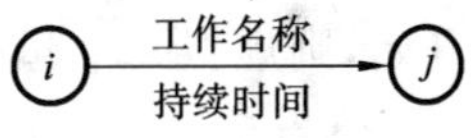

图 3-1 双代号网络计划图工作的表示方法

1. 组成要素

双代号网络计划图由箭线、节点和线路三个基本要素组成,其具体含义如下。

1）箭线（工作）

（1）工作泛指一项需要消耗人力、物力和时间的具体活动过程,也称工序、活动、作业。双代号网络计划图中,每一条箭线表示一项工作。

（2）箭线有实箭线和虚箭线之分。实箭线表示该工作占用时间和消耗资源。虚箭线表示该工作既不消耗资源,也不占用时间,是实际工作中并不存在的一项虚设工作,一般起着工作之间的联系、区分和断路三个作用。

① 联系作用是指应用虚箭线正确表达工作之间相互依存的关系。

② 区分作用是指双代号网络计划图中每一项工作都必须用一条箭线和两个代号表示,若两项工作的代号相同,则应使用虚工作加以区分,如图 3-2 所示。

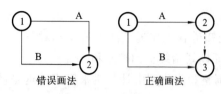

图 3-2 虚箭线的区分作用

③ 断路作用是用虚箭线断掉多余联系,即在网络计划图中把无联系的工作连接上时,应加上虚工作将其断开。

(3)箭线的长度和方向。

在无时间坐标的网络计划图中,箭线的长度原则上可以任意画,其占用的时间以下方标注的时间参数为准。箭线可以为直线、折线或斜线,但其行进方向均应从左向右。在有时间坐标的网络计划图中,箭线的长度必须根据完成该工作所需持续时间的长短按比例绘制。

(4)网络计划图的其他术语。

双代号网络计划图中,通常用 $i-j$ 表示工作。在网络计划图的绘制和计算中,经常要涉及一些基本术语,正确理解这些基本术语的准确含义,对于网络计划图的正确绘制和各时间参数的准确计算非常重要。

① 紧前工作:紧排在本工作之前的工作。

② 紧后工作:紧排在本工作之后的工作。

③ 平行工作:与某些工作同时进行的工作。

④ 后继工作:自某工作之后至终点节点在同一条线路上的所有工作。

⑤ 先行工作:自起点节点至某工作之前在同一条线路上的所有工作。

2)节点(又称结点、事件)

节点是网络计划图中箭线之间的连接点。在时间上,节点表示指向某节点的工作全部完成后该节点后面的工作才能开始的瞬间,它反映前后工作的交接点。网络计划图中有三个类型的节点,即起点节点、终点节点和中间节点。

(1)起点节点,即网络计划图中的第一个节点,它只有外向箭线(由节点向外指的箭线),一般表示一项任务或一个项目的开始。需要注意的是,起点节点只有一个。如果有多项工作同时开始,则虚拟一个起点节点,持续时间为0。

(2)终点节点,即网络计划图中的最后一个节点,它只有内向箭线(指向节点的箭线),一般表示一项任务或一个项目的完成。同样,终点节点也只有一个。如果有多项工作同时结束,则虚拟一个终点节点,持续时间为0。

(3)中间节点,位于起点节点和终点节点之间的所有节点都称为中间节点,即网络计划图中既有内向箭线,又有外向箭线的节点,中间节点有多个。

双代号网络计划图中,节点应用圆圈表示,并在圆圈内标注编号。一项工作应当只有唯一的一条箭线和相应的一对节点,且要求箭尾节点的编号小于其箭头节点的编号,即 $i<j$。网络计划图节点的编号顺序应从小到大,可不连续,但不允许重复。

3)线路

网络计划图中从起点节点开始,沿箭头方向顺序通过一系列箭线与节点,最后达到终点节点的通路称为线路。在一个网络计划图中可能有很多条线路,线路中各项工作持续时间之和就是该线路的长度,即线路所需要的时间。如图 3-3 所示,共有三条线路:①—②—③—⑤—⑥、 ①—②—④—⑤—⑥、 ①—②—

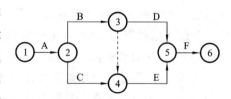

图 3-3 双代号网络计划图

③—④—⑤—⑥。

在各条线路中,有一条或几条线路的总时间最长,称为关键线路,一般用双线或粗线标注。其他线路长度均小于关键线路,称为非关键线路。

2. 逻辑关系

逻辑关系是指工作间相互制约或相互依赖的关系,也就是先后顺序关系。项目间的逻辑关系取决于工程项目的性质和轻重缓急、施工组织、施工技术等因素。它包括工艺关系和组织关系。

1)工艺关系

工艺关系是指由生产工艺所决定的各工作之间的先后顺序关系,由生产、施工过程的自身规律所决定。例如,混凝土施工作业的工艺顺序为绑钢筋→立模→浇筑。

2)组织关系

组织关系是工作之间由于组织需要或资源(人力、材料、机械设备和资金等)调配需要而确定的先后顺序关系。它是管理人员根据施工对象所处的时间、空间及资源的客观条件所采取的组织措施的具体化。

网络计划图必须正确表达整个工程或任务的工艺流程和各工作开展的先后顺序,以及它们之间相互依赖和相互制约的逻辑关系。因此,绘制网络计划图时必须遵循一定的基本规则和要求。

模块 2 双代号网络计划图的绘制

正确绘制工程网络计划图是网络计划技术应用的关键。因此,在绘制时应做到两点:首先要正确表达工作之间的逻辑关系;其次必须遵守网络计划图的绘制规则。

1. 绘图基本规则

(1)正确表达工作之间的逻辑关系。常见的逻辑关系如图 3-4 所示。

序号	工作之间的逻辑关系	网络图中的表示方法
1	A 完成后进行 B 和 C	
2	A、B 均完成后进行 C	
3	A、B 均完成后同时进行 C 和 D	

序号	工作之间的逻辑关系	网络图中的表示方法
4	A 完成后进行 C A、B 均完成后进行 D	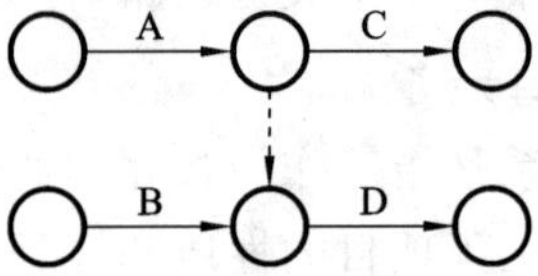 （网络图）
5	A、B 均完成后进行 D A、B、C 均完成后进行 E D、E 均完成后进行 F	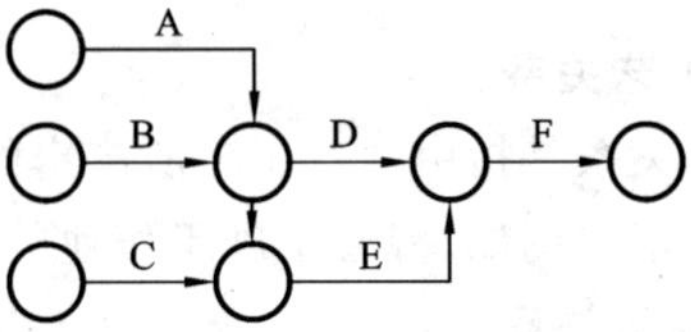 （网络图）
6	A、B 均完成后进行 C B、D 均完成后进行 E	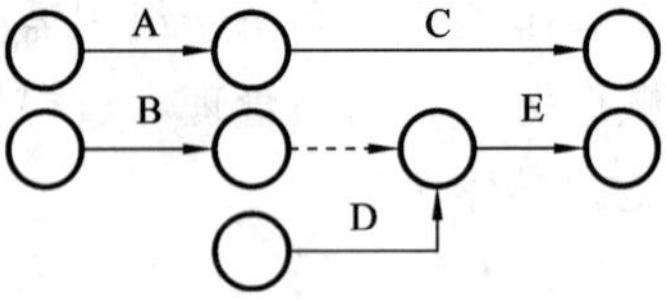 （网络图）
7	A、B、C 均完成后进行 D B、C 均完成后进行 E	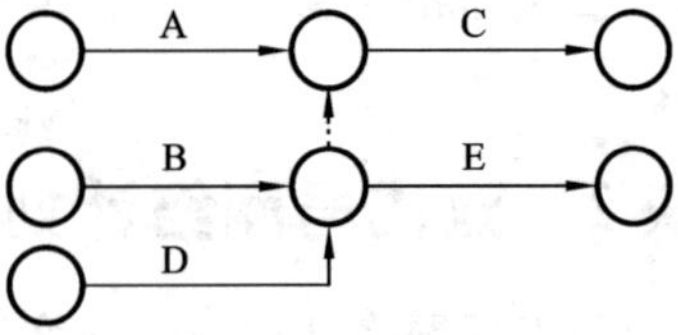 （网络图）
8	A 完成后进行 C A、B 均完成后进行 D B 完成后进行 E	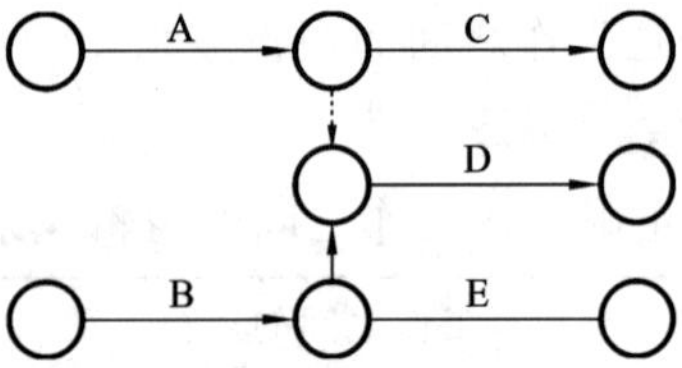 （网络图）
9	A、B 两项工作分成三个阶段，分段流水施工：A_1 完成后进行 A_2、B_1，A_2 完成后进行 A_3、B_2，A_2、B_1 均完成后进行 B_2，A_2、B_1 均完成后进行 B_2，A_3、B_2 均完成后进行 B_3	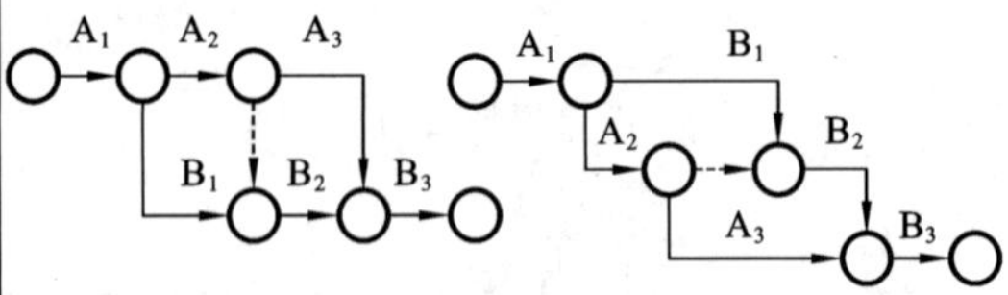 （网络图）

图 3-4　网络计划图中常见的各种工作逻辑关系的表示方法

（2）严禁出现循环回路，如图 3-5 所示。

（3）严禁出现双向箭线或无箭头的箭线，如图 3-6 所示。

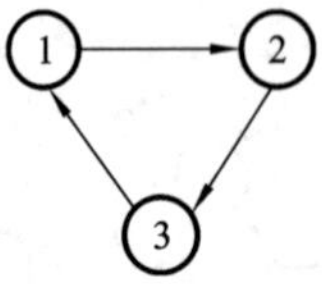

图 3-5　循环回路　　　　　　　　图 3-6　双向箭线和无箭头箭线

（4）严禁出现没有箭头节点或没有箭尾节点的箭线，如图 3-7 所示。

图 3-7 无箭尾节点的箭线和无箭头节点的箭线

（5）不允许出现节点相同的箭线，如图 3-8 所示。

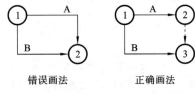

错误画法　　　　　　　　正确画法

图 3-8 不允许出现节点相同的箭线

（6）箭线不宜交叉，当交叉不可避免时，可用过桥法、断线法或指向法，如图 3-9 所示。

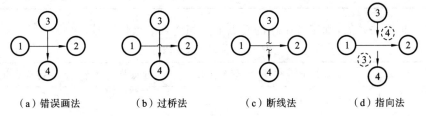

（a）错误画法　　　（b）过桥法　　　（c）断线法　　　（d）指向法

图 3-9 箭线交叉表示方法

（7）当网络计划图的某些节点有多条外向箭线或多条内向箭线时，为使图形简洁，可采用母线法绘制，但应满足一项工作用一条箭线和相应的一对节点表示的要求，如图 3-10 所示。

（8）双代号网络计划图中只有一个起点节点和一个终点节点，其他节点均应为中间节点。

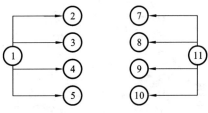

图 3-10 母线画法

2. 绘图方法和步骤

1）绘制方法

为使双代号网络计划图简洁、美观，宜用水平箭线和垂直箭线表示。在绘制之前，先确定各个节点的位置号，再按照节点位置及逻辑关系绘制网络计划图。

（1）起点节点位置号确定方法如下：

① 无紧前工作的工作，起点节点位置号为 0；

② 有紧前工作的工作，起点节点位置号等于其紧前工作起点节点位置号的最大值加 1。

（2）终点节点位置号确定方法如下：

① 有紧后工作的工作，终点节点位置号等于其紧后工作起始节点位置号的最小值；

② 无紧后工作的工作，终点节点位置号等于网络图中除无紧后工作的工作外，其他工作的终点节点位置号最大值加 1。

2）绘制步骤

（1）依据已知的紧前工作或紧后工作，正确表达工作的逻辑关系。

（2）依据已经理顺的工作逻辑关系，确定各工作的起点节点位置号和终点节点位置号，从左到右依次绘制网络计划的草图。

（3）检查各工作之间的逻辑关系是否正确，网络计划图的绘制是否符合绘制规则。

（4）整理并完善网络计划图，尽量减少不必要的箭线和节点，使网络计划图条理清楚、层次分明。

注意：在绘制时，若工作之间没有出现相同的紧后工作或工作之间只有相同的紧后工作则肯定没有虚箭线；若工作之间既有相同的紧后工作，又有不同的紧后工作，则肯定有虚箭线；到相同的紧后工作用虚箭线，到不同的紧后工作则无虚箭线。

3）绘图示例

【例3-1】 试根据表3-1中某工程各工作之间的逻辑关系，绘制双代号网络计划图。

表3-1　某工程各工作之间的逻辑关系

工作名称	A	B	C	D	E	F	G	H	I
紧前工作	—	A	A	B	B、C	C	D、E	E、F	H、G

解　（1）根据关系表，确定各工作的起点节点和终点节点位置号，如表3-2所示。

表3-2　各工作关系表

工作	紧前工作	紧后工作	起点节点位置号	终点节点位置号
A	—	B、C	0	1
B	A	D、E	1	2
C	A	E、F	1	2
D	B	G	2	3
E	B、C	G、H	2	3
F	C	H	2	3
G	D、E	I	3	4
H	E、F	I	3	4
I	H、G	—	4	5

（2）根据逻辑关系和节点位置号，绘出网络计划图，如图3-11所示。

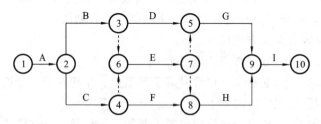

图3-11　某工程网络计划图

模块3　双代号网络计划时间参数的计算

正确绘制网络计划图是确定一项工程计划的定性指标，而网络计划图的时间参数则是该计划的定量指标。在网络计划图中，最重要的是正确地计算双代号网络计划图的时间参数。

计算网络计划图的时间参数的目的在于确定网络计划图上各项工作和各个节点的时间参数,确定关键线路,进而确定总工期,为网络计划的优化、调整和执行提供准确的时间概念,使网络计划图具有实际应用价值。

1. 时间参数的概念及其符号

1)工作持续时间(D_{i-j})

工作持续时间是一项工作从开始到完成的时间。

2)工期(T)

工期泛指完成任务所需要的时间,一般有以下三种。

(1)计算工期:根据时间参数计算所得到的工期,用 T_c 表示。

(2)要求工期:任务委托人所要求的工期,用 T_r 表示。

(3)计划工期:根据要求工期和计算工期所确定的作为实施目标的工期,用 T_p 表示。

网络计划的计划工期 T_p 应按下列情况分别确定。

当已规定了要求工期 T_r 时,

$$T_p \leqslant T_r$$

当未规定要求工期 T_r 时,可令计划工期等于计算工期,即

$$T_p = T_r$$

3)网络计划中工作的六个时间参数

(1)最早开始时间(ES_{i-j}),是指在各紧前工作全部完成后,工作 i—j 有可能开始的最早时刻。

(2)最早完成时间(EF_{i-j}),是指在各紧前工作全部完成后,工作 i—j 有可能完成的最早时刻。

(3)最迟开始时间(LS_{i-j}),是指在不影响整个任务按期完成的前提下,工作 i—j 必须开始的最迟时刻。

(4)最迟完成时间(LF_{i-j}),是指在不影响整个任务按期完成的前提下,工作 i—j 必须完成的最迟时刻。

(5)总时差(TF_{i-j}),是指在不影响总工期的前提下,工作 i—j 可以利用的机动时间。

(6)自由时差(FF_{i-j}),是指在不影响其紧后工作最早开始时间的前提下,工作 i—j 可以利用的机动时间。

各时间参数的计算结果应该标注在箭线之上,如图 3-12 所示。

ES_{i-j}	LS_{i-j}	TF_{i-j}
EF_{i-j}	LF_{i-j}	FF_{i-j}

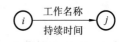

图 3-12　时间参数标注内容

2. 时间参数的计算

1)最早开始时间和最早完成时间的计算

工作最早开始时间受紧前工作的约束,故其计算顺序应从起点节点开始,顺着箭线方向依次逐项进行。起点节点为开始节点的工作最早开始时间为零。若网络计划起点节点的编号为 1,则

$$ES_{i-j} = 0 \quad (i = 1)$$

最早开始时间等于各紧前工作的最早完成时间 EF_{h-i} 的最大值,即

$$ES_{i-j} = \max\{EF_{h-i}\}$$

$$ES_{i-j} = \max\{ES_{h-i} + D_{h-i}\}$$

式中：ES_{i-j}——工作 $i-j$ 的最早开始时间；

ES_{h-i}——工作 $i-j$ 的紧前工作 $h-i$ 的最早开始时间；

D_{h-i}——工作 $i-j$ 的紧前工作 $h-i$ 的持续时间。

最早完成时间等于最早开始时间加上其持续时间，即

$$EF_{i-j} = ES_{i-j} + D_{i-j}$$

2）确定计算工期

计算工期等于以网络计划的终点节点为箭头节点的各个工作的最早完成时间的最大值。当网络计划终点节点的编号为 n 时，计算工期为

$$T_c = \max\{EF_{i-n}\}$$

当无要求工期的限制时，取计划工期等于计算工期，即

$$T_p = T_c$$

3）最迟开始时间和最迟完成时间的计算

工作最迟时间参数受紧后工作的约束，故其计算顺序应从终点节点起，逆着箭线方向依次逐项计算。

（1）以网络计划的终点节点（$j=n$）为箭头节点的工作的最迟完成时间等于计划工期，即

$$LF_{i-n} = T_p$$

（2）其他工作的最迟完成时间，按下式计算，即

$$LF_{i-j} = \min\{LF_{j-k} - D_{j-k}\}$$

式中：LF_{i-j}——工作 $i-j$ 的最迟完成时间；

LF_{j-k}——工作 $i-j$ 的紧后工作 $j-k$ 的最迟完成时间。

最迟开始时间等于最迟完成时间减去其持续时间，即

$$LS_{i-j} = LF_{i-j} - D_{i-j}$$

4）工作总时差的计算

工作总时差等于该工作最迟开始时间与最早开始时间之差，或等于该工作最迟完成时间与最早完成时间之差，即

$$TF_{i-j} = LS_{i-j} - ES_{i-j}$$

或

$$TF_{i-j} = LF_{i-j} - EF_{i-j}$$

5）工作自由时差的计算

工作自由时差的计算应按以下两种情况分别考虑。

（1）对于有紧后工作的工作，其自由时差等于紧后工作的最早开始时间减本工作的最早完成时间，即

$$FF_{i-j} = ES_{j-k} - EF_{i-j}$$

（2）对于无紧后工作的工作，也就是以终点节点为结束节点的工作，其自由时差等于计划工期与本工作最早完成时间之差，即

$$FF_{i-n} = T_p - EF_{i-n}$$

工作的自由时差不会影响其紧后工作的最早开始时间，属于工作本身的机动时间，与后续工作无关；而总时差是属于某条线路上工作所共有的机动时间，不仅为本工作所有，也为经过

该工作的线路所有,动用某工作的总时差超过该工作的自由时差就会影响后续工作的总时差。

时间参数的计算技巧如下。

工作最早时间的计算:顺着箭线,箭头相碰,取大值。

工作最迟时间的计算:逆着箭线,箭尾相碰,取小值。

总时差:最迟时间减最早时间。

自由时差:后早始时间减本早晚时间。

3. 关键线路的确定

1）关键工作的确定

网络计划中总时差最小的工作即为关键工作。根据计算工期 T_c 和计划工期 T_p 的大小关系,关键工作的总时差可能出现以下三种情况:

当 $T_p = T_c$ 时,关键工作的 $TF_{i-j} = 0$;

当 $T_p < T_c$ 时,关键工作的 $TF_{i-j} < 0$;

当 $T_p > T_c$ 时,关键工作的 $TF_{i-j} > 0$。

2）关键线路的确定

自始至终全部由关键工作组成的线路为关键线路,或线路上总的工作持续时间最长的线路为关键线路。网络计划图上的关键线路可用双线或粗线标注。

模块 4　计算实例

【例 3-2】　某分部工程的网络计划图如图 3-13 所示,试确定各项工作的六大参数及关键线路。

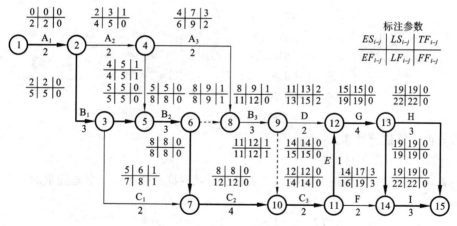

图 3-13　某分部工程的网络计划图

解　计算各项工作的最早开始时间和最早完成时间。

从起点节点(节点①)开始顺着箭线方向依次逐项计算到终点节点(节点⑮)。

(1) 以网络计划起点节点为开始节点的各工作的最早开始时间为零。

工作 1—2 的最早开始时间 ES_{1-2} 从网络计划的起点节点开始,顺着箭线方向依次逐项计算,因未规定其最早开始时间 ES_{1-2},故令 $ES_{1-2} = 0$。

(2) 计算各项工作的最早开始和最早完成时间。

工作的最早开始时间: $ES_{2-3} = ES_{1-2} + D_{1-2} = 0 + 2 = 2$

$$ES_{2-4}=ES_{1-2}+D_{1-2}=0+2=2$$
$$ES_{3-5}=ES_{2-3}+D_{2-3}=2+3=5$$
$$ES_{4-5}=ES_{2-4}+D_{2-4}=2+2=4$$
$$ES_{5-6}=\max\{ES_{3-5}+D_{3-5},ES_{4-5}+D_{4-5}\}=\max\{5+0,4+0\}=\max\{5,4\}=5$$

剩下各节点的计算依此类推。

工作的最早完成时间就是本工作的最早开始时间 ES_{i-j} 与本工作的持续时间 D_{i-j} 之和,即

$$EF_{1-2}=ES_{1-2}+D_{1-2}=0+2=2$$
$$EF_{2-4}=ES_{2-4}+D_{2-4}=2+2=4$$
$$EF_{5-6}=ES_{5-6}+D_{5-6}=5+3=8$$

剩下各节点的计算依此类推。

(3) 确定计算工期 T_c 及计划工期 T_p。

已知计划工期等于计算工期,即网络计划的计算工期 T_c 取以终点节点⑮为箭头节点的工作 3—15 和工作 4—15 的最早完成时间的最大值,即

$$T_c=\max\{EF_{13-15},EF_{14-15}\}=\max\{22,22\}=22$$

(4) 计算各项工作的最迟开始时间和最迟完成时间。

从终点节点(节点⑮)开始逆着箭线方向依次逐项计算到起点节点(节点①)。

以网络计划终点节点为箭头节点的工作的最迟完成时间等于计划工期,即

$$LF_{13-15}=T_p=22$$
$$LF_{14-15}=T_p=22$$
$$LF_{13-14}=\min\{LF_{14-15}-D_{14-15}\}=22-3=19$$
$$LF_{12-13}=\min\{LF_{13-15}-D_{13-15},LF_{13-14}-D_{13-14}\}=\min\{22-3,19-0\}=19$$
$$LF_{11-12}=\min\{LF_{12-13}-D_{12-13}\}=19-4=15$$
$$LS_{14-15}=LF_{14-15}-D_{13-15}=22-3=19$$
$$LS_{13-15}=LF_{13-15}-D_{13-15}=22-3=19$$
$$LS_{12-13}=LF_{12-13}-D_{12-13}=19-4=15$$

剩下各节点的计算依此类推。

(5) 计算各项工作的总时差。

总时差可以用工作的最迟开始时间减去最早开始时间或用工作的最迟完成时间减去最早完成时间得到,即

$$TF_{1-2}=LS_{1-2}-ES_{1-2}=0-0=0$$
$$TF_{2-3}=LS_{2-3}-ES_{2-3}=2-2=0$$
$$TF_{5-6}=LS_{5-6}-ES_{5-6}=5-5=0$$

剩下各节点的计算依此类推。

(6) 计算各项工作的自由时差。

自由时差等于紧后工作的最早开始时间减去本工作的最早完成时间,即

$$FF_{1-2}=ES_{2-3}-EF_{1-2}=2-2=0$$
$$FF_{2-3}=ES_{3-5}-EF_{2-3}=5-5=0$$
$$FF_{5-6}=ES_{6-8}-EF_{5-6}=8-8=0$$

剩下各节点的计算依此类推。

关键线路的确定:经计算,该例中的关键线路是:$A_1 \rightarrow B_1 \rightarrow B_2 \rightarrow C_2 \rightarrow C_3 \rightarrow E \rightarrow G \rightarrow H \rightarrow I$。将此线路用粗箭线进行标注。

任务3　单代号网络计划

知识目标

理解单代号网络计划的基本概念;掌握单代号网络计划的绘制规则和方法。

能力目标

能够根据工程已知条件正确绘制单代号网络计划图;能够进行相关时间参数的计算,并找出关键线路和关键工作;能够利用计算机绘制简单的网络计划图。

模块1　单代号网络计划的基本概念

单代号网络计划图是指以节点及其编号表示工作,以箭线表示工作之间的逻辑关系的网络计划图,在其节点中标注工作代号、名称和持续时间。由于一个节点只表示一项工作,且只编一个代号,故称"单代号"。用单代号网络计划图表示的计划称为单代号网络计划,又称为节点式网络计划,如图3-14所示。

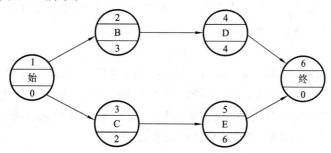

图3-14　单代号网络计划图

单代号网络计划图与双代号网络计划图相比,具有以下特点:

(1) 工作之间的逻辑关系容易表达,且不用虚箭线,故绘图较简单;

(2) 网络计划图便于检查和修改;

(3) 由于工作持续时间表示在节点之中,没有长度,故不够直观;

(4) 表示工作之间逻辑关系的箭线可能产生较多的纵横交叉现象。

在单代号网络计划图中,箭线、节点与线路是其基本组成,其具体含义如下。

1. 节点

单代号网络计划图中的每一个节点表示一项工作,节点宜用圆圈或矩形表示。节点所表示的工作名称、持续时间和工作代号等应标注在节点内,如图3-15所示。

单代号网络计划图中的节点必须编号,编号标注在节点内,其号码可间断,但严禁重复,箭线的箭尾节点编号应小于箭头节点的编号。一项工作必须有唯一的一个节点及相应的一个编号。当网络计划图中有多项同时最早开始的工作或多项最终结束的工作时,应在整个网络计划图的开始和结束的两端分别设置虚拟的起点节点和终点节点,如图3-16所示。

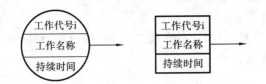

图 3-15　单代号网络图工作的表示方法

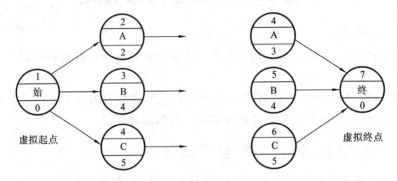

虚拟起点　　　　　　　　　　　　　　　　　　　　虚拟终点

图 3-16　单代号网络图中虚拟节点表示方法示意图

虚拟的起点节点通过自此节点引出的箭线与那些最先开始的多项工作节点相连,用于表示这些工作都是同时最先开始的。

虚拟的终点节点通过指向此节点的箭线与那些最后结束的多项工作相连,用于表示这些工作都是在工程结束时同时完成的。

2. 箭线

单代号网络计划图中的箭线表示紧邻工作之间的逻辑关系,既不占用时间,也不消耗资源。单代号网络计划图中没有虚箭线,箭线的形状可根据需要画成水平直线、折线或斜线。箭线水平投影的方向应自左向右,表示工作的行进方向。工作之间的逻辑关系包括工艺关系和组织关系,在网络计划图中均表现为工作之间的先后顺序。

3. 线路

单代号网络计划图中,各条线路应用该线路上的节点编号从小到大依次表述。

模块 2　单代号网络计划图的绘制

在单代号网络计划图中,其绘制基本步骤和双代号网络计划图相似,两者的区别仅在于表示符号不同。

1. 绘制规则

(1) 必须正确表达工作的逻辑关系。

(2) 严禁出现循环回路。

(3) 严禁出现双向箭头或无箭头的箭线。

(4) 严禁出现无箭尾节点和无箭头节点的箭线。

(5) 箭线不宜交叉,当交叉不可避免时,可采用过桥法或指向法绘制。

(6) 只应有一个起点节点和一个终点节点,否则,应在网络计划图两端分别设置一项虚工作,作为该网络计划图的起点节点和终点节点,如图 3-16 所示。

【例 3-3】　试指出图 3-17 所示的网络计划图的错误,并说明错误的原因。

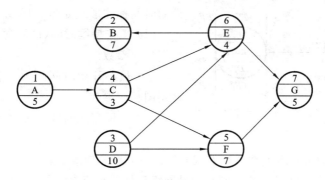

图 3-17 错误网络计划图

解 依据单代号网络计划图的绘图规则,不难看出图 3-17 中有以下错误。

(1)网络计划图中有三项工作 A、B、D 同时开始,所以应增加一个虚拟起点节点。

(2)工作 B、C、E 之间出现循环回路,且依照箭线指向,工作 B、E 节点编号颠倒,可以通过改变工作 B、E 之间箭线指向来解决上述两个问题。

(3)工作 C 至 F,D 至 E 的连线相交叉,应采用过桥法或指向法。

正确网络计划图如图 3-18 所示。

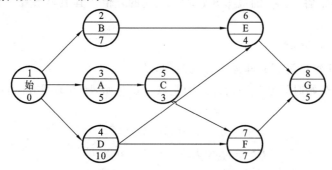

图 3-18 正确网络计划图

2. 绘图方法和步骤

(1)依据已知的各工作的逻辑关系,确定各工作的紧前工作或紧后工作,正确表达工作的逻辑关系。

(2)依据已经理顺的工作逻辑关系,正确绘制相关工作的相应网络。

(3)确定出各工作的节点编号,可定无紧前工作的节点号为 0,其他工作的节点编号等于其紧前工作的节点编号的最大值加 1。

(4)修改和整理网络计划图,尽量做到"横平竖直",节点排列均匀,突出重点,尽量将网络计划图的关键工作和关键线路布置在网络计划图中心,并用粗箭线或双箭线表示。

(5)保证不改变网络计划图的正确逻辑关系下,尽量使图面简洁明了,并增设虚拟的起点节点和终点节点。

模块 3 单代号网络计划时间参数的计算

1. 时间参数的概念及其符号

单代号网络计划与双代号网络计划表达内容是一样的,只是表现形式不同。单代号网络

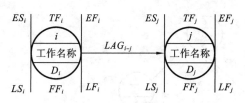

图 3-19　单代号网络计划时间标注形式

计划时间标注形式如图 3-19 所示。

（1）工作持续时间（D_i）：含义同双代号网络计划图相应参数。

（2）最早开始时间（ES_i）：含义同双代号网络计划图相应参数。

（3）最早完成时间（EF_i）：含义同双代号网络计划图相应参数。

（4）最迟开始时间（LS_i）：含义同双代号网络计划图相应参数。

（5）最迟完成时间（LF_i）：含义同双代号网络计划图相应参数。

（6）总时差（TF_i）：含义同双代号网络计划图相应参数。

（7）自由时差（FF_i）：含义同双代号网络计划图相应参数。

（8）计算工期（T_c）：含义同双代号网络计划图相应参数。

（9）计划工期（T_p）：含义同双代号网络计划图相应参数。

（10）要求工期（T_r）：含义同双代号网络计划图相应参数。

（11）时间间隔（LAG_{i-j}）：单代号网络计划中引入时间间隔概念。时间间隔是指工作 i 的最早完成时间与其紧后工作 j 的最早开始时间之间的差值。其值等于紧后工作最早开始时间减去本工作最早完成时间。

2. 时间参数的计算

1）工作最早开始时间 ES_i 和最早完成时间 EF_i

（1）工作最早开始时间是从网络计划的起点节点开始，顺着箭线方向自左向右，依次逐个计算得到的，即

$$ES_i = 0 \quad （i \text{ 为起点节点，即 } i=1）$$
$$ES_i = \max\{ES_h + D_h\} = \max\{EF_h\}$$

式中：ES_i——工作 i 的最早开始时间；

ES_h——工作 i 的紧前工作 h 的最早开始时间；

D_h——工作 i 的紧前工作 h 的持续时间。

（2）工作的最早完成时间等于工作的最早开始时间加上该工作的工作持续时间，即

$$EF_i = ES_i + D_i \quad （i \text{ 为起点节点，即 } i=1）$$
$$EF_i = ES_h = \max\{EF_i\}$$

2）计算工期 T_c 和计划工期 T_p

（1）计算工期等于网络计划终点节点的最早完成时间，即

$$T_c = \max\{EF_{i-n}\}$$

式中：EF_{i-n}——以终点节点（$j=n$）为箭头节点的工作 $i \rightarrow n$ 的最早完成时间。

（2）计划工期。

① 当规定了要求工期 T_r 时，$T_p \leqslant T_r$。

② 当未规定要求工期 T_r 时，$T_p = T_c$。

3）相邻两项工作之间的时间间隔 LAG_{i-j}

时间间隔等于紧后工作最早开始时间减去本工作最早完成时间，即

$$LAG_{i-j} = T_p - EF_i（\text{终点节点为虚拟节点}）$$

$$LAG_{i-j} = ES_j - EF_i \quad (i < j)$$

4）工作最迟完成时间 LF_i 和最迟开始时间的计算 LS_i

（1）工作最迟完成时间应从计划的终点节点开始，逆着箭线方向自右向左，依次逐个计算，即

$$LF_n = T_p \quad (n \text{ 为终点节点，规定 } T_r \text{ 时，} T_p \leqslant T_r; \text{未规定 } T_r \text{ 时，} T_p = T_c)$$

$$LF_i = \min\{LS_j\} \quad (i < j)$$

（2）工作最迟开始时间等于最迟完成时间减去该工作的工作持续时间，即

$$LS_i = LF_i - D_i \quad (i < j)$$

5）工作总时差计算 TF_i

工作总时差应从网络计划的终点节点开始，逆着箭线方向自右向左，依次逐个计算，即

$$TF_n = T_p - EF_n \quad (n \text{ 为终点节点})$$

或
$$TF_i = LF_i - EF_i$$

或
$$TF_i = LS_i - ES_i$$

或
$$TF_i = \min\{LAG_{i-j} + TF_j\}$$

式中：TF_j——工作 i 的紧前工作 j 的总时差。

6）工作自由时差计算 FF_i

工作自由时差等于该工作与其紧后工作之间的时间间隔的最小值，即

$$FF_i = \min\{LAG_{i-j}\}$$

或
$$FF_n = T_p - EF_n \quad (n \text{ 为终点节点})$$

3. 关键工作和关键线路的确定

1）关键工作的确定

总时差最小的工作为关键工作。

2）关键线路的确定

（1）利用关键工作确定关键线路。

总时差最小的工作为关键工作，将这些关键工作相连，并保证相邻两项工作之间的时间间隔为零而构成的线路就是关键线路。

（2）利用相邻两项工作之间的时间间隔确定关键线路。

从网络计划的终点节点开始，逆着箭线方向依次找出相邻两项工作之间时间间隔为零的线路为关键线路。

（3）利用总持续时间确定关键线路。

线路上工作总持续时间最长的线路为关键线路。

模块 4　计算实例

【例 3-4】 已知某工程的单代号网络计划图如图 3-20 所示，试计算该网络计划的时间参数，并标注在网络计划上。

解　（1）计算 ES_i。

$$ES_{始} = ES_1 = 0$$

$$ES_2 = ES_3 = ES_1 + D_1 = 0 + 0 = 0$$

$$ES_4 = ES_2 + D_2 = 0 + 1 = 1$$

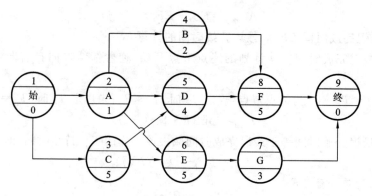

图 3-20　某工程单代号网络计划图

$$ES_5 = \max \begin{Bmatrix} ES_2 + D_2 = 0+1 = 1 \\ ES_3 + D_3 = 0+5 = 5 \end{Bmatrix} = 5$$

$$ES_6 = \max \begin{Bmatrix} ES_2 + D_2 = 0+1 = 1 \\ ES_3 + D_3 = 0+5 = 5 \end{Bmatrix} = 5$$

$$ES_7 = ES_6 + D_6 = 5+5 = 10$$

$$ES_8 = \max \begin{Bmatrix} ES_4 + D_4 = 1+2 = 3 \\ ES_5 + D_5 = 5+4 = 9 \end{Bmatrix} = 9$$

$$ES_9 = ES_{终} = \max \begin{Bmatrix} ES_8 + D_8 = 9+5 = 14 \\ ES_7 + D_7 = 10+3 = 13 \end{Bmatrix} = 14$$

（2）计算 EF_i。

$$EF_{始} = ES_{始} + D_{始} = 0+0 = 0$$

$$EF_2 = ES_2 + D_2 = 0+1 = 1$$

$$EF_3 = ES_3 + D_3 = 0+5 = 5$$

$$EF_4 = ES_4 + D_4 = 1+2 = 3$$

$$EF_5 = ES_5 + D_5 = 5+4 = 9$$

$$EF_6 = ES_6 + D_6 = 5+5 = 10$$

$$EF_7 = ES_7 + D_7 = 10+3 = 13$$

$$EF_8 = ES_8 + D_8 = 9+5 = 14$$

$$EF_9 = EF_{终} = ES_{终} = 14$$

（3）计算 LF_i 和 LS_i。

假定工期等于计算工期，则

$$T = T_c = LF_9 = EF_{终} = ES_{终} = 14, \quad LS_9 = ES_9 = 14$$

$$LF_8 = LF_7 = LS_9 = 14$$

$$LS_8 = LF_8 - D_8 = 14-5 = 9$$

$$LS_7 = LF_7 - D_7 = 14-3 = 11$$

$$LF_6 = LS_7 = 11$$

$$LF_4 = LF_5 = LS_8 = 9$$

$$LS_6 = LF_6 - D_6 = 11-5 = 6$$

$$LS_5 = LF_5 - D_5 = 9-4 = 5$$

$$LS_4 = LF_4 - D_4 = 9 - 2 = 7$$

$$LF_3 = \min \begin{Bmatrix} LS_5 = 5 \\ LS_6 = 6 \end{Bmatrix} = 5$$

$$LF_2 = \min \begin{Bmatrix} LS_4 = 7 \\ LS_5 = 5 \\ LS_6 = 6 \end{Bmatrix} = 5$$

$$LS_3 = LF_3 - D_3 = 5 - 5 = 0$$

$$LS_2 = LF_2 - D_2 = 5 - 1 = 4$$

$$LF_1 = \min \begin{Bmatrix} LS_3 = 0 \\ LS_2 = 4 \end{Bmatrix} = 0$$

$$LS_1 = LF_1 - D_1 = 0 - 0 = 0$$

（4）计算 LAG_{i-j}。

$$LAG_{8-9} = T_p - EF_8 = 14 - 14 = 0$$

$$LAG_{7-9} = T_p - EF_7 = 14 - 14 = 0$$

$$LAG_{1-2} = ES_2 - EF_1 = 0 - 0 = 0$$

$$LAG_{1-3} = ES_3 - EF_1 = 0 - 0 = 0$$

$$LAG_{2-4} = ES_4 - EF_2 = 1 - 1 = 0$$

$$LAG_{2-5} = ES_5 - EF_2 = 5 - 1 = 4$$

$$LAG_{2-6} = ES_6 - EF_2 = 5 - 1 = 4$$

$$LAG_{3-5} = ES_5 - EF_3 = 5 - 5 = 0$$

$$LAG_{3-6} = ES_6 - EF_3 = 5 - 5 = 0$$

$$LAG_{4-8} = ES_8 - EF_4 = 9 - 3 = 6$$

$$LAG_{5-8} = ES_8 - EF_5 = 9 - 9 = 0$$

$$LAG_{6-7} = ES_7 - EF_6 = 10 - 10 = 0$$

（5）计算 FF_i。

$$FF_9 = T_p - EF_9 = 14 - 14 = 0$$

$$FF_1 = \min \begin{Bmatrix} LAG_{1-2} = 0 \\ LAG_{1-3} = 0 \end{Bmatrix} = 0$$

$$FF_2 = \min \begin{Bmatrix} LAG_{2-4} = 0 \\ LAG_{2-5} = 4 \\ LAG_{2-6} = 4 \end{Bmatrix} = 0$$

$$FF_3 = \min \begin{Bmatrix} LAG_{3-5} = 0 \\ LAG_{3-6} = 0 \end{Bmatrix} = 0$$

$$FF_4 = LAG_{4-8} = 6$$

$$FF_5 = LAG_{5-8} = 0$$

$$FF_6 = LAG_{6-7} = 0$$

$$FF_7 = LAG_{7-9} = 0$$

$$FF_8 = LAG_{8-9} = 0$$

（6）计算 TF_i。

$$TF_9 = T_p - EF_9 = 14 - 14 = 0$$

$$TF_1 = LS_1 - ES_1 = 0 - 0 = 0$$
$$TF_2 = LS_2 - ES_2 = 4 - 0 = 4$$
$$TF_3 = LS_3 - ES_3 = 0 - 0 = 0$$
$$TF_4 = LS_4 - ES_4 = 7 - 1 = 6$$
$$TF_5 = LS_5 - ES_5 = 5 - 5 = 0$$
$$TF_6 = LS_6 - ES_6 = 6 - 5 = 1$$
$$TF_7 = LS_7 - ES_7 = 11 - 10 = 1$$
$$TF_8 = LS_8 - ES_8 = 9 - 9 = 0$$

（7）确定关键工作和关键线路。

由 $TF_i = 0$ 可知，工作 C、工作 D、工作 F 为关键工作，所组成的线路①→③→⑤→⑧→⑨为关键线路。关键线路用粗实线或双实线表示。

（8）确定计划总工期。

根据以上计算，网络计划图的计划总工期为

$$T = EF_9 = EF_终 = ES_终 = 14$$

将各个时间参数标注于节点之上，如图 3-21 所示。

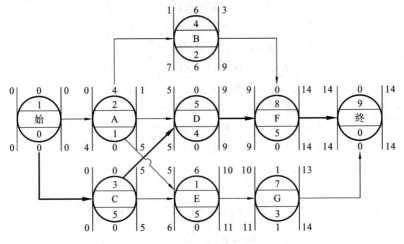

图 3-21　标注时间参数的网络计划图

任务 4　双代号时标网络计划

知识目标

理解双代号时标网络计划的基本概念；掌握双代号时标网络计划的绘制规则和方法。

能力目标

能够根据工程已知条件正确绘制双代号网络计划图；能够进行相关时间参数的计算，并找出关键线路和关键工作。

模块 1　双代号时标网络计划的基本概念

一般的网络计划不带时标，工作持续时间由箭线下方标注的数字说明，而与箭线本身长短无关,这样的网络计划图不能一目了然地直接反映各项工作的开始和完成时间。双代号时标网络计划图是一种综合应用横道图的时间坐标和双代号网络计划图的网络计划图,以时间坐标为尺度,以箭线的长短和所在位置表示工作的时间长短和进程,既具有横道图计划直观、易懂的优点,又能准确表明各工作直接的逻辑关系。图 3-22 所示的为一简单的双代号时标网络计划图。

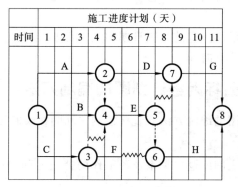

图 3-22　双代号时标网络计划图

1. 双代号时标网络计划图的特点

（1）箭线长短与时间有关,时标的时间单位根据需要在编制网络计划之前确定,可以是年、季、月、天等。

（2）时标网络计划图能直接显示出各项工作的开始与完成时间、工作的自由时差及关键线路。

（3）时标网络计划图直接在坐标下方绘出资源动态图,方便统计每一个单位时间对资源的需要量和进行资源的优化调整。

（4）由于箭线受到时间坐标的限制,当情况发生变化时,对网络计划的修改比较麻烦,往往要重新绘制,但利用计算机软件进行绘制,这一问题已经能够轻易解决。

2. 双代号时标网络计划图的编制要求

（1）双代号时标网络计划图宜按最早时间绘制。

（2）先绘制时间坐标表。时间坐标表的顶部或底部,或顶、底部均有时标,时间坐标的刻度线宜为细线,为使图面清晰简洁,此线也可不画或少画。

（3）在时标网络计划图中,以实箭线表示工作,以虚箭线表示虚工作,以波浪线表示工作的自由时差。

（4）时标网络计划图中所有符号在时间坐标上的水平投影位置,都必须与其时间参数相对应。节点中心必须对准相应的时标刻度线,虚工作必须以垂直方向的虚箭线表示,有自由时差时加波浪线表示。

3. 双代号时标网络计划的坐标系

时标网络计划的坐标系有计算坐标系、工作日坐标系和日历坐标系。

1）计算坐标系

计算坐标系主要用做网络时间参数的计算。采用这种坐标系计算时间参数较为简单,但不够明确。计算坐标系中,工作从当天结束时刻开始,所以网络计划从零天开始,也就是从零天结束时刻开始,即为第一天开始。

2）工作日坐标系

工作日坐标系可明确示出工作开工后第几天开始、第几天完成。工作日坐标系示出的开工时间和工作开始时间等于计算坐标系示出的开工时间和工作开始时间加1。工作日坐标系示出的完工时间和工作完成时间等于计算坐标系示出的完工时间和工作完工时间。

3）日历坐标系

日历坐标系可以明确示出工程的开工日期和完工日期,以及工作的开始日期和完成日期。编制时要注意扣除节假日休息时间。

模块2　双代号时标网络计划图的编制方法

双代号时标网络计划图的编制方法有直接绘制法和间接绘制法两种。

1. 直接绘制法

根据网络计划中工作之间的逻辑关系及各工作的持续时间,直接在时标计划表上绘制时标网络计划,绘制步骤如下。

(1) 定坐标线:绘制时标计划表,注明时标的长度单位。

(2) 确定起点节点位置:起点定在起始刻度线上,并按工作持续时间在时标计划表上绘制起点节点的外向箭线。

(3) 确定其他工作节点位置:其他工作的开始节点必须在其所有紧前工作都绘出以后,定位在这些紧前工作最晚完成的实箭线箭头处。未到达该节点者,用波浪线补足,波浪线的长度就是自由时差的大小。

(4) 后续步骤:用上述方法从左到右依次确定其他节点位置,直至网络计划重点节点定位,绘图完成。

绘制双代号时标网络计划图时应注意如下事项。

(1) 正确表达虚工作:工艺或组织上有逻辑关系的工作用虚箭线表示,若虚箭线占用时间,则说明工作上停歇或人工窝工。

(2) 正确表达关键线路:时差为0的箭线线路为关键线路,用粗实线表示。

(3) 箭线尽量"横平竖直",以便直接表示其持续时间,否则以水平投影长度为其持续时间。

2. 间接绘制法

运用间接绘制法时先绘制出时标网络计划,计算各工作的最早时间参数,再根据最早时间参数在时标计划表上确定节点位置,连线完成。绘制时,一般先绘制关键线路,再绘制非关键线路,绘制步骤如下。

(1) 绘制草图:绘制无时标网络计划草图,计算时间参数,确定关键工作和关键线路。

(2) 确定时标:根据需要确定时标的长度单位并标注,绘制时标横轴;时标表的顶部或底部,或顶、底部均有时标,可加日历标注。

(3) 确定节点位置:将所有节点按其最早时间逐个定位在时间坐标系的相应位置。

(4) 连接节点:依次在相应节点间绘制出箭线长度及时差,先画出关键工作和关键线路,再画非关键工作和非关键线路。

绘制时应注意如下事项。

（1）虚工作的正确表达：工艺或组织上有逻辑关系的工作，用虚箭线表示，若虚箭线占用时间，则说明工作上停歇或人工窝工。

（2）关键线路的正确表达：时差为 0 的箭线线路为关键线路，用粗实线表示。

（3）箭线要求：箭线尽量"横平竖直"，以便直接表示其持续时间，否则以水平投影长度为其持续时间。

模块 3　计算实例

【例 3-5】　已知某网络计划相关资料如表 3-3 所示，试用直接法绘制双代号时标网络计划图。

表 3-3　某网络计划工作逻辑关系及持续时间表

工　作	紧前工作	紧后工作	持续时间/天
A_1	—	A_2、B_1	2
A_2	A_1	A_3、B_2	2
A_3	A_2	B_3	2
B_1	A_1	B_2、C_1	3
B_2	A_2、B_1	B_3、C_2	3
B_3	A_3、B_2	D、C_3	3
C_1	B_1	C_2	2
C_2	B_2、C_1	C_3	4
C_3	B_3、C_2	E、F	2
D	B_3	G	2
E	C_3	G	1
F	C_3	I	2
G	D、E	H、I	4
H	G	—	3
I	F、G	—	3

解　（1）将起点节点①定位在时标计划表的其实刻度上，如图 3-23 所示。

（2）按工作的持续时间绘制①节点的外向箭线①→②，即按 A_1 工作的持续时间，画出无紧前工作的 A_1 工作，确定节点②的位置。

（3）自左向右依次确定其余各节点的位置。如②、③、④、⑥、⑨、⑪节点之前只有一条内向箭线，则在其内向箭线绘制完成后即可在其末端将上述节点绘出。⑤、⑦、⑧、⑩、⑫、⑬、⑭、⑮节点则必须待其前面的两条内向箭线都绘制完成后才能定位在这些内向箭线中最晚完成的时刻处。其中，⑤、⑦、⑧、⑩、⑫、⑭各节点因长度不足而难以达到该节点的终点节点线，故用波浪线补足。

（4）用上述方法自左向右依次确定其他节点位置，直至画出全部工作，确定终点节点⑮的位置，该时标网络计划图即绘制完成。

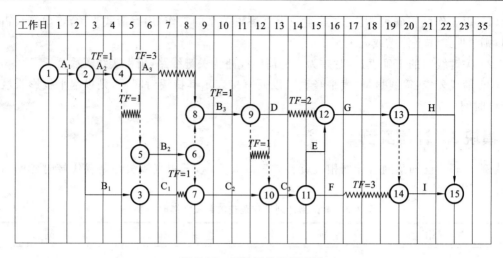

图 3-23　时标网络计划示例

任务 5　网络计划的优化

知识目标

理解网络优化的必要性；掌握网络计划优化的概念、思路和方法。

能力目标

能够对简单工程的网络计划进行优化。

模块 1　网络计划优化的必要性

在计划执行过程中，组织、管理、经济、技术、资源、环境和自然条件等因素的影响，往往会造成实际进度与计划进度产生偏差。如果不能及时纠正偏差，则必将影响进度目标的实现。因此，在计划执行过程中采取相应措施来进行管理，对保证计划目标的顺利实现具有重要意义。这就要求管理人员在计划执行过程中要密切关注实际进展情况，分析出现偏差的原因和确定相应的纠偏措施或调整方法。

模块 2　网络计划优化的概念和方法

网络计划的优化是指在一定约束条件下，按既定目标对网络计划进行不断改进，以寻求满意方案的过程。

网络计划的优化目标应按计划任务的需要和条件选定，包括工期目标、费用目标和资源目标。根据优化目标，网络计划的优化可分为工期优化、费用优化和资源优化三种。

1. 工期优化

1）定义

工期优化是指按合同工期为准，以缩短工期为目标，压缩计算工期，满足约束条件规定，对初始网络计划加以调整的方法。目的是使网络计划满足工期，保证按期完成工程任务。

2）思路

工期优化是在不改变网络计划中各项工作之间逻辑关系的前提下，通过压缩关键工作的持续时间的方法来达到缩短工期的目的的方法。与此相应的是必须增加被压缩作业时间的关键工作的资源需求量。

3）要求

通过压缩关键工作的作业时间来进行工期优化时,应满足以下要求:

(1) 压缩关键工作持续时间后,不能对质量和安全有较大影响;

(2) 关键工作必须有充足的备用资源;

(3) 压缩工作的持续时间所需增加的费用最少。

4）具体步骤

(1) 确定初始网络计划的计算工期和关键线路。

(2) 按要求工期计算应缩短的时间 $\Delta T = T_c - T_r$。

(3) 选择被压缩的关键工作。

(4) 将优先压缩的关键工作压缩到最短的工作持续时间,并找出关键线路和计算出网络计划的工期;如果被压缩的工作变成非关键工作,则应将其工作持续时间延长,使之仍然是关键工作。

(5) 若已达到工期要求,则优化完成。若计算工期仍超过计划工期,则重复上述步骤,直至满足要求或计算工期不能再压缩为止。

(6) 当所有关键工作的持续时间都已达到其所能缩短的极限而工期仍不能满足要求时,应对网络计划的原技术方案、组织方案进行调整,或者对工期重新审定。

注意:不能将关键工作压缩成非关键工作;当出现多条关键线路时,各条关键线路应同时压缩。

5）计算实例

【例 3-6】　某单项工程按图 3-24 所示的进度网络计划图组织施工,原计划工期为 170 天,在第 75 天进行的进度检查发现,工作 A 已经全部完成,工作 B 刚刚开工,本工作各相关参数如表 3-4 所示。

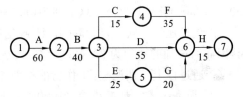

图 3-24　待优化的网络计划图

表 3-4　各工作相关参数表

序　号	工　作	最大压缩时间/天	赶工费用/(元/天)
1	A	10	200
2	B	5	200
3	C	3	100
4	D	10	300
5	E	5	200
6	F	10	150
7	G	10	120
8	H	5	420

问题:

(1) 为使本单项工程仍按照原工期完成,则必须赶工,调整原计划,既经济又保证整修工作能在计划的 170 天内完成。请列出详细调整过程。

（2）试计算经调整后所需投入的赶工费用。

（3）指出调整后的关键线路。

（4）假设在原网络计划图中增加一个新工作 I，该工作在工作 C 完成之后开始，G 开始之前完成，持续 20 天，请重新绘制调整后的进度网络计划图。

解 （1）目前总工期拖后 15 天，此时的关键线路为：A—B—D—H。

① 由表 3-4 可知，工作 B 赶工费用最低，故先对工作 B 持续时间进行压缩，可压缩 5 天，因此而增加的费用为 5×200 元＝1000 元，此时总工期缩短为：(185−5)天＝180 天，仍无法满足要求。

② 剩余工作中，工作 D 赶工费用最低，故继续对工作 D 的持续时间进行压缩，压缩的同时要考虑与之平行的其他各线路，以各线路工作正常进展均不影响总工期且本工作不能因工期压缩而变成非关键线路为限。所以，工作 D 只能压缩 5 天，因此而增加的费用为 5×300 元＝1500 元，总工期为(180−5)天＝175 天。

此时关键线路变成 A—B—D—H 和 A—B—C—F—H 两条。

③ 在剩余的工作中，存在三种压缩方式：

a. 同时压缩工作 C、工作 D；

b. 同时压缩工作 F、工作 D；

c. 压缩工作 H。

经比较得知，同时压缩工作 C 和工作 D 的赶工费用最低，故应对工作 C 和工作 D 同时进行压缩。工作 C 最大可压缩天数为 3 天，故本次调整只能压缩 3 天，因此而增加的费用为(3×100＋3×300)元＝1200 元，总工期为(175−3)天＝172 天。

④ 剩下压缩方式中，压缩工作 H 赶工费用最低，故对工作 H 进行压缩。工作 H 压缩 2 天，因此而增加的费用为 2×420 元＝840 元，此时总工期为(172−2)天＝170 天。

⑤ 通过以上工期调整，工作已能按照原计划的 170 天完成。

（2）所需投入的赶工费为：(1000＋1500＋1200＋840)元＝4540 元。

（3）调整后的关键线路为：A—B—D—H 和 A—B—C—F—H 两条。

（4）调整以后并考虑新增工作 I 以后的网络计划图如图 3-25 所示。

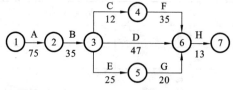

图 3-25　优化后的网络计划图

2. 费用优化

费用优化又称工期成本优化，是指寻求工程费用最低时对应的总工期，或按要求工期寻求最低成本的计划安排的过程，通常在寻求网络计划的最佳工期大于规定工期或计划执行中需要加快施工进度时采用。

1）工期与费用的关系

一个工程的总费用由直接费和间接费组成。

直接费由人工费、材料费、机械使用费、措施费等组成。施工方案不同，直接费就不同；如果施工方案一定,工期不同,直接费也不同。直接费一般与工作时间成反比,即增加直接费,如采用技术先进的设备、增加设备和人员、提高材料质量等都能缩短工作时间;相反,减少直接费,则会使工作时间延长。

间接费包括了企业经营管理的全部费用,例如,与工程相关的管理费、占用资金应付的利息、机动车辆费等。间接费一般与工期成正比,即工期越长,间接费越高;工期越短,间接费越低。

因此,费用优化的最终目的就是要通过方案比选,选择工程费用最低时对应的工期,即最优工期,如图 3-26 所示。

对于一个施工项目而言,工期的长短与该项目的工程量、施工方案等条件有关,并取决于关键线路上各项作业时间之和。关键线路由许多持续时间和费用各不相同的作业组成。当工期缩短到一个极限时,无论再怎么增加直接费用,工期也不能再缩短,把这个极限所对应的工期称为最短工期 T_L,其对应的直接费用称为工作的极限直接费用 C_L,此时费用最高。反之,若延长工期,则可以减少直接费用,但将时间延长至某个极限时,无论怎样增加工期,直接费都不会减少。把此极限所对应的工期称为正常工期 T_N,其所对应的直接费用称为工作的直接费用 C_N。将最短工期对应的直接费用 C_L 和正常工期对应的正常直接费用 C_N 连成一条曲线,称为费用曲线或 ATC 曲线(见图 3-27)。为简化计算,将工作的直接费用与持续时间之间的关系近似地认为是一条直线关系。将这条直线的斜率称为直接费率。不同作业的费率是不同的,费率越大,意味着作业时间缩短 1 天,所增加的费用越大,或作业时间增加 1 天,所减少的费用越多。

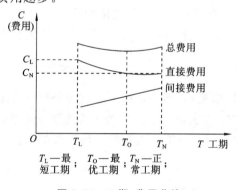

图 3-26　工期-费用曲线

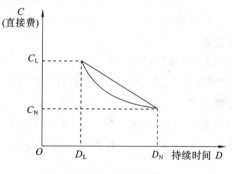

图 3-27　费用曲线

2）费用优化方法和步骤

费用优化的基本思路是:不断地在网络计划中找出直接费率(或组合直接费率)最小的关键工作,缩短其持续时间,同时考虑间接费随工期缩短而减少的数值,最后求得工程总成本最低时的最优工期安排。

按照上述基本思路,费用优化可按以下步骤进行。

(1) 按工作的正常持续时间确定网络计划的计算工期、关键线路和总费用。此处的总费用为工程总直接费,它等于组成该工作的全部工作的直接费之和。

(2) 计算各项工作的直接费率。它等于费用曲线的斜率(见图 3-27),即

$$K=\frac{C_L-C_N}{D_L-D_N}$$

式中:C_L——最短工期对应的直接费用;

C_N——正常工期对应的正常直接费用;

D_L——工作的极限持续时间;

D_N——工作的正常持续时间。

（3）选择优化对象。当只有一条关键线路时,应找出直接费率最小的一项关键工作作为缩短持续时间的对象;当有多条关键线路时,应找出组合直接费率最小的一组关键工作作为缩短持续时间的对象。对于压缩对象,缩短后工作的持续时间不能小于其极限时间,缩短持续时间的工作也不能变成非关键工作。如果变成非关键工作,则需要将其持续时间延长,使其仍为关键工作。

（4）对于选定的压缩对象,首先要比较其直接费率或组合直接费率与间接费率的大小,然后再进行压缩,具体方法如下。

① 如果被压缩对象的直接费率或组合直接费率大于间接费率,则说明压缩关键工作的持续时间会使工程总费用增加,此时应停止压缩,此前的方案已经为优化方案。

② 如果被压缩对象的直接费率或组合直接费率等于间接费率,则说明压缩关键工作的持续时间不会使工程总费用增加,故应缩短关键工作的持续时间。

③ 如果被压缩对象的直接费率或组合直接费率小于间接费率,则说明压缩关键工作的持续时间不会使工程总费用减少,故应缩短关键工作的持续时间。

（5）计算费用的增加值,即直接费增加与间接费减少之差。

（6）计算优化后的总费用,即

优化后的工程总费用＝初始网络计划的费用＋直接费增加费－间接费减少费

（7）重复步骤（3）～（6）,一直计算到总费用最低,即直到被压缩对象的直接费率或组合直接费率大于间接费率为止。

3）计算实例

【例 3-7】 已知某工程双代号网络计划图如图 3-28 所示,图中箭线下方括号外数字为工作的正常时间,括号内数字为最短持续时间;箭线上方括号外数字为工作按正常持续时间完成时所需的直接费,括号内数字为工作按最短持续时间完成时所需的直接费。该工程的间接费率为 0.8 万元/天,试对其进行费用优化。

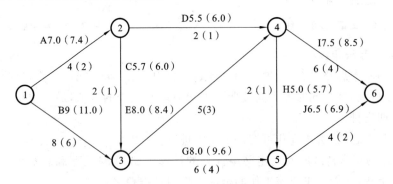

图 3-28　初始网络计划图

解 （1）根据各项工作的正常持续时间,用标号法确定网络计划的计算工期和关键线路,如图 3-29 所示,计算工期为 19 天,关键线路有两条,即①—③—④—⑥和①—③—④—⑤—⑥。

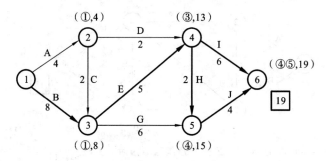

图 3-29　初始网络计划图中的关键线路

（2）计算各项工作的直接费率。

$$K_{1-2}=(7.4-7.0)/(4-2)\ 万元/天=0.2\ 万元/天$$
$$K_{1-3}=(11.0-9.0)/(8-6)\ 万元/天=1.0\ 万元/天$$
$$K_{2-3}=0.3\ 万元/天$$
$$K_{2-4}=0.5\ 万元/天$$
$$K_{3-4}=0.2\ 万元/天$$
$$K_{3-5}=0.8\ 万元/天$$
$$K_{4-5}=0.7\ 万元/天$$
$$K_{4-6}=0.5\ 万元/天$$
$$K_{5-6}=0.2\ 万元/天$$

（3）计算各项工作的直接费用率。

① 直接费总和：$C_1=(7.0+9.0+5.7+5.5+8.0+8.0+5.0+7.5+6.5)\ 万元=62.2\ 万元$；

② 间接费总和：$C_2=0.8\times19\ 万元=15.2\ 万元$；

③ 工程总费用：$C_0=C_1+C_2=(62.2+15.2)\ 万元=77.4\ 万元$。

（4）通过压缩关键工作的持续时间进行费用优化（优化过程见表 3-5）。

① 第一次压缩。

由图 3-29 可知，该网络计划图中有两条关键线路，为了同时缩短两条关键线路的总持续时间，有以下四个压缩方案。

a. 压缩工作 B，直接费用率为 1.0 万元/天；

b. 压缩工作 E，直接费用率为 0.2 万元/天；

c. 同时压缩工作 H 和工作 I，组合直接费率为$(0.7+0.5)\ 万元/天=1.2\ 万元/天$；

d. 同时压缩工作 I 和工作 J，组合直接费率为$(0.5+0.2)\ 万元/天=0.7\ 万元/天$。

在上述压缩方案中，由于工作 E 的直接费率最小，故应选择工作 E 为压缩对象。工作 E 的直接费率为 0.2 万元/天，小于间接费率 0.8 万元/天，说明压缩工作 E 可使工程总费用降低。将工作 E 的持续时间压缩至最短持续时间 3 天，利用标号法重新确定计算工期和关键线路，如图 3-30 所示。此时，关键工作 E 被压缩成非关键工作，故将其持续时间延长为 4 天，使其成为关键工作。第一次压缩后的网络计划图如图 3-31 所示，图中箭线上方括号内数字为工作的直接费率。

② 第二次压缩。

由图 3-31 知，该网络计划中有三条关键线路，即①—③—④—⑥、①—③—④—⑤—⑥、

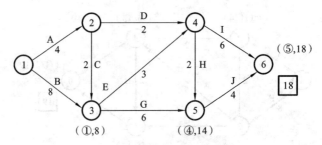

图 3-30　工作 E 压缩至最短时的关键线路

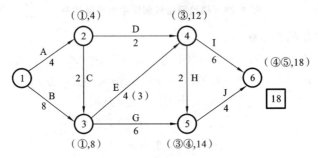

图 3-31　第一次压缩后的网络计划图

①—③—⑤—⑥。为了同时缩短三条关键线路的总持续时间,有以下五个压缩方案:

a. 压缩工作 B,直接费率为 1.0 万元/天;

b. 同时压缩工作 E 和工作 G,组合直接费率为(0.2+0.8)万元/天=1.0 万元/天;

c. 同时压缩工作 E 和工作 J,组合直接费率为(0.2+0.2)万元/天=0.4 万元/天;

d. 同时压缩工作 G、工作 H 和工作 J,组合直接费率为(0.8+0.7+0.5)万元/天=2.0 万元/天;

e. 同时压缩工作 I 和工作 J,组合直接费率为(0.5+0.2)万元/天=0.7 万元/天。

在上述压缩方案中,由于工作 E 和工作 J 的组合直接费率最小,故应选择工作 E 和工作 J 作为压缩对象。工作 E 和工作 J 的组合直接费率为 0.4 万元/天,小于间接费率 0.8 万元/天,说明同时压缩工作 E 和工作 J 可使工程总费用降低。由于工作 E 的持续时间只能压缩 1 天,工作 J 的持续时间也只能随之压缩 1 天。工作 E 和工作 J 的持续时间同时压缩 1 天后,利用标号法重新确定计算工期和关键线路。此时,关键线路由压缩前的三条变为两条,即①—③—④—⑥和①—③—⑤—⑥。原来的关键工作 H 未经压缩而被动地变成非关键工作。第二次压缩后的网络计划图如图 3-32 所示。此时,关键工作 E 的持续时间已达最短,不能再压缩。

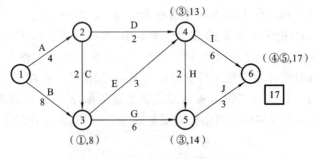

图 3-32　第二次压缩后的网络计划图

③ 第三次压缩。

由图 3-32 可知,工作 E 不能再压缩,而为了同时缩短两条关键线路①—③—④—⑥和①—③—⑤—⑥的总持续时间,只有以下三个压缩方案:

a. 压缩工作 B,直接费率为 1.0 万元/天;

b. 同时压缩工作 G 和工作 I,组合直接费率为(0.8+0.5)万元/天=1.3 万元/天;

c. 同时压缩工作 I 和工作 J,组合直接费率为(0.5+0.2)万元/天=0.7 万元/天。

在上述压缩方案中,由于工作 I 和工作 J 的组合直接费率最小,故应选择工作 I 和工作 J 作为压缩对象。工作 I 和工作 J 的组合直接费率为 0.7 万元/天,小于间接费率 0.8 万元/天,说明同时压缩工作 I 和工作 J 可使工程总费用降低。由于工作 J 的持续时间只能压缩 1 天,工作 I 的持续时间也只能随之压缩 1 天。工作 I 和工作 J 的持续时间同时压缩 1 天,利用标号法重新确定计算工期和关键线路。此时,关键线路仍为两条,即①—③—④—⑥和①—③—⑤—⑥。第三次压缩后的网络计划图如图 3-33 所示。此时,关键工作 J 的持续时间也已达最短,不能再压缩。

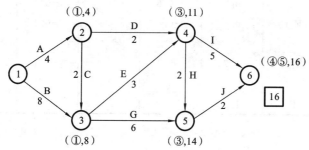

图 3-33 第三次压缩后的网络计划图

④ 第四次压缩。

由图 3-33 可知,由于工作 E 和工作 J 不能再压缩,而为了同时缩短两条关键线路①—③—④—⑥和①—③—⑤—⑥的总持续时间,只有以下两个压缩方案:

a. 压缩工作 B,直接费率为 1.0 万元/天;

b. 同时压缩工作 G 和工作 I,组合直接费率为(0.8+0.5)万元/天=1.3 万元/天。

在上述压缩方案中,由于工作 B 的直接费率最小,故应选择工作 B 作为压缩对象。但是,由于工作 B 的直接费率为 1.0 万元/天,大于间接费率 0.8 万元/天,说明压缩工作 B 会使工程总费用增加。因此,不需要压缩工作 B,优化方案已得到,优化后的网路计划图如图 3-34 所示。图中箭线上方括号内数字为工作的直接费用。

(5)计算优化后的工程总费用。

① 直接费之和为

$$C_1' = (7.0+9.0+5.7+5.5+8.4+8.0+5.0+8.0+6.9) \text{ 万元} = 63.5 \text{ 万元}$$

② 间接费之和为

$$C_2' = 0.8 \times 16 \text{ 万元} = 12.8 \text{ 万元}$$

③ 工程总费用为

$$C_0' = C_1' + C_2' = (63.5+12.8) \text{ 万元} = 76.3 \text{ 万元}$$

优化后的费用见表 3-5。

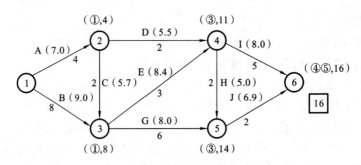

图 3-34　费用优化后的网络计划图

表 3-5　优化表

压缩次数	被压缩的工作代号	被压缩的工作名称	直接费率/(万元/天)	费率差/(万元/天)	缩短时间/天	费用增加值/万元	总工期/天	总费用/万元
0	—	—	—	—		—	19	77.4
1	3—4	E	0.2	−0.6	1	−0.6	18	76.8
2	3—4	E、J	0.4	−0.4	1	−0.4	17	76.4
	5—6							
3	4—6	I、J	0.7	−0.1	1	−0.1	16	76.3
	5—6							
4	1—3	B	1.0	+0.2	—	—	—	—

3. 资源优化

资源是指为完成一项计划任务所需投入的人力、材料、机械设备和资金等的统称。资源优化的目的是改变工作的开始时间和完成时间,使资源按照时间的分布符合优化目标。

在通常情况下,网络计划的资源优化分为两种:"资源有限,工期最短"的优化和"工期固定,资源均衡"的优化。前者是调整计划安排,在满足资源限制的条件下,使工期延长最少的过程;后者是调整计划安排,在工期保持不变的条件下,使资源需用量尽可能均衡的过程。这里只研究"资源有限,工期最短"的优化。

资源优化中的几个常用术语列举如下。

资源强度:指一项工作在单位时间内所需的某种资源数量,工作 $i—j$ 的资源强度用 $q_{i—j}$ 表示。

资源需要量:指网络计划中各项工作在单位时间内所需某种资源量之和,第 t 天资源需要量常用 Q_t 表示。

资源限量:指单位时间内可供使用的某种资源的最大数量,常用 Q_a 表示。

1)资源有限、工期最短的优化

(1)优化的前提条件。

① 在优化过程中,不改变网络计划中各项工作之间的逻辑关系。

② 在优化过程中,不改变网络计划中各项工作的持续时间。

③ 网络计划中各项工作的资源强度(单位时间所需资源数量)为常数,而且是合理的。

④ 优化过程中,除规定可中断的工作外,一般不允许中断工作,应保持其连续性。

(2)优化的原理。

假定某工程需要 m 种不同的资源,每天可能供应的资源数量分别是 $R_{1(t)}$,$R_{2(t)}$,$R_{3(t)}$,
$\cdots$,$R_{m(t)}$,假定完成某一工作 $i{\to}j$ 只需要一种资源,设为第 K 种资源,单位时间资源需要量
即资源强度为 q_{i-j} 表示,并假定为常数。在资源满足 q_{i-j} 供应的条件下,完成工作的持续时
间为 D_{i-j},则对于资源有限,工期最短优化,可按极差原理确定其最优方案。即网络计划动
态曲线中任何时段内每天的资源消耗量 q_{i-j} 的总和均应不大于该计划每天的资源限制
量 Q_a。

若所缺资源仅为某一项工作使用,重新计算工作持续时间、工期,尽量调整在时差内使其
不影响工期。若所缺资源为同时施工的多项工作使用,则后移某些工作,但应使工期延长
最短。

(3)资源分配原则。

资源在优化分配时按照各工作在网络计划中的重要程度,把有限的资源进行科学的分配,
其分配原则如下。

① 关键工作应按每日资源需要量大小,从大到小顺序供应资源。

② 非关键工作应在满足关键工作资源供应后,根据工作是否允许中断和时差的数值分别
定位。如果工作不允许内部中断,当总时差数值不同时,按总时差数值递增的顺序供应资源;
当总时差数值相同时,按各工作资源消耗量递减的顺序供应资源。如果工作允许内部中断,则
应按照独立时差从小到大的顺序供应资源。

(4)"资源有限,工期最短"的优化方法和步骤。

① 计算网络计划每个时间单位的资源需用量 Q_t。

② 从计划开始日期起,逐个检查每个时段的资源需用量是否超过资源限量。如果整个工
期范围内每个时段的资源需用量均能满足资源限量的要求,则该方案即为优化方案;否则,必
须进行调整。

③ 分析超过资源限量的时段。如果在该时段内有几项工作平行作业,则将一项工作安排
在与之平行的另一项工作之后进行,以降低该时段的资源需用量,调整的标准是使工期延长最
短。平移一项工作后,工期延长的时间为

$$\Delta D_{m-n,i-j} = EF_{m-n} - LS_{i-j}$$

式中:$D_{m-n,i-j}$——在资源需要量超过资源限量的时段内的平行工作中,将工作 $i-j$ 安排在工
　　　　　作 $m-n$ 之后工期延长的时间;

　　EF_{m-n}——工作 $m-n$ 最早完成时间;

　　LS_{i-j}——工作 $i-j$ 最迟开始时间。

对平行工作进行两两排序,即可得出若干个 $\Delta D_{m-n,i-j}$,选择其中最小 $\Delta D_{m-n,i-j}$ 及其对应
的调整方案。

④ 重复上述步骤,直至网络计划整个工期范围内每个时间单位的资源需要量均满足资源
限量为止。

(5)计算实例。

【例 3-8】　已知某工程双代号网络计划图如图 3-35 所示,图中箭线上方数字为工作的资
源强度,箭线下方数字为工作的持续时间。假定资源限量为 $Q_a=12$,试对其进行"资源有限,
工期最短"的优化。

解　(1)计算网络计划每个时间单位的资源需要量,绘出资源需要量动态曲线,如图3-35

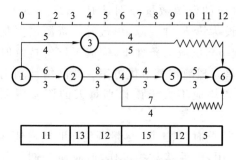

图3-35 初始网络计划图

所示的波浪线。

（2）从计划开始日期起，检查发现第二个时段【3,4】存在资源冲突，即资源需要量超过资源限量，故应首先调整时段。

（3）在时段【3,4】中有工作 1—3 和工作 2—4 两项工作平行作业，利用公式计算 ΔT 值，即

$$\Delta T_{m,n} = EF_m + D_n - LF_n = EF_m - (LF_n - D_n)$$
$$= EF_m - LS_n$$

其结果见表 3-6。

表 3-6 ΔT 值计算表

序号	工作代号	最早完成时间	最迟开始时间	$\Delta T_{1,2}$	$\Delta T_{2,1}$
1	1—3	4	3	1	—
2	2—4	6	3	—	3

由表 3-6 可知，$\Delta T_{1,2} = 1$ 最小，说明将第 2 号工作（工作 2—4）安排在第 1 号工作（工作1—3）之后进行，工期延长最短，只延长 1。因此，将工作 2—4 安排在工作 1—3 之后进行，调整后的网络计划图如图 3-36 所示。

重新计算调整后的网络计划每个时间单位的资源需要量，绘出资源需用量动态曲线，如图 3-36 的波浪所示。由图 3-36 可知，在第四时段【7,9】存在资源冲突，故应调整该时段。

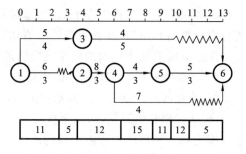

图3-36 第一次调整后的网络计划图

（4）在时段【7,9】中有工作 3—6、工作 4—5 和工作 4—6 三项工作平行作业，利用公式计算 ΔT 值，其结果见表 3-7。

由表 3-7 可知，$\Delta T_{1,3} = 0$ 最小，说明将第 3 号工作（工作 4—6）安排在第 1 号工作（工作3—6）之后进行，工期不延长。因此，将工作 4—6 安排在工作 3—6 之后进行，调整后的网络计划图如图 3-37 所示。

表 3-7 ΔT 值计算表

序号	工作代号	最早完成时间	最迟开始时间	$\Delta T_{1,2}$	$\Delta T_{1,3}$	$\Delta T_{2,1}$	$\Delta T_{2,3}$	$\Delta T_{3,1}$	$\Delta T_{3,2}$
1	3—6	9	8	2	0				
2	4—5	10	7			2	1		
3	4—6	11	9					3	4

（5）重新计算调整后的网络计划中每个时间单位的资源需要量，绘出资源需要用量动态曲线，如图 3-37 所示的波浪线。由于此时整个工期范围内的资源需要量均超过资源限量，故图3-37所示方案即为最优方案，其最短工期为 13。

2）工期固定、资源均衡的优化

工期固定、资源均衡的优化是指在工期不变的情况下，使资源分布尽量均衡的过程，这样

不仅有利于工程建设的组织与管理,而且可以降低工程费用。

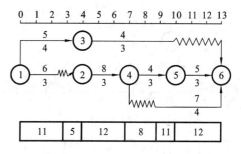

图 3-37　优化后的网络计划图

工期固定、资源均衡的优化可以用"削高峰法"(利用时差降低资源高峰值)获得资源消耗量尽可能均衡优化方案,具体可按下列步骤进行。

(1) 计算网络计划每时间单位的资源消耗量。

(2) 确定削峰目标,其值等于每时间单位资源需要量的最大值减一个单位量。

(3) 找出高峰时段的最后时间点 T_h 及有关工作的最早开始时间 ES_{i-j} 和总时差 TF_{i-j}。

(4) 计算有关工作的时间差值 ΔT_{i-j}($\Delta T_{i-j} = TF_{i-j} - T_h + ES_{i-j}$),以时间差值最大的工作为优先调整对象,令 $ES_{i-j} = T_h$。

(5) 当峰值不能再减小时,即得到优化方案;否则,重复上述步骤。

【例 3-9】　已知某工程双代号网络计划图如图 3-38 所示,图中箭线上方数字为工作的资源强度,箭线下方数字为工作的持续时间。试对其进行"工期固定、资源均衡"的优化。

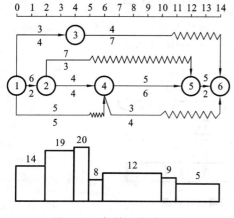

图 3-38　初始网络计划图

解　(1) 计算网络计划每个时间单位的资源需用量,绘出资源需用量动态曲线,如图 3-38 所示的波浪线。

(2) 第一次调整。

① 以终点节点⑥为完成节点的工作有三项,即工作 3—6、工作 5—6 和工作 4—6。其中工作 5—6 为关键工作,由于工期固定而不能调整,只能考虑工作 3—6 和工作 4—6。

由于工作 4—6 的开始时间晚于工作 3—6 的开始时间,应先调整工作 4—6。在图 3-38 所示的网络计划图中,按照判别式

$$R_{j+1} + r_k \leqslant R_i$$

式中:R_{j+1}——第 $j+1$ 个时间单位的资源需用量;

　　　r_k——工作 k 的资源强度;

　　　R_i——第 i 个时间单位的资源需用量。

可进行如下调整。

(a) 由于 $R_{11} + r_{4-6} = 9 + 3 = 12$,$R_7 = 12$,两者相等,故工作 4—6 可右移一个时间单位,改为第 8 个时间单位开始。

(b) 由于 $R_{12} + r_{4-6} = 5 + 3 = 8$,小于 $R_8 (=12)$,故工作 4—6 可再右移一个时间单位,改为第 9 个时间单位开始。

(c) 由于 $R_{13} + r_{4-6} = 5 + 3 = 12$,小于 $R_9 (=12)$,故工作 4—6 可再右移一个时间单位,改为第 10 个时间单位开始。

(d) 由于 $R_{14} + r_{4-6} = 5 + 3 = 12$,小于 $R_{10} (=12)$,故工作 4—6 可再右移一个时间单位,改为第 11 个时间单位开始。

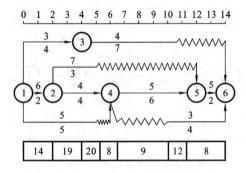

图 3-39　工作 4—6 调整后的网络计划图

至此,工作 4—6 的总时差已全部用完,不能再右移。工作 4-6 调整后的网络计划图如图3-39所示。

工作 4—6 调整后,就应对工作 3—6 进行调整。在图 3-39 所示的网络计划图中,按照判别式

$$R_{j+1}+r_k \leqslant R_i$$

可进行如下调整。

(a) 由于 $R_{12}+r_{3-6}=8+4=12$,小于 $R_5 (=20)$,故工作 3—6 可再右移一个时间单位。改为第 6 个时间单位开始。

(b) 由于 $R_{13}+r_{3-6}=8+4=12$,大于 $R_6 (=8)$,故工作 3—6 不能再右移一个时间单位。

(c) 由于 $R_{14}+r_{3-6}=8+4=12$,大于 $R_7 (=9)$,故工作 3—6 也不能右移两个时间单位。

由于工作 3—6 的总时差只有 3,故该工作此时只能右移一个时间单位,改为第 6 个时间单位开始。工作 3—6 调整后的网络计划图如图 3-40 所示。

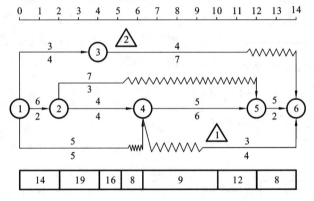

图 3-40　工作 3—6 调整后的网络计划图

② 以节点⑤为完成节点的工作有两项,即工作 2—5 和工作 4—5。其中工作 4—5 为关键工作,不能移动,故只能调整工作 2—5。在图 3-40 所示的网络计划图中,按照判别式

$$R_{j+1}+r_k \leqslant R_i$$

可进行如下调整。

(a) 由于 $R_6+r_{2-5}=8+7=15$,小于 $R_3 (=19)$,故工作 2—5 可右移一个时间单位,改为第 4 个时间单位开始。

(b) 由于 $R_7+r_{2-5}=9+7=16$,小于 $R_4 (=19)$,故工作 2—5 可再右移一个时间单位,改为第 5 个时间单位开始。

(c) 由于 $R_8+r_{2-5}=9+7=16$,小于 $R_5 (=19)$,故工作 2—5 可再右移一个时间单位,改为第 6 个时间单位开始。

(d) 由于 $R_9+r_{2-5}=9+7=16$,大于 $R_6 (=8)$,故工作 2—5 不能再右移一个时间单位。

此时,工作 2—5 虽然还有总时差,但不能满足判别式,故工作 2—5 不能再右移。至此,工作 2—5 只能右移 3 个时间单位,改为第 6 个时间单位开始。工作 2—5 调整后的网络计划图如图 3-41 所示。

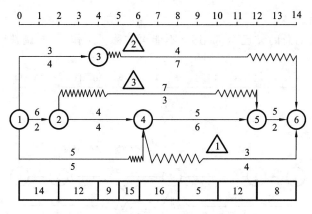

图 3-41　工作 2—5 调整后网络计划图

③ 以节点④为完成节点的工作有两项,即工作 1—4 和工作 2—4。其中工作 2—4 为关键工作,不能移动,故只能考虑调整工作 1—4。

在图 3-41 所示的网络计划图中,由于 $R_6 + r_{1-4} = 15 + 5 = 20$,大于 $R_1(=14)$,不满足判别式,故工作 1—4 不可右移。

④ 以节点③为完成节点的工作只有工作 1—3,在图 3-41 中,由于 $R_5 + r_{1-3} = 9 + 3 = 12$,小于 $R_1(=14)$,故工作 1—3 可右移一个时间单位。工作 1—3 调整后的网络计划图如图 3-42 所示。

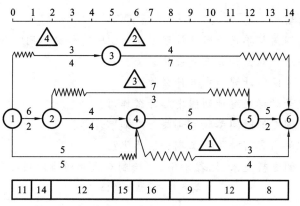

图 3-42　工作 1—3 调整后网络计划图

⑤ 以节点②为完成节点的工作只有工作 1—2,由于该工作为关键工作,故不能移动。至此,第一次调整结束。

（3）第二次调整。

由图 3-42 可知,在以终点节点⑥为完成节点的工作中,只有工作 3-6 有机动时间,有可能右移。按照判别式

$$R_{j+1} + r_k \leqslant R_i$$

可进行如下调整。

① 由于 $R_{13} + r_{3-6} = 8 + 4 = 12$,小于 $R_6(=15)$,故工作 3—6 可右移一个时间单位,改为第 7 个时间单位开始。

② 由于 $R_{14} + r_{3-6} = 8 + 4 = 12$,小于 $R_7(=16)$,故工作 3—6 可再右移一个时间单位,改为

第 8 个时间单位开始。

　　至此,工作 3—6 的总时差已全部用完,不能再右移。工作 3—6 调整后的网络计划图如图 3-43 所示。

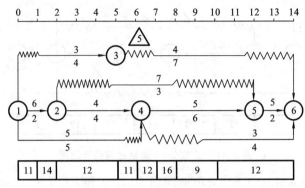

图 3-43　优化后的网络计划图

　　由图 3-43 可知,此时所有工作右移均不能使资源需用量更加均衡。因此,图 3-43 所示网络计划图即为最优方案。

思　考　题

1. 什么是网络计划?
2. 双代号网络计划图与单代号网络计划图在绘制时有什么不同? 各有何特点?
3. 简述双代号网络计划图构成三要素的含义。
4. 虚箭线在双代号网络计划图中起什么作用?
5. 波浪线在双代号时标网络计划图中起什么作用?
6. 双代号网络计划图的时间参数有哪些? 应如何计算?
7. 网络计划优化的内容有哪些? 工期如何优化?
8. 已知工作之间的逻辑关系(见表 3-8),试绘制双代号网络计划图和单代号网络计划图。

表 3-8　习题 8 表格

工作名称	A	B	C	D	E	F	G
紧前工作	—	—	A	A	A、B	C、D	E

　　9. 已知工作之间的逻辑关系(见表 3-9),试绘制双代号网络计划图,并计算各工作的时间参数,同时用粗实线标出关键线路。

表 3-9　习题 9 表格

工作名称	A	B	C	D	E	F	G	H
紧前工作	—	—	A	A	A	B、C	D	D、E、F
持续时间	1	2	2	3	2	1	2	2

　　10. 已知工作之间的逻辑关系(见表 3-10),试绘制单代号网络计划图,并计算各工作的时间参数,同时用粗实线标出关键线路。

表 3-10   习题 10 表格

工作编号	持续时间	紧前工作	紧后工作
A	3	—	B、C
B	3	A	C、D、E
C	2	A、B	E
D	4	B	E
E	2	B、C、D	—

11. 将下列无时标的双代号网络计划图(见图 3-44)改成双代号时标网络计划图,并计算相应的时间参数,同时用粗实线标出关键线路。

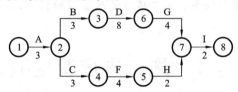

图 3-44   双代号网络计划图(习题 11)

12. 已知网络计划图(见图 3-45),图中箭线上方为正常持续时间,括号内为最短持续时间,假定要求工期为 100 天,对其进行工期优化。

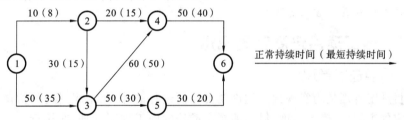

图 3-45   双代号网络计划图(习题 12)

13. 已知某工程双代号网络计划图(见图 3-46),图中箭线下方括号外数字为工作的正常时间,括号内数字为最短持续时间;箭线上方括号外数字为工作按正常持续时间完成时所需的直接费,括号内数字为工作按最短持续时间完成时所需的直接费,该工程的间接费率为 0.35 万元/天,正常工期时的间接费为 14.1 万元,试对其进行费用优化。

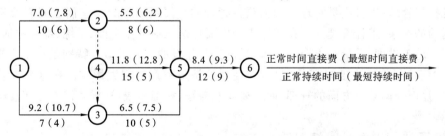

图 3-46   双代号网络计划图

项目 4　施工项目进度管理

项目重点

了解施工项目进度管理的任务;掌握施工项目进度的表示方法;掌握施工项目实际进度与计划进度的比较方法及调整措施。

教学目标

理解施工项目进度管理的任务和施工项目进度管理的措施;掌握施工项目进度的比较方法和调整措施。

任务 1　施工进度管理概述

知识目标

了解施工项目进度管理的任务和施工项目进度管理的原理。

能力目标

能运用施工项目进度管理原理分析工程项目进度。

模块 1　施工项目进度管理概念

1. 施工项目进度管理

施工项目进度管理是为实现预定的进度目标而进行的计划、组织、指挥、协调和控制等活动。即在限定的工期内,确定进度目标,编制出最佳的施工进度计划,在执行施工进度计划的过程中,经常检查实际施工进度,并不断地用实际施工进度与计划施工进度相比较,确定实际施工进度是否与计划施工进度相符,若出现偏差,便分析产生的原因和对工期的影响程度,找出必要的调整措施,修改原计划,如此不断地循环,直至工程竣工验收为止。

施工项目进度管理的目的是保证项目能在满足其时间约束条件前提下实现其总体目标。施工项目进度管理是保证项目如期完成和合理安排资源供应、节约工程成本的重要措施之一,它与项目投资管理、项目质量管理等同为项目管理的重要组成部分。它们之间有着相互依赖和相互制约的关系,工程管理人员在实际工作中要对这三项工作全面、系统、综合地加以考虑,正确处理好施工进度、质量和投资的关系,提高工程建设的综合效益。特别是对一些投资较大的工程,如何确保施工进度目标的实现,往往对经济效益产生很大影响。在这三大管理目标中,不能只片面强调某一方面的管理,而是要相互兼顾、相辅相成,这样才能真正实现项目管理的总目标。

2. 施工项目进度计划控制原理

施工项目进度计划控制时,计划不变是相对的,变是绝对的;平衡是相对的,不平衡是绝对的。而且,制订施工项目进度计划时所依据的条件在不断变化,施工项目的进度受许多因素的影响,必须事先对影响施工进度的各种因素进行调查,预测它们对施工进度可能产生的影响,编制可行的施工进度计划指导工程建设按施工进度计划进行。同时,在施工项目进度控制时,必须经常地、定期地针对变化的情况采取对策,对原有的施工进度计划进行调整。

在施工进度计划执行过程中,必然会出现一些新的或意想不到的情况,它既有人为因素的影响,也有自然因素的影响和突发事件的发生,往往难以按照原定的施工进度计划进行。因此,在确定施工进度计划制订的条件时,要具有一定的预见性和前瞻性,使制订的施工进度计划尽量接近变化后的实施条件;在施工项目实施过程中,应用动态控制原理,不断进行检查,将实际情况与计划安排进行对比,找出偏离施工进度计划的原因,特别是找出主要原因,然后采取相应的措施。措施的确定有两个前提:一是采取措施,维持原施工进度计划,使之正常实施;二是采取措施后不能维持原施工进度计划,要对施工进度计划进行调整或修正,再按新的施工进度计划实施。不能完全拘泥于原施工进度计划的完全实施,也就是要有动态管理思想,按照进度控制的原理进行管理,不断地计划、执行、检查、分析、调整施工进度计划,达到施工进度计划管理的最终目标。

施工进度控制原理包括下面几个方面。

(1) 动态控制原理。

进度控制是一个不断进行的动态控制,也是一个循环进行的过程,从项目开始,计划就进入执行的动态。实际施工进度与计划施工进度不一致时,应采取相应措施调整偏差,使两者在新的起点重合,继续按其施工,然后在新的因素影响下又会产生新的偏差,施工进度计划控制就是采用这种动态循环的控制方法控制的。其基本过程如图 4-1 所示。

图 4-1　施工项目进度管理过程

(2) 系统原理。

施工进度控制包括计划系统、进度实施组织系统和检查控制系统。为了对施工项目进行进度计划控制,必须编制施工项目的各种进度计划,其中有施工总进度计划、单位工程进度计划、分部分项工程进度计划、季度和月(周)作业计划,这些计划组成了施工项目进度计划系统。施工组织各级负责人,从项目经理、施工队长、班组长及所属成员都按照施工进度计划进行管理、落实各自的任务,组成了项目实施的完整的组织系统。为了保证施工进度的实施,施工项目设有专门部门或人员负责检查汇报、统计整理施工进度实施资料,并与计划施工进度比较分析和进行调整,形成纵横相联的检查控制系统。

(3) 信息反馈原理。

信息反馈是施工进度控制的依据,施工的实际进度通过信息反馈给基层施工进度控制人员,在分工范围内,加工整理逐级向上反馈,直到主控制室,主控制室对反馈信息分析作出决策,调整施工进度计划,达到预定目标。施工项目控制的过程就是信息反馈的过程。

(4) 弹性原理。

施工项目进度计划工期长、影响因素多,编制计划时要留有余地,使计划具有弹性,在施工进度控制时,便可以利用这些弹性缩短剩余计划工期,达到预期目标。

（5）封闭循环原理。

施工项目进度计划控制的全过程是计划、实施、检查、分析、确定调整措施、再计划，形成一个封闭的循环系统。

（6）网络计划技术原理。

在施工项目进度的控制中利用网络计划技术原理编制进度计划，根据收集的信息比较分析施工进度计划，再利用网络工期优化、工期与成本、资源优化调整计划。网络计划技术原理是施工项目进度控制的完整计划管理和分析计算理论基础。

模块 2 影响施工项目进度的因素、责任及处理

1. 影响施工项目进度的因素

由于水利水电工程项目的施工特点，尤其是大型和复杂的施工项目，工期较长，影响进度的因素较多，任何一个方面出现问题，都可能对施工项目的施工进度产生影响。为此，应分析了解这些影响因素，并尽可能加以控制，通过有效的进度管理来弥补和减少这些因素产生的影响。施工项目进度的主要影响因素有以下几方面。

（1）有关单位的影响。

施工项目的主要施工单位对施工进度起决定性作用，但建设单位与业主、设计单位、材料供应部门、运输部门、水电供应部门及政府主管部门都可能给施工造成困难而影响施工进度，如业主使用要求改变或设计不当而进行设计变更，材料、构配件、机具、设备供应环节的差错等。

（2）施工组织管理不利。

劳动力和施工机械调配不当、施工平面布置不合理等将影响施工进度计划的执行。

（3）技术失误。

施工单位采用技术措施不当，施工中发生技术事故；应用新技术、新材料，但不能保证质量等都能够影响施工进度。

（4）施工条件的变化。

勘察资料不准确，特别是地质资料错误或遗漏而引起的未能预料的技术障碍都会影响施工进度。在施工中工程地质条件和水文地质条件与勘查设计不符，发现断层、溶洞、地下障碍物以及恶劣的气候、暴雨和洪水等都对施工进度会产生影响，可能造成临时停工或破坏。

（5）意外事件的出现。

施工中出现意外事件如战争、严重自然灾害、火灾、重大工程事故等都会影响施工进度。

影响工程项目进度的因素很多，除以上因素外，如业主资金方面存在问题，未及时向施工单位或供应商拨款，业主越过监理职权无端干涉，造成指挥混乱等也会影响工程项目进度。

2. 影响工程项目进度的责任和处理

工程进度的推迟一般分为工程延误和工程延期两类，其责任及处理方法不同。

1）工程延误

由于承包商自身的原因造成的工期延长，称为工程延误。工程延误所造成的一切损失应由承包商自己承担，包括承包商在监理工程师的同意下采取加快工程进度的措施所增加的费用。同时，由于工程延误所造成的工期延长，承包商还要向业主支付误期损失补偿费。工程延误所延长的时间不属于合同工期的一部分。

2）工程延期

由于承包商以外的原因造成施工期的延长,称为工程延期。经过监理工程师批准的延期,所延长的时间属于合同工期的一部分,即工程竣工的时间等于标书中规定的时间加上监理工程师批准的工程延期时间。可能导致工程延期的原因有工程量增加、未按时向承包商提供图样、恶劣的气候条件、业主的干扰和阻碍等。判断工程延期总的原则就是除承包商自身以外的任何原因造成的工程延长或中断,工程中出现的工程延长是否为工程延期对承包商和业主都很重要。因此,应按照有关的合同条件正确地区分工程延误与工程延期,合理地确定工程延期的时间。

任务 2　施工进度的编制与实施

知识目标

掌握施工进度计划的表示方法;了解施工进度计划的实施程序。

能力目标

能运用横道图和双代号网络计划图编制施工进度计划。

模块 1　施工进度计划的编制

1. 施工项目进度计划的分类

施工项目进度计划是在确定工程施工目标工期的基础上,根据相应的工程量,对各项施工过程的施工顺序、起止时间和相互衔接关系,以及所需的劳动力和各种技术物资的供应所做的具体策划和统筹安排。

根据不同的划分标准,施工项目进度计划可以分为不同的种类。它们组成一个相互关联、相互制约的计划系统。施工进度计划按不同的计划深度划分,可以分为总进度计划、项目子系统进度计划和项目子系统中的单项工程进度计划;按不同的计划功能划分,可以分为控制性进度计划、指导性进度计划和实施性(操作性)进度计划;按不同的计划周期划分,可以分为 5 年建设进度计划和年度、季度、月度、旬计划。

2. 施工项目进度计划的表示方法

施工项目进度计划的表达方式有多种,在实际工程施工中,主要使用横道图和网络图。

1）横道图

横道图是结合时间坐标线,用一系列水平线段来分别表示各施工过程的施工起止时间和先后顺序的图表。这种表达方式简单明了、直观易懂,但是也存在一些问题,如工序(工作)之间的逻辑关系不易表达清楚;仅适用于手工编制计划;没有通过严谨的时间参数计算,不能确定关键线路与时差;计划调整只能用手工方式进行,工作量较大;难以适应大的进度计划系统。

2）网络图

网络图是指由箭线和节点组成,用来表示工作流程的有向、有序的网状图形。这种表达方式具有以下优点:能正确地反映工序(工作)之间的逻辑关系;可以进行各种时间参数计算,确定关键工作、关键线路与时差;可以用计算机对复杂的计划进行计算、调整与优化。网络图的种类很多,较常用的是双代号网络图。双代号网络图是以箭线及其两端节点的编号表示工作关系的网络图。

3）工程进度曲线

工程进度曲线图一般用横轴代表工期,纵轴代表工程完成数量或施工量的累计,将计划进度曲线与实际施工进度曲线相比较,可掌握工程进度情况并利用它来控制施工进度。

4）施工进度管理控制曲线

施工计划进度曲线是以施工机械、劳动力等的平均施工速度为基础而确定的,由于实际工程条件及管理条件的变化,实际进度曲线一般与计划进度曲线有一定偏差,这种偏差有一定的界限,只有实际施工进度经常保持在一定安全区域内,工程才能顺利完成,这个安全区域就是施工进度管理控制曲线。

5）形象进度图

形象进度图是把工程计划以建筑物形象进度来表达的一种控制方法。这种方法直接将工程项目进度目标,标注在工程形象图的相应部位,非常直观,特别适用于施工阶段的进度控制。

6）进度里程碑计划

进度里程碑计划是以项目中某些重要事件的完成或开始事件为基准所形成的计划,是一个战略计划或项目框架。它显示了工程项目实现完工目标所必须经过的重要条件和中间状态序列,一般适用于项目的概念性计划阶段。

3.施工项目进度计划的编制步骤

编制施工项目进度计划是在满足合同工期要求的情况下,对选定的施工方案、资源的供应情况、协作单位配合施工情况所作出的综合研究和周密部署,其编制步骤一般为:划分施工过程→计算工程量→套用施工定额→劳动量和机械台班量的确定→计算施工过程的持续时间→初排施工进度→编制正式的施工进度计划。

模块2　施工进度计划的实施

施工进度计划的实施就是施工活动的开展,就是用施工进度计划指导施工活动、落实和完成计划的过程。施工进度计划逐步实施的过程就是施工项目建造逐步完成的过程。为了保证施工进度计划的实施、保证各进度目标的实现,应做好以下工作。

1.施工进度计划的审核

项目经理应进行施工项目进度计划的审核,其主要内容包括以下几方面。

（1）进度安排是否符合施工合同确定的建设项目总目标和分目标的要求,是否符合其开、竣工日期的规定。

（2）施工进度计划中的内容是否有遗漏,分期施工是否满足分批交工的需要和配套交工的要求。

（3）施工顺序安排是否符合施工程序的要求。

（4）资源供应计划是否能保证施工进度计划的实现,供应是否均衡,分包人供应的资源是否能满足进度的要求。

（5）施工图设计的进度是否满足施工进度计划要求。

（6）总分包之间的进度计划是否相协调,专业分工与计划的衔接是否明确、合理。

（7）对实施进度计划的风险是否分析清楚,是否有相应的对策。

（8）各项保证进度计划实现的措施设计是否周到、可行、有效。

2. 施工项目进度计划的贯彻

1）检查各层次的计划，形成严密的计划保证系统

施工项目的所有的施工总进度计划、单项工程施工进度计划、分部分项工程施工进度计划，都是围绕一个总任务编制的，它们之间的关系是，高层次计划为低层次计划提供依据，低层次计划是高层次计划的具体化。在其贯彻执行时，应当首先检查是否协调一致，计划目标是否层层分解、互相衔接，组成一个计划实施的保证体系，以施工任务书的方式下达施工队，保证施工进度计划的实施。

2）层层明确责任并充分利用施工任务书

施工项目经理、作业队和作业班组之间分别签订责任状，按计划目标规定工期、质量标准、承担的责任、权限和利益。用施工任务书将作业任务下达到作业班组，明确具体施工任务、技术措施、质量要求等内容，施工班组必须保证按作业计划时间完成规定的任务。

3）进行计划的交底，促进计划全面、彻底的实施

施工进度计划的实施是全体工作人员的共同行动，要使有关部门人员都明确各项计划的目标、任务、实施方案和措施，使管理层和作业层协调一致，将计划变成全体员工的自觉行动，在计划实施前可以根据计划的范围进行计划交底工作，使计划得到全面、彻底的实施。

3. 施工项目进度计划的实施

1）编制月（旬）作业计划

为了实施施工计划，将规定的任务结合现场施工条件，如施工场地的情况、劳动力、机械等资源条件和实际的施工进度，在施工开始前和过程中不断地编制本月（旬）作业计划，这是使施工计划更具体、更实际和更可行的重要环节。在月（旬）计划中要明确：本月（旬）应完成的任务；所需要的各种资源量；提高劳动生产率和节约措施等。

2）签发施工任务书

编制好月（旬）作业计划以后，将每项具体任务通过签发施工任务书的方式下达班组进一步落实、实施。施工任务书是向班组下达任务，实行责任承包、全面管理和原始记录的综合性文件。施工班组必须保证指令任务的完成。它是计划和实施的纽带。

施工任务书应由工长编制并下达。在实施过程中要做好记录，任务完成后回收，作为原始记录和业务核算资料。

施工任务书应按班组编制和下达。它包括施工任务单、限额领料单和考勤表。施工任务单包括：分项工程施工任务、工程量、劳动量、开工日期、完工日期、工艺、质量、安全要求。限额领料单是根据施工任务书编制的控制班组领用材料的依据，应具体列明材料名称、规格、型号、单位、数量和领用记录、退料记录等。考勤表可附在施工任务书背面，按班组人名排列，供考勤时填写。

3）做好施工进度记录，填好施工进度统计表

在计划任务完成的过程中，各级施工进度计划的执行者都要跟踪做好施工记录，即记录计划中的每项工作开始日期、每日完成数量和完成日期；记录施工现场发生的各种情况、干扰因素的排除情况；跟踪做好工程形象进度、工程量、总产值、耗用的人工、材料和机械台班等的数据统计与分析，为施工项目进度检查和控制分析提供反馈信息。因此，要求实事求是记录，并填好上报统计报表。

4）做好施工中的调度工作

施工中的调度是组织施工中各阶段、环节、专业和工种的配合，进度协调的指挥核心。调度工作内容主要有：督促作业计划的实施，调整协调各方面的进度关系；监督检查施工准备工作；督促资源供应单位按计划供应劳动力、施工机具、运输车辆、材料构配件等，并对临时出现的问题采取调配措施；按施工平面图管理现场，结合实际情况进行必要的调整，保证文明施工；了解气候、水、电、气的情况，采取相应的防范和保证措施；及时发现和处理施工中各种事故和意外事件；调节各薄弱环节；定期及时召开现场调度会议，贯彻施工项目主管人员的决策，发布调度令。

任务 3　进度管理的控制措施

知识目标

理解施工项目进度管理的控制内容；掌握进度管理的主要控制措施。

能力目标

能运用施工项目进度管理控制措施对工程项目进度进行控制。

模块 1　工程项目进度控制内容

进度控制是指管理人员为了保证实际工作进度与计划一致，有效地实现目标而采取的一切行动。建设项目管理系统及其外部环境是复杂多变的，管理系统在运行中会出现大量的管理主体不可控制的随机因素，即系统的实际运行轨迹是由预期量和干扰量共同作用而决定的。项目实施过程得到的中间结果可能与预期进度目标不符甚至相差甚远，因此必须及时调整人力、时间及其他资源，改变施工方法，以期达到预期的进度目标，必要时应修正进度计划。这个过程称为施工进度动态控制。

根据进度控制方式，进度控制过程可以分为预先进度控制、同步进度控制和反馈进度控制。

1. 预先进度控制及其主要内容

预先进度控制是指项目正式施工前所进行的进度控制，其行为主体是监理单位和施工单位的进度控制人员，其具体内容如下。

1）编制施工阶段进度控制工作细则

施工阶段进度控制工作细则是进度管理人员在施工阶段对项目实施进度控制的一个指导性文件。其总的内容应包括：

（1）施工阶段进度目标系统分解图；

（2）施工阶段进度控制的主要任务和管理组织部门机构划分与人员职责分工；

（3）施工阶段与进度控制有关的各项相关工作的时间安排，项目总的工作流程；

（4）施工阶段进度控制所采用的具体措施（包括进度检查日期、信息采样方式、进度报表形式、信息分配计划、统计分析方法等）；

（5）进度目标实现的风险分析；

（6）尚待解决的有关问题。

施工阶段进度控制工作细则，使项目在开工之前的一切准备工作（包括人员挑选与配置、材料物资准备、技术资金准备等）皆处于预先控制状态。

2）编制或审核施工总进度计划

施工阶段进度管理人员的主要任务就是保证施工总进度计划的开、竣工日期与项目合同工期的时间要求一致。当采用多标发包形式施工时，施工总进度计划的编制要保证标与标之间的施工进度保持衔接关系。

3）审核单位工程施工进度计划

承包商根据施工总进度计划编制单位工程施工进度计划，监理工程师对承包商提交的施工进度计划进行审核认定后方可执行。

4）进行进度计划系统的综合

施工进度计划进行审核以后，往往要把若干个有相互关系的、处于同一层次或不同层次的施工进度综合成一个多阶段施工总进度计划，以利于进行总体控制。

2. 同步进度控制及其主要内容

同步进度控制是指项目施工过程中进行的进度控制，这是施工进度计划能否付诸实现的关键过程。进度控制人员一旦发现实际进度与目标偏离，就必须及时采取措施以纠正这种偏差。项目施工过程中进度控制的执行主体是工程施工单位，进度控制主体是监理单位。施工单位按照进度要求及时组织人员、设备、材料进场，并及时上报分析进度资料，确保进度的正常进行，监理单位同步进行进度控制。

对收集的进度数据进行整理和统计，并将计划进度与实际进度进行比较，从中发现是否出现进度偏差。分析进度偏差将会带来的影响并进行工程进度预测，从而提出可行的修改措施。组织定期和不定期的现场会议，及时分析、通报工程施工进度状况，并协调各承包商之间的生产活动。

3. 反馈进度控制及其主要内容

反馈进度控制是指完成整个施工任务后进行的进度控制工作，具体内容如下：

（1）及时组织验收工作；

（2）处理施工索赔；

（3）整理工程进度资料；

（4）根据实际施工进度，及时修改和调整验收阶段进度计划及监理工作计划，以保证下一阶段工作的顺利开展。

模块 2　进度控制的措施

进度控制的措施主要有组织措施、管理措施、经济措施和技术措施。

1. 组织措施

组织是目标能否实现的决定性因素，为实现项目的进度目标，应充分重视健全项目管理的组织体系。工程项目进度控制的组织措施主要有以下几方面。

（1）进行项目分解，如按项目结构分解、按项目进展阶段分解、按合同结构分解，并建立编码体系。

（2）落实进度控制部门人员、具体控制任务和管理职责分工。在项目组织结构中应有专门的工作部门和符合进度控制岗位资格的专人负责进度控制工作。

（3）确定进度协调工作制度，包括协调会议举行的时间、协调会议的参加人员等。

（4）对影响进度目标实现的干扰和风险因素进行分析。风险分析要有依据，主要是根据多年统计资料的积累，对各种因素影响进度的概率及进度拖延的损失值进行计算和预测，并应考虑有关项目审批部门对进度的影响等。

2. 管理措施

管理措施涉及管理的思想、管理的方法、承发包模式、合同管理和风险管理等。

（1）树立正确的管理观念，包括进度计划系统观念、动态管理的观念、进度计划多方案比较和选优的观念。

（2）运用科学的管理方法，将工程网络计划的方法应用于进度管理来实现进度管理的科学化。用工程网络计划的方法编制进度计划必须很严谨地分析和考虑工作之间的逻辑关系，通过工程网络的计算发现关键工作和关键线路，也可明确非关键工作可使用的时差。

（3）选择合适的承发包模式，重视合同管理在进度管理中的应用。承发包模式的选择直接关系到工程实施的组织和协调。为了实现进度目标，应选择合理的合同结构，以避免过多的合同交界面而影响工程的进展。工程物资的采购模式对进度也有直接的影响，对此应分析比较。

（4）注意进行工程进度的风险分析，在分析的基础上采取风险管理措施，以减少进度失控的风险。

（5）重视信息技术在进度控制中的应用。

3. 经济措施

经济措施涉及资金需求计划、资金供应的条件和经济激励措施等。为确保进度目标的实现，应编制与进度计划相适应的资源需求计划，以反映工程实施的各时段所需要的资源。通过资源需求分析，发现所编制的进度计划实现的可能性，若资源条件不具备，则应调整进度计划。

资金供应条件包括可能的资金总供应量、资金来源以及资金供应的时间。在工程预算中应考虑加快工程进度所需要的资金，其中包括为实现进度目标将要采取的经济激励措施所需要的费用。

4. 技术措施

技术措施主要是指对实现施工进度目标有利的设计技术和施工技术的选用。不同的设计理念、设计技术路线、设计方案会对工程进度产生不同的影响，在设计工作的前期，特别是在设计方案评审和选用时，应对设计技术、设计方案与工程进度的匹配作分析比较。在工程进度受阻时，应分析是否存在设计技术或设计方案的影响因素，确定为实现进度目标有无设计变更、改变施工技术、施工方法和施工机械的可能性。

任务 4　实际进度与计划进度的比较

知识目标

了解工程进度计划的检查程序；掌握实际进度与计划进度的比较方法。

能力目标

能运用横道图比较法、S 曲线比较法、香蕉曲线比较法、前锋线比较法和列表比较法进行工程计划进度与实际进度的比较。

模块 1 施工进度计划的检查

在施工项目的实施过程中,为了进行进度控制,进度控制人员应经常地、定期地跟踪检查施工实际进度情况,主要是收集施工进度材料,进行统计整理和对比分析,确定实际进度与计划进度之间的关系,主要包括以下内容。

1. 跟踪检查施工实际进度

跟踪检查施工实际进度是分析施工进度、调整施工进度的前提。其目的是收集实际施工进度的有关数据。跟踪检查的时间、方式、内容和收集数据的质量,将直接影响控制工作的质量和效果。

进度计划检查应按统计周期的规定进行定期检查,并应根据需要进行不定期检查。进度计划的定期检查包括规定的年、季、月、旬、周、日检查,不定期检查是指根据需要由检查人(或组织)确定的专题(项)检查。日检查或定期检查内容应包括:检查期内实际完成和累计完成工程量;实际参加施工的人力、机械数量和生产效率;窝工人数、窝工机械台班数及其原因分析;进度偏差情况;进度管理情况;影响进度的特殊原因及分析;整理统计检查数据。检查和收集资料的方式一般有经常、定期地收集进度报表方式,定期召开进度工作汇报会,或派驻现场代表检查进度的实际执行情况等方式。

2. 整理统计检查数据

收集到的施工项目实际进度数据,要进行必要的整理,按施工进度计划管理的工作项目内容进行整理统计,形成与计划进度具有可比性的数据。一般可以按实物工程量、工作量和劳动消耗量以及累计百分比整理和统计实际检查的数据,以便与相应的计划完成量对比。

3. 将实际进度与计划进度进行对比分析

将收集的资料整理和统计成具有与计划进度可比性的数据后,用施工项目实际进度与计划进度的比较方法进行比较。通常采用的比较方法有横道图比较法、S形曲线比较法、香蕉形曲线比较法、前锋线比较法等。通过比较可得出实际进度与计划进度的比较资料,其中分为相一致、超前和拖后三种情况。

4. 施工项目进度检查结果的处理

对施工进度检查的结果要形成进度报告,把检查比较的结果及有关施工进度现状和发展趋势提供给项目经理及各级业务职能负责人。进度控制报告一般由计划负责人或进度管理人员与其他项目管理人员协作编写。报告时间一般与进度检查时间相协调,也可按月、旬、周等间隔时间进行编写上报。进度报告的内容包括:进度执行情况的综合描述;实际进度与计划进度的对比资料;进度计划的实施问题及原因分析;进度执行情况对质量、安全和成本等的影响情况;采取的措施和对未来计划进度的预测。进度报告可以单独编制,也可以根据需要与质量、成本、安全和其他报告合并编制,提出综合进展报告。

模块 2 实际进度与计划进度的比较方法

实际进度与计划进度的比较是工程进度检查的主要环节。常用的进度比较方法有横道图比较法、S曲线比较法、香蕉曲线比较法、前锋线比较法和列表比较法。

1. 横道图比较法

横道图比较法是指将项目实施过程中检查实际进度收集到的数据,经加工整理后直接用横道线平行绘于原计划的横道线处,进行实际进度与计划进度比较的方法。采用横道图比较法可以形象、直观地反映实际进度与计划进度的比较情况。

例如,某工程项目基础工程的计划进度和截至第9周末的实际进度如图4-2所示,其中双线条表示该工程计划进度,粗实线表示实际进度。从图中实际进度与计划进度的比较可以看出,到第9周末进行实际进度检查时,挖土方和做垫层两项工作已经完成;支模板按计划也应该完成,但实际只完成75%,任务量拖欠25%;绑扎钢筋按计划应该完成60%,而实际只完成20%,任务量拖欠40%。

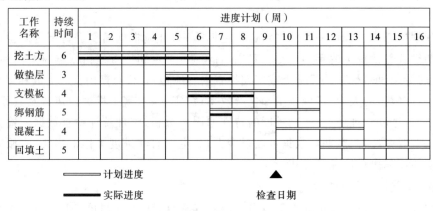

图 4-2 某基础工程实际进度与计划进度比较图

根据各项工作的进度偏差,进度控制者可以采取相应的纠偏措施对进度计划进行调整,以确保该工程按期完成。

图4-2所示的比较方法仅适用于工程项目中的各项工作都是均匀进展的情况,即每项工作在单位时间内完成的任务量都相等的情况。事实上,工程项目中各项工作的进展不一定是匀速的。根据工程项目中各项工作的进展是否匀速,可分别采用以下两种方法进行实际进度与计划进度的比较。

1) 匀速进展横道图比较法

匀速进展是指在工程项目中,每项工作在单位时间内完成的任务量都是相等的,即工作的进展速度是均匀的。此时,每项工作累计完成的任务量与时间呈线性关系,如图4-3所示。完成的任务量可以用实物工程量、劳动消耗量或费用支出表示。为了便于比较,常用上述物理量的百分比表示。

采用匀速进展横道图比较法时,其步骤如下:

(1)编制横道图进度计划;

(2)在进度计划上标出检查日期;

(3)将检查收集到的实际进度数据经过加工整理后按比例用粗黑线标于计划进度的下方,如图4-4所示。

(4)对比分析实际进度与计划进度。

① 如果涂黑的粗线右端落在检查日期左侧(右侧),表明实际进度拖后(超前)。

② 如果涂黑的粗线右端与检查日期重合,表明实际进度与计划进度一致。

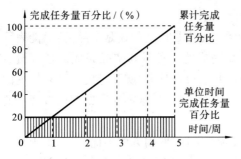

图 4-3　工作均速进展时任务量与时间关系曲线

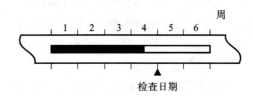

图 4-4　匀速进展横道图比较图

必须指出,该方法仅适用于工作从开始到结束的整个过程中,其进展速度均为固定不变的情况。如果工作的进展速度是变化的,则不能采用这种方法进行实际进度与计划进度的比较;否则,会得出错误的结论。

2）非匀速进展横道图比较法

当工作在不同单位时间里的进展速度不相等时,累计完成的任务量与时间的关系就不可能是线性关系。此时,应采用非匀速进展横道图比较法进行工作实际进度与计划进度的比较。

非匀速进展横道图比较法在用涂黑粗线表示工作实际进度的同时,还要标出其对应时刻完成任务量的累计百分比,并将该百分比与其同时刻计划完成任务量的累计百分比相比较,判断工作实际进度与计划进度之间的关系。

下面举例说明非匀速进展横道图比较法的步骤。

【例 4-1】　某工程项目中的基槽开挖工作按施工进度计划安排需要 7 周完成,每周计划完成的任务量百分比如图 4-5 所示。

（1）编制横道图进度计划,如图 4-6 所示。

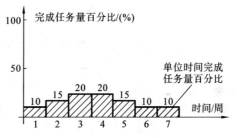

图 4-5　基槽开挖工作进展时间与完成任务量关系图

（2）在横道线上方标出基槽开挖工作每周计划累计完成任务量的百分比,分别为 10%、25%、45%、65%、80%、90% 和 100%。

（3）在横道线下方标出第 1 周至检查日期(第 4 周)每周实际累计完成任务量的百分比,分别为 8%、22%、42%、60%。

（4）用涂黑粗线标出实际投入的时间。由图 4-6 表明,该工作实际开始时间晚于计划开始时间,在开始后连续工作,没有中断。

（5）比较实际进度与计划进度。由图 4-6 可以看出,该工作在第一周实际进度比计划进

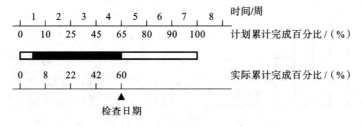

图 4-6　非匀速进展横道图

度拖后 2%,以后各周末累计拖后分别为 3%、3%和 5%。

由于工作进展速度是变化的,因此,图中的横道线,无论是计划的还是实际的,只能表示工作的开始时间、完成时间和持续时间,并不表示计划完成的任务量和实际完成的任务量。此外,非匀速进展横道图比较法,不仅可以用于某一时刻(如检查日期)实际进度与计划进度的比较,而且还能进行某一时间段实际进度与计划进度的比较。当然,这需要实施部门按规定的时间记录当时的任务完成情况。

横道图比较法虽有记录和比较简单、形象直观、易于掌握、使用方便等优点,但由于其以横道计划为基础,因而带有不可克服的局限性。在横道计划中,各项工作之间的逻辑关系表达不明确,关键工作和关键线路无法确定。一旦某些工作实际进度出现偏差,则难以预测其对后续工作和工程总工期的影响,也难以确定相应的进度计划调整方法。因此,横道图比较法主要用于工程项目中某些工作实际进度与计划进度的局部比较。

2. S 曲线比较法

S 曲线比较法是以横坐标表示时间,纵坐标表示累计完成任务量,绘制一条按计划时间累计完成任务量的 S 曲线;然后将工程项目实施过程中各检查时间实际累计完成任务量的 S 曲线也绘制在同一坐标系中,进行实际进度与计划进度比较的一种方法。

从整个工程项目进展全过程来看,单位时间投入的资源量一般是开始和结束时较少,中间阶段较多,与其相对应,单位时间完成的任务量也呈现相同的变化规律,如图 4-7(a)所示。而随工程进展累计完成的任务量则应呈 S 形变化,如图 4-7(b)所示。

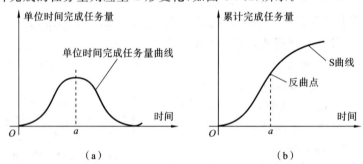

(a)　　　　　　　　　　　(b)

图 4-7　时间与完成任务时关系曲线

1)S 曲线的绘制方法

下面以一简例说明 S 曲线的绘制方法。

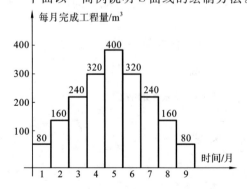

图 4-8　时间与完成任务量关系曲线

【**例 4-2**】　某混凝土工程的浇筑总量为 2000 m³,按照施工方案,计划 9 个月完成,每月计划完成的混凝土浇筑量如图 4-8 所示,试绘制该混凝土工程的计划 S 曲线。

解　根据已知条件:

(1)确定单位时间计划完成任务量,在本例中将每月计划完成混凝土浇筑量列于表 4-1 中;

(2)计算不同时间累计完成任务量,在本例中依次计算每月计划累计完成的混凝土浇筑量,结果列于表 4-1 中;

表 4-1　完成工程量汇总表

时间/月	1	2	3	4	5	6	7	8	9
每月完成量/m³	80	160	240	320	400	320	240	160	80
累计完成量/m³	80	240	480	800	1200	1520	1760	1920	2000

（3）根据累计完成任务量绘制 S 曲线,在本例中根据每月计划累计完成混凝土浇筑量而绘制的 S 曲线,如图 4-9 所示。

2）实际进度与计划进度的比较

与横道图比较法一样,S 曲线比较法也在图上进行工程项目实际进度与计划进度的直观比较。在工程项目实施过程中,按照规定时间将检查收集到的实际累计完成任务量绘制在原计划 S 曲线图上,即可得到实际进度 S 曲线,如图 4-10 所示。

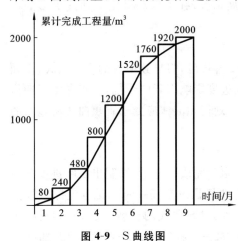

图 4-9　S 曲线图　　　　　　　　　图 4-10　S 曲线比较图

通过实际进度 S 曲线与计划进度 S 曲线的比较,可以获得如下信息。

（1）工程项目实际进展状况。

如果工程实际进展点落在计划进度 S 曲线左侧,表明此时实际进度比计划进度超前,如图 4-10 中的 a 点;如果工程实际进展点落在计划进度 S 曲线右侧,表明此时实际进度拖后,如图 4-10 中的 b 点;如果工程实际进展点正好落在计划进度 S 曲线上,则表示此时实际进度与计划进度一致。

（2）工程项目实际进度超前或拖后的时间。

在 S 曲线比较图中可以直接读出实际进度比计划进度超前或拖后的时间。如图 4-10 所示,ΔT_a 表示 T_a 时刻实际进度超前的时间;ΔT_b 表示 T_b 时刻实际进度拖后的时间。

（3）工程项目实际超额或拖欠的任务量。

在 S 曲线比较图中也可直接读出实际进度比计划进度超额或拖欠的任务量。如图 4-10 所示,ΔQ_a 表示 T_a 时刻超额完成的任务量,ΔQ_b 表示 T_b 时刻拖欠的任务量。

（4）后期工程进度预测。

如果后期工程按原计划速度进行,则可做出后期工程计划进度 S 曲线,如图 4-10 中虚线所示,从而可以确定工期拖延预测值 ΔT。

3. 香蕉曲线比较法

香蕉曲线是由两条 S 曲线组合而成的闭合曲线。由 S 曲线比较法可知,工程项目累计完

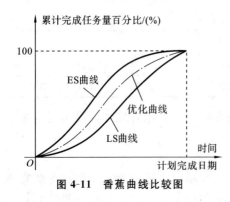

图 4-11　香蕉曲线比较图

成的任务量与计划时间的关系,可以用一条 S 曲线表示。对于一个工程项目的网络计划来说,如果以其中各项工作的最早开始时间安排进度而绘制 S 曲线,则称为 ES 曲线;如果以其中各项工作的最迟开始时间安排进度而绘制 S 曲线,则称为 LS 曲线。两条 S 曲线具有相同的起点和终点,因此,两条曲线是闭合的。在一般情况下,ES 曲线上的其余各点均落在 LS 曲线的相应点的左侧。由于该闭合曲线形似"香蕉",故称为香蕉曲线,如图 4-11 所示。

1）香蕉曲线比较法的作用

香蕉曲线比较法能直观地反映工程项目的实际进展情况,并可以获得比 S 曲线更多的信息。其主要作用如下。

（1）合理安排工程项目进度计划。

如果工程项目中的各项工作均按其最早开始时间安排进度,将导致项目的投资加大;而如果各项工作都按其最迟开始时间安排进度,则一旦受到进度影响因素的干扰,又将导致工期拖延,使工程进度风险加大。因此,一个科学合理的进度计划优化曲线应处于香蕉曲线所包络的区域之内,如图 4-11 中的点画线所示。

（2）定期比较工程项目的实际进度与计划进度。

在工程项目的实施过程中,根据每次检查收集到的实际完成任务量,绘制出实际进度 S 曲线,便可以与计划进度进行比较。工程项目实际进度的理想状态是任一时刻工程实际进展点应落在香蕉曲线图的范围之内。如果工程实际进展点落在 ES 曲线的左侧,表明此刻实际进度比各项工作按其最早开始时间安排的计划进度超前;如果工程实际进展点落在 LS 曲线的右侧,则表明此刻实际进度比各项工作按其最迟开始时间安排的计划进度拖后。

（3）预测后期工程进展趋势。

利用香蕉曲线可以对后期工程的进展情况进行预测。例如,在图 4-12 所示的香蕉曲线中,该工程项目在检查日实际进度超前。检查日期之后的后期工程进度安排如图中虚线所示,预计该工程项目将提前完成。

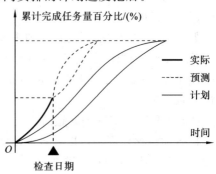

图 4-12　工程进展趋势预测图

2）香蕉曲线的绘制方法

香蕉曲线的绘制方法与 S 曲线的绘制方法基本相同,所不同之处在于香蕉曲线是以工作按最早开始时间安排进度和按最迟开始时间安排进度分别绘制的两条 S 曲线组合而成的。

在工程项目实施过程中,根据检查得到的实际累计完成任务量,在原计划香蕉曲线图上绘出实际进度曲线,便可以进行实际进度与计划进度的比较。

【例 4-3】　某工程项目网络计划图如图 4-13 所示,图中箭线上方括号内数字表示各项工作计划完成的任务量,以劳动消耗量表示;箭线下方数字表示各项工作的持续时间(周)。试绘制香蕉曲线。

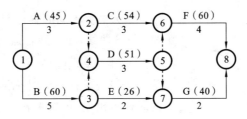

图 4-13　某工程项目网络计划图

解　假设各项目工作都以匀速进展,即各项工作每周的劳动消耗量相等。

(1)确定各项工作每周的劳动消耗量。

工作 A:45÷3=15　　工作 B:60÷5=12

工作 C:54÷3=18　　工作 D:51÷3=17

工作 E:26÷2=13　　工作 F:60÷4=15

工作 G:40÷2=20

(2)计算工程项目劳动消耗总量。

$$Q=45+60+54+51+26+60+40=336$$

(3)根据各项工作按最早开始时间安排的进度计划,确定工程项目每周计划劳动消耗量及各周累计劳动消耗量,如图 4-14 所示。

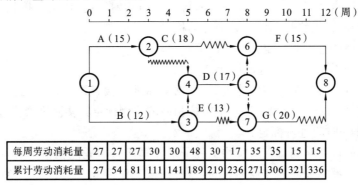

每周劳动消耗量	27	27	27	30	30	48	30	17	35	35	15	15
累计劳动消耗量	27	54	81	111	141	189	219	236	271	306	321	336

图 4-14　按工作最早开始时间安排的进度计划及劳动消耗量

(4)根据各项工作按最迟开始时间安排的进度计划,确定工程项目每周计划劳动消耗量及各周累计劳动消耗量,如图 4-15 所示。

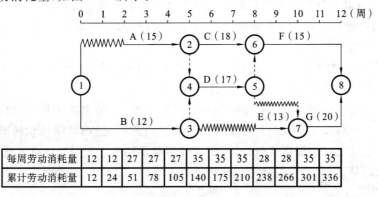

每周劳动消耗量	12	12	27	27	27	35	35	35	28	28	35	35
累计劳动消耗量	12	24	51	78	105	140	175	210	238	266	301	336

图 4-15　按工作最迟开始时间安排的进度计划及劳动消耗量

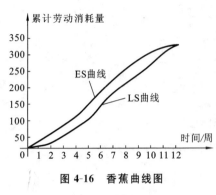

图 4-16　香蕉曲线图

（5）根据不同的累计劳动消耗量分别绘制 ES 曲线和 LS 曲线，便得到香蕉曲线，如图4-16所示。

4. 前锋线比较法

前锋线是指在原时标网络计划图上，从检查时刻的时标点出发，依次将各项工作实际进展位置点连接而成的折线。前锋线比较法是通过绘制某检查时刻工程项目实际进度前锋线，进行工程实际进度与计划进度比较的方法，它主要适用于时标网络计划。前锋线比较法就是通过实际进度前锋线与原进度计划中各工作箭线交点的位置来判断工作实际进度与计划进度的偏差，进而判定该偏差对后续工作及总工期影响程度的一种方法。

采用前锋线比较法进行实际进度与计划进度的比较，其步骤如下。

（1）绘制时标网络计划图。

工程项目实际进度前锋线是在时标网络计划图上标示的，为清楚起见，可在时标网络计划图的上方和下方各设一时间坐标。

（2）绘制实际进度前锋线。

一般从时标网络计划图上方时间坐标的检查日期开始绘制，依次连接相邻工作的实际进展位置点，最后与时标网络计划图下方坐标的检查日期相连接。

工作实际进展位置点的标定方法有以下两种。

① 按该工作已完任务量比例进行标定。

假设工程项目中各项工作均匀速进展，根据实际进度检查该工作已完任务量占其计划完成总任务量的比例，在工作箭线上从左至右按相同的比例标定其实际进展位置点。

② 按尚需作业时间进行标定。

当某些工作的持续时间难以按实物工程量来计算而只能凭经验估算时，可以先估算出检查时刻到该工作全部完成尚需作业的时间，然后在该工作箭线上从右向左逆向标定其实际进展位置点。

（3）进行实际进度与计划进度的比较。

前锋线可以直观地反映出检查日期有关工作实际进度与计划进度之间的关系。对某项工作来说，其实际进度与计划进度之间的关系可能存在以下三种情况。

① 工作实际进展位置点落在检查日期的左侧（右侧），表明该工作实际进度拖后（超前），拖后（超前）的时间为两者之差。

② 工作实际进展位置点与检查日期重合，表明该工作实际进度与计划进度一致。

（4）预测进度偏差对后续工作及总工期的影响。

在将实际进度与计划进度进行了比较确定进度偏差后，可根据工作的自由时差和总时差预测该进度偏差对后续工作及项目总工期的影响。由此可见，前锋线比较法既适用于工作实际进度与计划进度之间的局部比较，又可用来分析和预测工程项目整体进度状况。

值得注意的是，以上比较是针对匀速进展的工作。对于非匀速进展的工作，比较方法较复杂，此处不赘述。

【例 4-4】　某工程项目时标网络计划图如图4-17所示。该计划执行到第 6 周末检查实际进度时,发现工作 A 和 B 已经全部完成,工作 D 和 E 分别完成计划任务量的 20% 和 50%,工作 C 尚需 3 周完成,试用前锋线法进行实际进度与计划进度的比较。

解　根据第 6 周末实际进度的检查结果绘制前锋线,如图 4-17 中点画线所示。通过比较可以看出:

（1）工作 D 实际进度拖后 2 周,将使其后续工作 F 的最早开始时间推迟 2 周,并使总工期延长 1 周;

（2）工作 E 实际进度拖后 1 周,既不影响总工期,也不影响其后续工作的正常进行;

（3）工作 C 实际进度拖后 2 周,将使其后续工作 G、H、J 的最早开始时间推迟 2 周,由于工作 G、J 开始时间的推迟,从而使总工期延长 2 周。

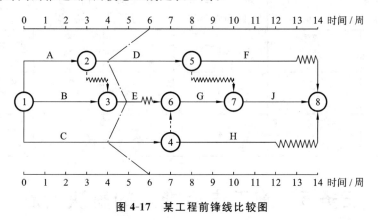

图 4-17　某工程前锋线比较图

综上所述,如果不采取措施加快进度,该工程项目的总工期将延长 2 周。

5. 列表比较法

当工程进度计划用非时标网络图表示时,可以采用列表比较法进行实际进度与计划进度的比较。这种方法是记录检查日期应该进行的工作名称及其已经作业的时间,然后列表计算有关时间参数,并根据工作总时差进行实际进度与计划进度比较的方法。

采用列表比较法进行实际进度与计划进度的比较,其步骤如下。

（1）对于实际进度检查日期应该进行的工作,根据已经作业的时间,确定其尚需作业时间。

（2）根据原进度计划,计算检查日期时应该进行的工作,确定从检查日期到原计划最迟完成时尚余时间。

（3）计算工作尚有总时差,其值等于工作从检查日期到原计划最迟完成时尚余时间与该工作尚需作业时间之差。

（4）比较实际进度与计划进度,可能有以下几种情况。

① 如果工作尚有总时差与原有总时差相等,则说明该工作实际进度与计划进度一致。

② 如果工作尚有总时差大于原有总时差,则说明该工作实际进度超前,超前的时间为两者之差。

③ 如果工作尚有总时差小于原有总时差,且仍为非负值,则说明该工作实际进度拖后,拖后的时间为两者之差,但不影响总工期。

④ 如果工作尚有总时差小于原有总时差,且为负值,则说明该工作实际进度拖后,拖后的

时间为两者之差,此时工作实际进度偏差将影响总工期。

【例 4-5】 某工程项目进度计划如图 4-17 所示。该计划执行到第 10 周末检查实际进度时,发现工作 A、B、C、D、E 已经全部完成,工作 F 已进行 1 周,工作 G 和工作 H 均已进行 2 周,试用列表比较法进行实际进度与计划进度的比较。

解 根据工程项目进度计划及实际进度检查结果,可以计算出检查日期应进行工作的尚需作业时间、原有总时差及尚有总时差等,计算结果见表 4-2。通过比较尚有总时差和原有总时差,即可判断目前工程实际进展状况。

表 4-2　工程进度检查比较表

工作代号	工作名称	检查计划时尚需作业时间/周	到计划最迟完成时间尚余/周	原有总时差/周	尚有总时差/周	情 况 判 断
5—8	F	4	4	1	0	拖后 1 周,但不影响工期
6—7	G	1	0	0	−1	拖后 1 周,影响工期 1 周
4—8	H	3	4	2	1	拖后 1 周,但不影响工期

任务 5　施工进度拖延的解决措施

知识目标

理解进度偏差对后续工作和总工期的影响;掌握进度拖延的解决措施。

能力目标

能对进度拖延后的进度进行调整。

模块 1　分析进度偏差对后续工作及总工期的影响

工程项目实施过程中,通过实际进度与计划进度的比较,发现有进度偏差时,需要分析该偏差对后续工作及总工期的影响,从而采取相应的调整措施对原进度计划进行调整,以确保工期目标的顺利实现。进度偏差的大小及其所处的位置不同,对后续工作和总工期的影响程度是不同的,分析时需要利用网络计划中工作总时差和自由时差的概念进行判断,分析步骤如下。

(1)分析出现进度偏差的工作是否为关键工作。

如果出现进度偏差的工作为关键工作,则无论其偏差大小,都将对后续工作和总工期产生影响,必须采取相应的调整措施;如果出现偏差的工作是非关键工作,则需要根据进度偏差值与总时差和自由时差的关系作进一步分析。

(2)分析进度偏差是否超过总时差。

如果工作的进度偏差大于该工作的总时差,则此进度偏差必将影响其后续工作和总工期,必须采取相应的调整措施;否则,此进度偏差不影响总工期。至于对后续工作的影响程度,还需要根据偏差值与其自由时差的关系作进一步分析。

（3）分析进度偏差是否超过自由时差。

如果工作的进度偏差大于该工作的自由时差，则此进度偏差将对其后续工作产生影响，此时应根据后续工作的限制条件确定调整方法；如果工作的进度偏差未超过该工作的自由时差，则此进度偏差不影响后续工作，因此，原进度计划可以不作调整。

通过分析，进度控制人员可以根据进度偏差的影响程度，制定相应的纠偏措施进行调整，以获得符合实际进度情况和计划目标的新进度计划。

模块 2　进度计划的调整方法

当实际进度偏差影响到后续工作、总工期而需要调整进度计划时，其调整方法主要有两种。

1. 改变某些工作间的逻辑关系

当工程项目实施中产生的进度偏差影响到总工期，且有关工作的逻辑关系允许改变时，可以改变关键线路和超过计划工期的非关键线路上的有关工作之间的逻辑关系，以达到缩短工期的目的。例如，将顺序进行的工作改为平行作业，或搭接作业，或分段组织流水作业等，都可以有效地缩短工期。

【例 4-6】　某工程项目基础工程包括挖基槽、作垫层、砌基础、回填土 4 个施工过程，各施工过程的持续时间分别为 21 天、15 天、18 天和 9 天，如果采取顺序作业方式进行施工，则其总工期为 63 天。为缩短该基础工程总工期，如果在工作面及资源供应允许的条件下，将基础工程划分为工程量大致相等的 3 个施工段组织流水作业，试绘制该基础工程流水作业网络计划，并确定其计算工期。

解　该基础工程流水作业网络计划图如图 4-18 所示。组织流水作业使得该基础工程的计算工期由 63 天缩短为 35 天。

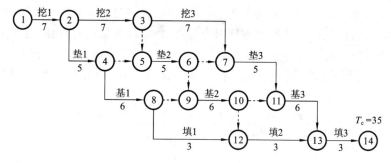

图 4-18　某基础工程流水施工网络计划

2. 缩短某些工作的持续时间

这种方法是不改变工程项目中各项工作之间的逻辑关系，而采取措施缩短某些工作的持续时间，以保证按计划工期完成该工程项目的方法。这些被压缩持续时间的工作是位于关键线路和超过计划工期的非关键线路上的工作。同时，这些工作又是其持续时间可被压缩的工作。这种调整方法通常可以在网络计划图上直接进行。其调整方法视限制条件及对其后续工作的影响程度的不同而有所区别，一般可分为以下两种情况。

（1）网络计划中某项工作进度拖延的时间已超过其自由时差但未超过其总时差。

如前所述，此时该工作的实际进度不会影响总工期，而只对其后续工作产生影响。因此，在进行调整前，需要确定其后续工作允许拖延的时间限制，并以此作为进度调整的限制条件。

该限制条件的确定常常较复杂,尤其是当后续工作由多个平行的承包单位负责实施时更是如此。后续工作如不能按原计划进行,在时间上产生的任何变化都可能使合同不能正常履行,而导致蒙受损失的一方提出索赔。因此,必须寻求合理的调整方案,把进度拖延对后续工作的影响减小到最低程度。

【例 4-7】　某工程项目双代号时标网络计划图如图 4-19 所示,该计划执行到第 35 天下班时刻检查时,其实际进度如图中前锋线所示。试分析目前实际进度对后续工作和总工期的影响,并提出相应的进度调整措施。

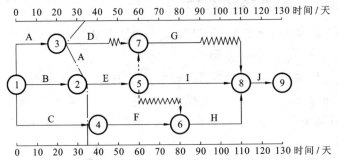

图 4-19　某工程项目时标网络计划图

解　从图 4-19 可以看出,目前只有工作 D 的开始时间拖后 15 天,而影响其后续工作 G 的最早开始时间,其他工作的实际进度均正常。由于工作 D 的总时差为 30 天,故此时工作 D 的实际进度不影响总工期。

该进度计划是否需要调整,取决于工作 D 和 G 的限制条件。

(1)后续工作拖延的时间无限制。

如果后续工作拖延的时间完全被允许,则可将拖延后的时间参数代入原计划,并化简网络计划图(即去掉已执行部分,以进度检查日期为起点,将实际数据代入,绘制出未实施部分的进度计划),即可得调整方案。如在本例中,以检查时刻第 35 天为起点,将工作 D 的实际进度数据及工作 G 被拖延后的时间参数代入原计划(此时工作 D、G 的开始时间分别为 35 天和 65 天),可得如图 4-20 所示的调整方案。

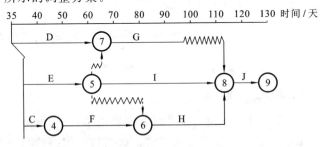

图 4-20　后续工作拖延的时间无限制时网络进度计划图

(2)后续工作拖延的时间有限制。

如果后续工作不允许拖延或拖延的时间有限制,则需要根据限制条件对网络计划进行调整,寻求最优方案。如在本例中,如果工作 G 的开始时间不允许超过第 60 天,则只能将其紧前工作 D 的持续时间压缩为 25 天,调整后的网络计划图如图 4-21 所示。

如果在工作 D、G 之间还有多项工作,则可以利用工期优化的原理确定应压缩的工作,得

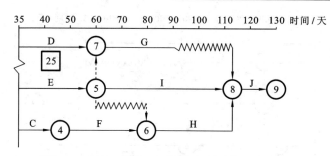

图 4-21　后续工作拖延时间有限制时的网络计划图

到满足工作 G 限制条件的最优调整方案。

（2）网络计划中某项工作进度拖延的时间超过其总时差。

如果网络计划中某项工作进度拖延的时间超过其总时差，则无论该工作是否为关键工作，其实际进度都将对后续工作和总工期产生影响。此时，进度计划的调整方法又可分为以下三种情况。

① 项目总工期不允许拖延。

如果工程项目必须按照原计划工期完成，则只能采取缩短关键线路上后续工作持续时间的方法来达到调整计划的目的。

【例 4-8】　仍以图 4-20 所示的网络计划为例，如果在计划执行到第 40 天下班时刻检查时，其实际进度如图 4-22 前锋线所示，试分析目前实际进度对后续工作和总工期的影响，并提出相应的进度调整措施。

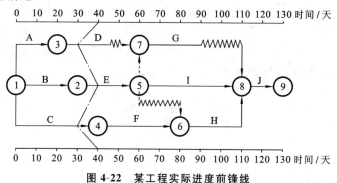

图 4-22　某工程实际进度前锋线

解　从图中可看出：

（1）工作 D 实际进度拖后 10 天，但不影响其后续工作，也不影响总工期；

（2）工作 E 实际进度正常，既不影响后续工作，也不影响总工期；

（3）工作 C 实际进度拖后 10 天，由于其为关键工作，故其实际进度将使总工期延长 10天，并使其后续工作 F、H 和 J 的开始时间推迟 10 天。

如果该工程项目总工期不允许拖延，则为了保证其按原计划工期 130 天完成，必须采用工期优化的方法，缩短关键线路上后续工作的持续时间。现假设工作 C 的后续工作 F、H 和 J 均可以压缩 10 天，通过比较，压缩工作 H 的持续时间所需付出的代价最小，故将工作 H 的持续时间由 30 天缩短为 20 天。调整后的网络计划图如图 4-23 所示。

② 项目总工期允许拖延。

如果项目总工期允许拖延，则此时只需以实际数据取代原计划数据，并重新绘制实际进度

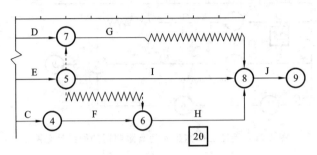

图 4-23　调整后工期不拖延的网络计划图

检查日期之后的简化网络计划图即可。

③ 项目总工期允许拖延的时间有限。

如果项目总工期允许拖延,但允许拖延的时间有限,则当实际进度拖延的时间超过此限制时,也需要对网络计划进行调整,以满足要求。

具体的调整方法是以总工期的限制时间作为规定工期,对检查日期之后尚未实施的网络计划进行工期优化,即用缩短关键线路上后续工作持续时间的方法来使总工期满足规定工期的要求。

以上三种情况均是以总工期为限制条件调整进度计划的。值得注意的是,当某项工作实际进度拖延的时间超过其总时差而需要对进度计划进行调整时,除需考虑总工期的限制条件外,还应考虑网络计划中后续工作的限制条件,特别是对总进度计划的控制更应注意这一点。因为在这类网络计划中,后续工作也许就是一些独立的合同段。时间上的任何变化,都会带来协调上的麻烦或者引起索赔。因此,当网络计划中某些后续工作对时间的拖延有限制时,同样需要以此为条件,按前述方法进行调整。

思 考 题

一、简答题

1. 工程项目进度管理的任务是什么?

2. 工程项目进度控制的原理有哪些?

3. 影响工程项目进度的因素有哪些?

4. 工程项目进度的表示方法有哪些?

5. 工程项目进度控制的措施有哪些?

6. 简述实际进度与计划进度的比较方法。

7. 简述施工进度计划的调整方法。

二、案例分析

南方某以防洪为主,兼顾灌溉、供水和发电的中型水利工程,需进行扩建和加固,其中两座副坝(1♯和2♯)的加固项目合同工期为8个月,计划当年11月10日开工。副坝结构形式为黏土心墙土石坝。项目经理部拟定的施工进度计划如图4-24所示。

　　说明:

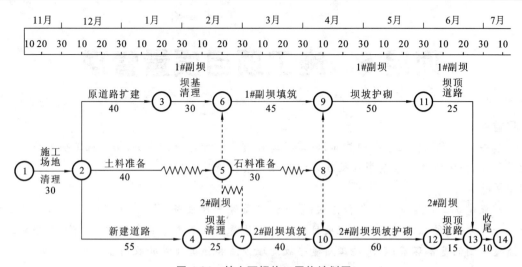

图 4-24 某土石坝施工网络计划图

(1) 每月按 30 天计,时间单位为天;

(2) 日期以当日末为准,如 11 月 10 月开工表示 11 月 10 日末开工。

实施过程中发生了如下事件:

事件 1:按照 12 月 10 日上级下达的水库调度方案,坝基清理最早只能在次年 1 月 25 日开始。

事件 2:按照水库调度方案,坝坡护砌迎水面施工最迟应在次年 5 月 10 日完成。

坝坡迎水面与背水面护砌所需时间相同,按先迎水面后背水面顺序安排施工。

事件 3:2#副坝填筑的进度曲线如图 4-25 所示。

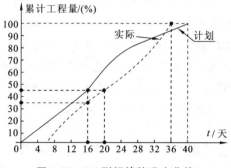

图 4-25 2#副坝填筑进度曲线

事件 4:次年 6 月 20 日检查工程进度,1#、2#副坝坝顶道路已完成的工程量分别为 3/5、2/5。

问题:

(1) 确定计划工期;根据水库调度方案,分别指出 1#、2#副坝坝基清理最早何时开始?

(2) 根据水库调度方案,两座副坝的坝坡护砌迎水面护砌施工何时能完成? 可否满足 5 月 10 日完成的要求?

(3) 依据事件 3 中 2#副坝填筑进度曲线,分析在第 16 天末的计划进度与实际进度,并确定 2#副坝填筑实际用工天数。

(4) 根据 6 月 20 日检查结果,分析坝顶道路施工进展状况;若未完成的工程量仍按原计划施工强度进行,分析对合同工期的影响。

项目 5 施工项目质量管理

项目重点

掌握施工质量管理体系相关知识;掌握工程质量统计与分析方法;熟悉施工项目施工阶段的质量控制;掌握施工质量事故处理方法和施工质量验收内容。

教学目标

掌握建筑工程质量的概念和特点;掌握施工质量管理任务、原则;掌握常用的工程质量统计与分析方法;熟练掌握影响工程项目施工阶段质量的五个主要因素和控制方法;掌握施工现场质量控制的基本环节;熟悉施工质量事故处理方法和施工质量验收内容。

任务 1 施工质量管理概述

知识目标

掌握工程质量的概念和特点;熟悉施工质量管理责任;熟悉施工质量管理原则。

能力目标

能理解工程质量的概念和特点,初步认识工程质量管理制度。

模块 1 工程质量管理的概念

水利水电项目的施工阶段是根据设计图纸和设计文件的要求,通过工程参建各方及其技术人员的劳动形成工程实体的阶段。施工阶段的质量控制是极其重要的,其中心任务是建立健全有效的工程质量管理体系,确保工程质量达到合同规定的标准和等级要求。

我国国家标准《质量管理体系 基础和术语》(GB/T 19000—2008)对质量、质量管理、质量控制分别作出下述定义。质量是一组固有特性满足要求的程度。固有特性是指某物所特有的,如水泥的强度、凝结时间等。质量的要求包括明示和隐含两种含义,明示要求一般通过合同、规范、图纸等明确表示,隐含需要一般是人们公认的,不必作出规定的需要。质量管理是在质量方面指挥和控制组织协调的活动。在质量方面的指挥和控制活动通常包括制定质量方针和质量目标,以及质量策划、质量控制、质量保证和质量改进。质量控制是质量管理的一部分,致力于满足质量要求。质量控制是在明确的质量目标条件下通过行动方案和资源配置的计划、实施、检查和监督来实现预期目标的过程。质量控制的目标就是确保产品的质量能满足顾客、法律法规等方面所提出的质量要求(如适用性、可靠性、安全性等)。

水利水电工程施工质量管理要从全面质量管理的观点来分析,工程的质量应不仅包括工程质量,还包括工作质量和人的质量(素质)。

1. 工程质量

工程质量是指工程适合一定用途,满足使用者要求,符合国家法律法规、技术标准、设计文件、合同等规定的特性综合。建筑工程质量主要包括性能、寿命、可靠性、安全性、经济性以及与环境的协调性 6 个方面。

（1）工程性能：即适用性，是指产品或工程满足使用要求所具备的各种功能，具体表现为力学性能、结构性能、使用性能和外观性能。

（2）工程寿命：即耐久性，是指工程在规定的条件下，能正常发挥其规定功能的合理使用时间。

（3）可靠性：是指工程在规定的时间内和规定的使用条件下，完成规定功能和能力的程度。如工业与民用建筑的屋顶，在规定的年限内和使用的环境下，不发生裂缝、渗漏等质量问题。

（4）安全性：是指工程在使用过程中保证结构安全，保证人身和环境免受危害的程度，如结构安全、抗震、耐火等能力。

（5）经济性：是指工程寿命周期费用（包括建设成本和使用成本）的大小。

（6）与环境的协调性：是指工程与周围的环境相协调，满足可持续发展的要求。

以上工程质量特性，可以通过量化评定或定性分析，把反映工程质量特性的技术参数明确规定下来，通过有关部门形成技术文件，作为工程质量施工和验收的规范，这就是通常所说的质量标准。符合质量标准的就是合格品，反之为不合格品。施工单位的施工质量，既要满足施工验收规范和质量评价标准的要求，又要满足建设单位、设计单位提出的合理要求。

2. 工作质量

工作质量是指建筑企业的部门和个人工作达到和提高工程质量的保证程度。工作质量可以概括为生产过程质量和社会工作质量两个方面，如管理工作、技术工作、后勤工作、社会调查、市场预测、维护服务等方面的工作质量。要保证和提高工程质量，必须确保工作质量符合要求。

3. 人的质量

人的质量是指工程参与人员的素质。人的素质主要表现在思想政治素质、文化技术素质、业务管理素质和身体素质等几个方面。人是直接参与工程建设的组织者、指挥者和操作者，人的素质高低，不仅关系到工程质量的好坏，而且关系到企业的生死存亡和腾飞发展。

模块 2 质量管理的基本原则

质量管理的目的就是建成符合要求的工程，运用科学的方法，在工程质量形成过程中，进行各种各样的协调管理工作，解决工程中的实际问题，保证工程满足质量标准的要求。

（1）坚持质量第一。"质量第一"是施工项目质量管理的思想基础，施工企业的全体职工必须牢固树立"百年大计、质量第一"的观点。

（2）坚持以人为控制核心。人是质量的创造者，质量控制必须以"人"为核心，把人作为质量控制的动力，发挥人的积极性、创造性。

（3）坚持预防为主。预防为主的思想，是指事先分析影响产品质量的各种因素，找出主导因素，采取措施加以重点控制，使质量问题消灭在发生之前或萌芽状态，做到防患于未然。

（4）坚持质量标准。质量标准是评价工程质量的尺度，数据是质量控制的基础。工程质量是否符合质量要求，必须以数据为依据进行严格检查后作出判断。

（5）坚持全面控制，即全过程的质量控制。建筑安装工程质量的控制贯穿于建设程序的全过程，为了保证和提高工程质量，质量控制不能仅限于施工过程，而必须贯穿于从勘察设计直到使用维护的全过程，要把所有影响工程质量的环节和因素控制起来。工程质量的提高依赖于项目经理及一般员工的共同努力。质量控制必须把项目所有人员的积极性和创造性充分调动起来，做到人人关心质量控制，人人做好质量控制工作。

模块 3　工程质量管理的责任

在工程项目建设过程中，参与建设过程的各方，应根据国家的《建设工程质量管理条例》、国家有关法律法规以及合同、协议和有关文件的规定承担相应的责任，具体有以下内容。

(1) 建设单位的质量责任。

(2) 勘察、设计单位的质量责任。

(3) 施工单位的质量责任。

(4) 工程监理单位的质量责任。

(5) 材料、构配件及设备生产或供应单位的质量责任。

模块 4　工程质量管理制度

国务院建设行政主管部门对全国的建设工程质量实行统一的监督管理，并出台了多项建设工程质量管理制度，主要有以下几种。

(1) 施工图设计文件审查制度。

施工图设计文件审查制度是由有资质的施工图审查机构，根据国家的法律法规、技术标准规范，对施工图的结构安全和强制性标准、规范的执行情况进行独立审查的制度。

(2) 工程质量监督制度。

工程质量监督制度的主体是各级政府建设行政主管部门，通过行政的手段对工程质量进行监督控制。

(3) 工程质量检测制度。

工程质量检测制度是对工程质量进行管理的重要手段之一。由建设行政主管部门认定的有资质的工程检测机构承担检测任务，出具检测报告，承担法律责任。

(4) 工程质量保修制度。

工程质量保修制度是指建设工程在竣工验收移交后，在规定的保修期限内，因勘察、设计、施工等原因造成的质量问题，要由施工单位负责维修、更换，由责任方负责赔偿损失的制度。

任务 2　质量管理体系的建立和运行

知识目标

掌握质量管理体系的建立与运行；熟悉 ISO 9000 族质量管理体系；熟悉 G/T 19000 质量管理体系。

能力目标

能初步认识 ISO 9000 族质量管理体系及 G/T 19000 质量管理体系；能理解质量管理体系的建立与运行。

模块 1　ISO 9000 族质量管理体系概述

GB/T 19000 质量管理体系标准，是我国等同采用国际标准化组织 2000 版 ISO 9000 族质量管理体系标准的国家推荐性标准,是企业建立质量管理体系的重要依据。

1. ISO 9000 族标准的产生和发展

ISO 是国际标准化组织的简称。经 ISO 理事会各成员国多年酝酿,于 1980 年批准成立质量管理和质量保证技术委员会(TC 176),专门负责制定质量管理和质量保证标准。我国原采用《中华人民共和国产品认证管理条例》,为了与国际标准接轨,于 1993 年正式采用 ISO 9000 族标准,建立符合国际惯例的认证制度。ISO 9000 族标准包括术语标准、质量保证要求、质量保证模式标准、质量管理标准和支持性技术标准 5 大类,其核心是质量保证模式标准和质量管理标准。

2. 贯彻 ISO 9000 族标准的意义

贯彻 ISO 9000 族标准具有重大意义,表现在以下几个方面。

(1) 为施工企业立足国内、走向国际市场奠定基础。

ISO 9000 族标准是一根标杆,通过标准质量体系认证,施工企业就可以向社会、业主提供一种证明,证明施工企业保证建筑产品质量的能力,而且 ISO 9000 族标准是一个国际通用的标准,许多国家已经把贯彻 ISO 9000 族标准,通过质量体系认证,作为参与工程投标的必要条件。积极贯彻 ISO 9000 族标准,通过质量体系认证,可以为我国施工企业走向国际建筑市场提供一张"通行证"。

(2) 有利于提高建筑产品质量,降低工程成本。

ISO 9000 族标准为施工企业提供了一个建立、完善质量体系的模式,施工企业只要按照标准去做,就可以控制影响产品质量的各种因素,减少或消除质量缺陷的产生,即使出现质量问题,也能及时发现并采取相应的纠正措施,使产品质量持续稳定提高。因此,质量体系的建立不仅可以保证和提高产品的质量,而且可以减少材料的损耗,降低工程成本。

(3) 提高企业的技术水平和管理水平,增强企业的竞争能力。

ISO 9000 族标准是对高新技术和现代化管理的总结,贯彻 ISO 9000 强标准,有利于学习和掌握最先进的生产技术与管理知识,提高施工企业的素质,生产出高质量的建筑产品,增强企业的竞争能力。

(4) 有利于保护消费者的利益。

建筑产品的质量直接关系到用户的切身利益,也涉及用户生命财产的安危。现代科学技术的高速发展,使消费者已无法凭传统经验来判断建筑产品质量的优劣。认真贯彻 ISO 9000 族标准,企业能生产出质量优良的建筑产品,这无疑是对消费者利益的一种有效保护。

模块 2　质量管理体系的基础

在 2000 版 GB/T 19000 族标准中,《质量管理体系　基础和术语》标准起着奠定理论基础、统一术语概念和明确指导思想的作用,具有很重要的地位。标准共由三部分组成:第一部分是标准适用范围;第二部分是质量管理体系基础;第三部分是术语和定义。

1. 质量管理标准的适用范围

1) 质量保证模式标准

质量保证模式标准有三个,分别将一定数量的质量管理体系要素组成三种不同的模式。

(1) ISO 9001 质量体系——设计、开发、生产、安装和服务的质量保证模式。当需要证实供方设计和生产合格产品的过程控制能力时,应选择和使用此种模式标准。

（2）ISO 9002 质量体系——生产、安装和服务质量保证模式。当需要证实供方生产合格产品的过程控制能力时,应选择和使用此种模式标准。

（3）ISO 9003 质量体系——最终检验和试验的质量保证模式。当仅需要供方保证最终检验和试验符合规定要求时,应选择和使用此种模式标准。

2）ISO 9004 质量管理标准

质量管理标准的目的在于指导组织进行质量管理和建立质量体系,其中共包括以下 4 个部分。

（1）ISO 9004-1 质量管理和质量体系要素——第 1 部分:指南。

本标准全面阐述了与产品寿命周期内所有阶段和活动有关的质量体系要素,以帮助选择和使用适合其需要的要素。

（2）ISO 9004-2 质量管理和质量体系要素——第 2 部分:服务指南。

本标准是对 ISO 9004-1 在服务类产品方面的补充指南,供提高服务或提供具有服务成分产品的组织参照使用。

（3）ISO 9004-3 质量管理和质量体系要素——第 3 部分:流程性材料指南。

本标准是对 ISO 9004-1 在流程材料类产品方面的补充指南,供生产流程材料类产品的组织参照使用。

（4）ISO 9004-4 质量管理和质量体系要素——第 4 部分:质量改进指南。

本标准阐述了质量改进的基本概念和原理、管理指南和方法。凡是希望改进其有效性的组织,不管是否已经实施了正规的质量标准,均应参照本标准。

2. GB/T 19000—2008 族标准的质量管理原则

GB/T 19000—2008 族标准为了成功地指导和运作一个组织,针对所有相关方的需求,实施并保持持续改进其业绩的管理体系,做好质量管理工作,共有以下几项质量管理原则。

（1）以顾客为关注焦点。

组织依存于其顾客,因此,组织应理解顾客当前的和未来的需求,满足顾客的要求并争取超越顾客的期望。实施本原则可使组织理解顾客及其他相关方的需求;可以直接与顾客的需求和期望相联系,确保有关的目标和指标;可以提高顾客对组织的忠诚度;能使组织及时抓住市场机遇,作出快速而灵活的反应,从而提高市场占有率,增加收入,提高经济效益。

（2）领导作用。

领导者建立组织统一的宗旨及方向,他们应当创造并保持使员工能充分参与实现组织目标的内部环境。领导者要想指挥和控制好一个组织,必须做好确定方向、策划未来、激励员工、协调活动和营造一个良好的内部环境等工作。领导者的领导作用、承诺和积极参与,对建立并保持一个有效和高效的质量管理体系,并使所有相关方获益是必不可少的。

（3）全员参与。

各级人员是组织之本,只有他们的充分参与,才能使他们的才能为组织带来收益。全员参与可使全体员工动员起来,树立起工作责任心和事业心,实现组织的方针和战略。

（4）过程管理。

过程管理是指通过对工作过程实行 PDCA 循环管理,使过程要素得到持续改进,达到顾客满意的结果的方法。

（5）管理的系统方法。

管理的系统方法包括系统分析、系统工程、系统管理三个环节，它通过对数据、事实进行分析、设计、实施的整个过程进行管理，达到实现质量方针和质量目标的目的。

（6）改进项目。

坚持持续改进，可提高组织对改进机会快速而灵活的反应能力，增强组织的竞争优势；可通过战略和业务规划，把各项持续改进集中起来，形成更有竞争力的业务计划。

（7）基于事实的决策方法。

有效决策是建立在数据和详细分析的基础上的。以事实为依据做决策，可以防止决策失误。通过合理运用统计技术，来测量、分析和说明产品和过程的变异性，通过对质量信息和资料的科学分析，确保信息和资料的足够准确和可靠，基于对事实的分析、过去的经验和直观判断作出决策并采取行动。实施本原则可增强通过实际来验证过去决策正确性的能力，可增强对各种意见和决策进行评审、质疑和更改的能力，发扬民主决策的作风，使决策更切合实际。

（8）与供方互利的关系。

组织与供方是相互依存、互利的关系，这种关系可增强双方创造价值的能力。供方提供的产品将对组织向顾客提供满意的产品产生重要影响，能否处理好与供方的关系，影响到组织能否持续稳定地向顾客提供满意的产品。对供方不能只讲控制，不讲合作与利益，特别对关键供方，更要建立互利互惠的合作关系，这对组织和供方来说都是非常重要的。

模块 3　质量管理体系的建立与运行

按照 GB/T 19000—2008 族标准建立或更新完善质量管理体系，通常包括组织策划与总体设计、质量管理体系文件的编制、质量管理体系的运行等三个阶段。

1. 质量管理体系的策划与总体设计

最高管理者为满足组织确定的质量目标要求及质量管理体系的总体要求，对质量管理体系进行策划和总体设计。通过对质量管理体系的策划，确定建立质量管理体系要采用的过程方法模式，从组织的实际出发进行体系的策划和实施，明确是否有需求并确保其合理性。

2. 质量管理体系文件的编制

质量管理体系文件的编制应在满足标准要求、确保控制质量、提高组织全面管理水平的情况下，建立一套高效、简单、实用的质量管理体系文件。质量管理体系文件由质量手册、质量管理体系程序、质量计划和质量记录等文件组成。

1）质量手册

质量手册是组织质量管理工作的"基本法"，是组织最重要的质量法规性文件。质量手册应阐述组织的质量方针，概述质量管理体系的文件结构并能反映组织质量管理体系的总貌，起到总体规划和加强各职能部门间协调的作用。对组织内部，质量手册起着确立各项质量活动及其指导方针和原则的重要作用，一切质量活动都应遵循质量手册；对于组织外部，它既能证实符合标准要求的质量管理体系的存在，又能向顾客或认证机构清楚描述质量管理体系的状况。

（1）质量手册的编制要求。

质量手册应说明质量管理体系覆盖的过程和条款，每个过程和条款的内容包括应开展的控制活动、对每个活动需要控制的程度、能提供的质量保证等。质量手册提出的各项条款的控制要求,应在质量管理体系程序和作业文件中作出可操作实施的安排。质量手册对外不属于保密文件,为此编写时要注意适度,既要让外部看清楚质量管理体系的全貌,又不宜涉及控制的细节。

（2）质量手册的构成。

质量手册一般由质量管理范围、引用标准、术语和定义、质量管理体系、管理职责、资源管理、产品实现、测量、分析和改进等组成,各组织可以根据实际需要,对质量手册的内容作必要的删减。

2）质量管理体系程序

质量管理体系程序是质量管理体系的重要组成部分,是质量手册具体展开和有力支撑。质量管理体系程序可以是质量管理手册的一部分,也可以是质量手册的具体展开。质量管理体系程序文件的范围和详略程度取决于组织的规模、产品类型、过程的复杂程度、方法和相互作用以及人员素质等因素。程序文件不同于一般的业务工作规范或工作标准所列的具体工作程序,而是对质量管理体系的过程、方法所开展的质量活动的描述。对每个质量管理程序来说,都应视需要明确何时、何地、何人、做什么、为什么、怎么做、应保留什么记录。

按 ISO 9001—2008 标准的规定,质量管理程序应至少包括 6 个程序文件:① 文件控制程序;② 质量记录控制程序;③ 内部质量审核程序;④ 不合格控制程序;⑤ 纠正措施程序;⑥ 预防措施程序。

3）质量计划

质量计划是对特定的项目、产品、过程或合同,规定由谁及何时应使用哪些程序的文件。质量计划是一种工具,它将某产品、项目或合同的特定要求与现行的通用质量管理体系程序相连接。质量计划在顾客特定要求和原有质量管理体系之间架起一座"桥梁",从而大大提高了质量管理体系适应各种环境的能力。质量计划在企业内部作为一种管理方法,可使产品的特殊质量要求能通过有效的措施得以满足。

4）质量记录

质量记录是阐明所取得的结果或提供所完成活动的证据文件。它是产品质量水平和企业质量管理体系中各项质量活动结果的客观反映,应如实加以记录,用于证明达到了合同所规定的质量要求,并证明合同中提出的质量保证要求的满足程度。如果出现偏差,则质量记录应反映出针对不足之处采取了哪些纠正措施。

3. 质量管理体系的运行

质量管理体系的运行是指在建立质量管理体系文件的基础上,开展质量管理工作,实施文件中规定的内容的过程。质量管理体系的运行可按 PDCA 循环进行。所谓 PDCA 循环,是指计划、实施、检查、处理四个步骤的不断循环。要保证质量管理体系的正常运行,首先要从思想上认真对待。思想认识是看待问题、处理问题的出发点,人们认识问题的思想不同,决定了处理问题的方式和结果上的差异。因此,在建立与运行质量管理体系时,一定要进行培训、宣传等,使员工达成共识。其次是管理考核到位。这就要求根据职责和管理内容不折不扣地按质量管理体系运作,并实施监督和考核。开展纠正与预防活动,充分发挥内审的作用是保证质量管理体系有效运行的重要环节。内审是由经过培训并取得内审资格的人员对质量管理体系的符合性及有效性进行验证的过程。对于内审中发现的问题,要制订纠正及预防措施,进行质量的持续改进,内审作用发挥的好坏与质量管理体系的实效有着重要的关系。

任务3　工程项目施工阶段的质量控制

知识目标

　　掌握工程项目施工阶段质量控制的任务;掌握影响工程质量的五个主要因素,并掌握五个因素的控制方法;掌握工序控制的方法;掌握施工现场的质量控制基本环节。

能力目标

　　能进行工程项目施工阶段的质量控制,结合案例分析施工现场的质量控制环节。

模块1　施工阶段工程质量控制的任务

　　施工阶段质量控制是工程项目全过程质量控制的关键环节。根据工程质量形成的时间,施工阶段的质量控制可分为质量的事前控制、事中控制和事后控制,其中事前控制为重点控制。

　　1. 事前控制

　　(1)审查承包商及分包商的技术资质。

　　(2)协助承建商完善质量体系,包括完善计量及质量检测技术和手段等,同时对承包商的试验室资质进行考核。

　　(3)督促承包商完善现场质量管理制度,包括现场会议制度、现场质量检验制度、质量统计报表制度和质量事故报告及处理制度等。

　　(4)与当地质量监督站联系,争取其配合、支持和帮助。

　　(5)组织设计交底和图纸会审,对某些工程部位应下达质量要求标准。

　　(6)审查承包商提交的施工组织设计,保证工程质量具有可靠的技术措施。审核工程中采用的新材料、新结构、新工艺、新技术的技术鉴定书;审核对工程质量有重大影响的施工机械、设备,应审核其技术性能报告。

　　(7)对工程所需原材料、构配件的质量进行检查与控制。

　　(8)对永久性生产设备或装置,应按审批同意的设计图纸组织采购或订货,到场后进行检查验收。

　　(9)对施工场地进行检查验收。检查施工场地的测量标桩、建筑物的定位放线以及高程水准点,重要工程还应复核,落实现场障碍物的清理、拆除等。

　　(10)把好开工关。对现场各项准备工作检查合格后,方可发开工令;停工的工程,未发复工令者不得复工。

　　2. 事中控制

　　(1)督促承包商完善工序控制措施。工程质量是在工序中产生的,工序控制对工程质量起着决定性的作用。应把影响工序质量的因素都纳入控制状态中,建立质量管理点,及时检查和审核承包商提交的质量统计分析资料和质量控制图表。

　　(2)严格工序交接检查。主要工作作业(包括隐蔽作业)需按有关验收规定经检查验收后方可进行下一道工序的施工。

　　(3)重要的工程部位或专业工程(如混凝土工程)要做试验或技术复核。

（4）审查质量事故处理方案，并对处理效果进行检查。

（5）对完成的分部（分项）工程，按相应的质量评定标准和办法进行检查验收。

（6）审核设计变更和图纸修改。

（7）按合同行使质量监督权和质量否决权。

（8）组织定期或不定期的质量现场会议，及时分析、通报工程质量状况。

3．事后控制

（1）审核承包商提供的质量检验报告及有关技术性文件。

（2）审核承包商提交的竣工图。

（3）组织联动试车。

（4）按规定的质量评定标准和办法进行检查验收。

（5）组织项目竣工总验收。

（6）整理有关工程项目质量的技术文件，并编目、建档。

模块 2　工程项目质量影响因素的控制

在工程项目施工阶段，影响工程施工质量的主要因素是"人、机、料、法、环"等五个大的方面。

1．对"人"的因素的控制

人是工程质量的控制者，也是工程质量的"制造者"。工程质量的好坏与人的因素是密不可分的。控制人的因素，即调动人的积极性、避免人的失误等，是控制工程质量的关键因素。

1）领导者的素质

领导者是具有决策权力的人，其整体素质是提高工作质量和工程质量的关键。因此，在对承包商进行资质认证和选择时一定要考核领导者的素质。

2）人的理论水平和技术水平

人的理论水平和技术水平是人的综合素质的体现，它直接影响工程项目质量，尤其是技术复杂、操作难度大、要求精度高、工艺新的工程对人的素质要求更高；否则，工程质量就很难保证。

3）人的生理缺陷

根据工程施工的特点和环境，应严格控制人的生理缺陷，如患有高血压、心脏病的人不能从事高空作业和水下作业，反应迟钝、应变能力差的人不能操作快速运行、动作复杂的机械设备等；否则，将影响工程质量，引起安全事故。

4）人的心理行为

影响人的心理行为的因素很多，而人的心理因素如疑虑、畏惧、抑郁等很容易使人产生愤怒、怨恨等情绪，使人的注意力转移，由此引发质量、安全事故。所以，在审核企业的资质水平时，要注意企业职工的凝聚力如何，职工的情绪如何，这也是选择企业的一条标准。

5）人的错误行为

人的错误行为是指人在工作场地或工作中吸烟、打盹、错视、错听、误判断、误动作等行为，这些行为会影响工程质量或造成质量事故。所以，在有危险的工作场所，应严格禁止吸烟、嬉戏等。

6）人的违纪违章

人的违纪违章是指人的粗心大意、注意力不集中、不履行安全措施等不良行为,这会对工程质量造成损害,甚至引起工程质量事故。所以,在使用人的问题上,应从思想素质、业务素质和身体素质等方面严格控制。

2. 对施工机械设备的控制

施工机械设备是工程建设不可缺少的设施,目前工程建设的施工进度和施工质量都与施工机械关系密切。因此,在施工阶段,必须对施工机械的性能、选型和使用操作等方面进行控制。

1）机械设备的选型

机械设备的选型应因地制宜,按照技术先进、经济合理、生产适用、性能可靠、使用安全、操作和维修方便等原则来选择施工机械。

2）机械设备的性能参数

机械设备的性能参数是选择机械设备的主要依据,为满足施工的需要,在参数选择上可适当留有余地,但不能选择超出需要很多的机械设备,否则,容易造成经济上的不合理。

3）机械设备的配套

机械设备配套有两层含义:其一,是一个工种的全部过程和环节配套,如混凝土工程,搅拌要做到上料、称量、搅拌与出料的所有过程配套,运输要做到水平运输、垂直运输与布料的各过程以及浇灌、振捣各环节都机械化且配套;其二,是主导机械与辅助机械在规格、数量和生产能力上配套,如挖土机的斗容量要与运土汽车的载重量和数量相配套。

现场的施工机械如能合理配备、配套使用,就能充分发挥机械的效能,获得较好的经济效益。

4）机械设备的合理使用

合理使用机械设备,正确地进行操作,是保证项目施工质量的重要环节。应贯彻人机固定原则,实行定机、定人、定岗位责任的"三定"制度。要合理划分施工段,组织好机械设备的流水施工。当一个项目有多个单位工程时,机械设备在单位工程之间流水使用,减少进出场时间和装卸费用。搞好机械设备的综合利用,尽量做到一机多用,充分发挥其效率。要使现场环境、施工平面布置适合机械作业要求,为机械设备的施工创造良好条件。

5）机械设备的保养与维修

为了保持机械设备的良好技术状态,提高设备运转的可靠性和安全性,减少零件的磨损,延长使用寿命,降低消耗、提高机械施工的经济效益,应做好机械设备的保养。保养分为例行保养和强制保养。机械设备保养的主要内容有:保持机械的清洁,检查运转情况,防止机械腐蚀,按技术要求润滑等。强制保养是按照一定周期和内容分级进行保养。

对机械设备的维修可以保证机械的使用效率,延长使用寿命。机械设备修理是对机械设备的自然损耗进行修复,排除机械运行的故障,对损坏的零部件进行更换、修复。

3. 对材料的控制

1）对供货方质量保证能力进行评定

对供货方质量保证能力评定原则如下:

(1) 材料供应的表现状况,如材料质量、交货期等;

(2) 供货方质量管理体系对于按要求如期提供产品的保证能力;

（3）供货方的顾客满意程度；

（4）供货方交付材料之后的服务和支持能力；

（5）其他如价格、履约能力等。

2）建立材料管理制度，减少材料损失、变质

对材料的采购、加工、运输、贮存建立管理制度，可加快材料的周转，减少材料占用量，避免材料损失、变质，按质、按量、按期满足工程项目的需要。

3）对原材料、半成品、构配件进行标志

（1）进入施工现场的原材料、半成品、构配件要按型号、品种，分区堆放，并予以标志；对有防湿、防潮要求的材料，要有防雨防潮措施，并有标志。

（2）对容易损坏的材料、设备，要做好防护。

（3）对有保质期要求的材料，要定期检查，以防过期，并做好标志。

标志应具有可追溯性，即应标明其规格、产地、日期、批号、加工过程、安装交付后的分布和场所。

4）加强材料检查验收

用于工程的主要材料，进场时应有出厂合格证和材质化验单；凡标志不清或认为质量有问题的材料，需要进行追踪检验，以确保质量；凡未经检验和已经验证为不合格的原材料、半成品、构配件和工程设备不能投入使用。

5）发包人提供的原材料、半成品、构配件和设备

发包人所提供的原材料、半成品、构配件和设备用于工程时，项目组织应对其做出专门的标志，接受时进行验证，贮存或使用时给予保护和维护，并得到正确的使用。上述材料经验证不合格，不得用于工程。发包人有责任提供合格的原材料、半成品、构配件和设备。

6）材料质量抽样和检验方法

材料质量抽样应按规定的部位、数量及采选的操作要求进行。材料质量的检验项目分为一般试验项目和其他试验项目，一般项目是通常进行的试验项目，其他试验项目是根据需要而进行的试验项目。材料质量检验方法有书面检验、外观检验、理化检验和无损检验等。

4. 施工方法的控制

施工方法的控制主要包括施工方案、施工工艺、施工组织设计、施工技术措施等方面的控制。对施工方法的控制，应着重抓好以下几个方面内容。

（1）施工方案应随工程进展而不断细化和深化。

（2）选择施工方案时，对主要项目要拟订几个可行方案，找出主要矛盾，明确各个方案的主要优缺点，通过反复论证和比较，选出最佳方案。

（3）对于主要项目、关键部位和难度较大的项目，如新结构、新材料、新工艺、大跨度、高大结构部位等，制定方案时要充分估计到可能发生的施工质量问题和处理方法。

5. 环境的控制

施工环境的控制对象主要包括自然环境、管理环境和劳动环境等。

1）自然环境的控制

自然环境的控制主要是要掌握施工现场水文、地质和气象资料信息，以便在编制施工方案、施工计划和措施时，能够从自然环境的特点和规律出发，制定地基与基础施工对策，防止地下水、地面水对施工的影响，保证周围建筑物及地下管线的安全。从实际条件出发做好冬雨季施工项目的安排和防范措施,加强环境保护和建设公害的治理。

2）管理环境的控制

管理环境的控制主要是要按照承发包合同的要求,明确承包商和分包商的工作关系,建立现场施工组织系统运行机制及施工项目质量管理体系;正确处理好施工过程安排和施工质量形成的关系,使两者能够相互协调、相互促进、相互制约;做好与施工项目外部环境的协调,包括与邻近单位、居民及有关各方面的沟通、协调,以保证施工顺利进行,提高施工质量,创造良好的外部环境和氛围。

3）劳动环境的控制

劳动环境的控制主要是要做好施工平面图的合理规划和布置,规范施工现场机械设备、材料、构件的各项管理工作,做好各种管线和大型临时设施的布置;落实施工现场各种安全防护措施,做好明显标志,保证施工道路的畅通,安排好特殊环境下施工作业的通风照明措施;加强施工作业现场的及时清理工作,保证施工作业面的有序和整洁。

由于施工阶段的质量控制是一个经由对投入资源和条件的质量控制(即施工项目的事前质量控制),进而对施工生产过程以及各环节质量进行控制(即施工项目的事中质量控制),直到对所完成的产出品的质量检验与控制(即施工项目的事后质量控制)为止的全过程的系统控制过程。

模块 3　工序控制

1. 工序及工序质量

工序就是人、机、料、法、环境对产品(工程)质量起综合作用的过程。工序的划分主要取决于生产(施工)技术的客观要求,同时也取决于分工和提高劳动生产率的要求。例如,钢筋工程是由调直、除锈、剪切、弯曲成形、绑扎等工序组成的。

施工工序是产品(工程)构配件或零部件生产(施工)制造过程的基本环节,是构成生产的基本单位,也是质量检验和管理的基本环节。

工序质量是指工序过程的质量。在生产(施工)过程中,由于各种因素的影响而造成产品(工程)产生质量波动,工序质量控制就是去发现、分析和控制工序质量中的质量波动,使影响每道工序质量的制约因素都能控制在一定范围内,确保每道工序的质量,不使上道工序的不合格品转入下道工序。工序质量决定了最终产品(工程)的质量。因此,对于施工企业来说,搞好工序质量是保证单位工程质量的基础。

工序管理是使影响产品(工程)质量的各种因素能始终处于受控状态的一种管理方法。因此,工序管理实质上就是对工序质量的控制。在进行工序质量控制时,一般采用建立质量控制点(管理点)的方法来加强工序管理。

工程项目施工质量控制就是对施工质量形成的全过程进行监督、检查、检验和验收的总称。施工质量由工作质量、工序质量和产品质量三者构成。工作质量是指参与项目实施全过程人员,为保证施工质量所表现的工作水平和完善程度,如管理工作质量、技术工作质量、思想工作质量等。产品质量即是指建筑产品必须具有满足设计和规范所要求的安全可靠性、经济性、适用性、环境协调性、美观性等。工序质量包括工序作业条件和作业效果质量。工程项目的施工过程是由一系列相互关联、相互制约的工序构成的。工序质量是基础,直接影响工程项目的产品质量,因此,必须先控制工序质量,从而保证整体质量。

2. 工序质量控制的程序

工序质量控制通过工序子样检验来统计、分析和判断整道工序质量,从而实现工序质量控制。工序质量控制的程序如下:

(1) 选择和确定工序质量控制点;

(2) 确定每个工序控制点的质量目标;

(3) 按规定检测方法对工序质量控制点现状进行跟踪检测;

(4) 将工序质量控制点的质量现状和质量目标进行比较,找出两者差距及产生原因;

(5) 采取相应的技术、组织和管理措施,消除质量差距。

3. 工序质量控制的要点

(1) 必须主动控制工序作业条件,变事后检查为事前控制。对影响工序质量的各种因素,如材料、施工工艺、环境、操作者和施工机具等项,要预先进行分析,找出主要影响因素,并加以严格控制,从而防止工序质量出现问题。

(2) 必须动态控制工序质量,变事后检查为事中控制。及时检验工序质量,利用数理统计方法分析工序质量状态,并使其处于稳定状态。如果工序质量处于异常状态,则应停止施工;在经过原因分析,采取措施,消除异常状态后,方可继续施工。

(3) 合理设置工序质量控制点,并做好工序质量预控工作。

(4) 做好工序质量控制,应当遵循以下两点:

① 确定工序质量标准,并规定其抽样方法、测量方法、一般质量要求和上、下波动幅度;

② 确定工序技术标准和工艺标准,具体规定每道工序或操作的要求,并进行跟踪检验。

模块 4   施工现场质量管理的基本环节

施工质量控制过程,不论是从施工要素着手,还是从施工质量的形成过程出发,都必须通过现场质量管理中一系列可操作的基本环节来实现。

现场质量管理的基本环节包括图纸会审、技术复核、技术交底、设计变更、三令管理、隐蔽工程验收、三检制、级配管理、材料检验、施工日记、质保材料、质量检验、成品保护等。其中一部分内容已在其他相关章节中进行了阐述,下面仅对部分内容进行介绍。

1. 三检制

三检制是指操作人员的自检、互检和专职质量管理人员的专检相结合的检验制度。它是确保现场施工质量的一种有效的方法。

自检是指由操作人员对自己的施工作业或已完成的分项工程进行自我检验,实施自我控制、自我把关,及时消除异常因素,以防止不合格品进入下道作业的方法。互检是指操作人员之间对所完成的作业或分项工程进行相互检查,是对自检的一种复核和确认,起到相互监督的作用的方法。互检的形式可以是同组操作人员之间的相互检验,也可以是班组的质量检查员对本班组操作人员的抽检,同时也可以是下道作业对上道作业的交接检验。专检是指质量检验员对分部、分项工程进行的检验,用于弥补自检、互检的不足。

实行三检制,要合理确定好自检、互检和专检的范围。一般情况下,原材料、半成品、成品的检验以专职检验人员为主,生产过程的各项作业的检验则以施工现场操作人员的自检、互检为主,专职检验人员巡回抽检为辅。成品的质量必须进行终检认证。

2．技术复核

技术复核是指工程在未施工前所进行的预先检查。技术复核的目的是保证技术基准的正确性,避免因技术工作的疏忽差错而造成工程质量事故。因此,凡是涉及定位轴线、标高、尺寸,配合比,皮数杆,横板尺寸,预留洞口,预埋件的材质、型号、规格,吊装预制构件强度等,都必须根据设计文件和技术标准的规定进行复核检查,并做好记录和标志。

3．设计变更

施工过程中,由于业主的需要或设计单位出于某种改善性考虑,以及施工现场实际条件发生变化,导致设计与施工的可行性发生矛盾,这些都将涉及施工图的设计变更。设计变更不仅关系到施工依据的变化,而且还涉及工程量的增减及工程项目质量要求的变化,因此,必须严格按照规定程序处理设计变更的有关问题。

一般的设计变更需设计单位签字盖章确认,监理工程师下达设计变更令,施工单位备案后执行。

4．三令管理

三令是指土方开挖令、混凝土浇灌令、拆模令。

在施工生产过程中,凡沉桩、挖土、混凝土浇灌等作业必须纳入按命令施工的管理范围,即三令管理。三令管理的目的在于核查施工条件和准备工作情况,确保后续施工作业的连续性、安全性。

5．级配管理

施工过程中所涉及的砂浆或混凝土,凡在图纸上标明强度或强度等级的,均需纳入级配管理制度范围。级配管理包括事前、事中和事后管理三个阶段。事前管理主要是级配的试验、调整和确认;事中管理主要是砂浆或混凝土拌制过程中的监控;事后管理则为试块试验结果的分析,实际上是对砂浆或混凝土的质量评定。

6．分部、分项工程和隐蔽工程的质量检验

施工过程中,每一分部、分项工程和隐蔽工程施工完毕后,质检人员均应根据合同对该工程进行检验。质量检验应在自检、专业检验的基础上,由专职质量检查员或企业的技术质量部门进行核定。只有通过其验收检查,对质量确认后,方可进行后续工程施工或隐蔽工程的覆盖。

其中隐蔽工程是指那些施工完毕后将被隐蔽而无法或很难对其再进行检查的分部、分项工程,就土建工程而言,隐蔽工程的验收项目主要有地基、基础、基础与主体结构各部位钢筋、现场结构焊接、高强螺栓连接、防水工程等。

进行对分部、分项工程和隐蔽工程检验,可确保工程质量符合规定要求,对发现的问题应及时处理,不留质量隐患及避免施工质量事故的发生。

7．成品保护

在施工过程中,有些分部、分项工程已经完成,而其他一些分部、分项工程尚在施工,或者是在其分部、分项施工过程中,某些部位已完成,而其他部位正在施工。在这种情况下,施工单位必须负责对已完成部分采取妥善措施予以保护,以免成品缺乏保护或保护不善而造成损伤或污染,影响工程的整体质量。

成品保护工作主要是要合理安排施工顺序、按正确的施工流程组织施工及制定和实施严格的成品保护措施。

任务 4　　工程质量的分析方法

知识目标

　　熟悉质量数据统计的术语及收集方法;掌握工程质量分析的方法。

能力目标

　　能利用工程项目质量统计的常用方法(如排列图法、因果分析图法、分层法、直方图法、控制图法、相关图法和统计调查分析法等)分析工程中出现的质量问题。

　　水利水电工程施工中,利用质量数据和统计分析方法进行项目质量控制,是控制工程质量的重要手段。

　　质量数据是用于描述工程质量特征性能的数据。它是进行质量控制的基础,没有质量数据,就不可能有现代化的、科学的质量控制。

　　通过对质量数据的收集、整理和统计分析,找出质量的变化规律和存在的质量问题,提出进一步的改进措施,这种运用数学工具进行质量控制的方法是所有涉及质量管理的人员所必须掌握的,它可以使质量控制工作定量化和规范化。

模块 1　质量统计的基本知识

1. 质量数据统计的几个术语

1) 总体和个体

　　总体也称母体,是所研究对象的全体。个体是组成总体的基本元素。总体中含有个体的数目通常用 N 表示。实践中一般把从每件产品检测得到的某一质量数据(强度、几何尺寸、重量等),即质量特性值视为个体,产品的全部质量数据的集合即为总体。

2) 样本

　　样本也称子样,是从总体中随机抽取出来,并根据对其研究结果推断总体质量特征的那部分个体。被抽中的个体称为样品,样品的数目称为样本容量,用 n 表示。

2. 质量数据的收集方法

1) 全数检验

　　全数检验是对总体中的全部个体逐一观察、测量、计数、登记,从而获得对总体质量水平结论的方法。全数检验一般比较可靠,能提供大量的质量信息,但要消耗很多人力、物力、财力和时间,特别是不能用于具有破坏性的检验和过程质量控制,应用上具有局限性;对于有限总体的重要检测项目,在可采用快速不破损检验方法时,可选用全数检验方案。

2) 随机抽样检验

　　抽样检验是按照随机抽样的原则,从总体中抽取部分个体组成样本,根据对样品进行检测的结果,推断出总体质量水平的方法。

　　抽样检验抽取样品不受检验人员意愿的支配,每个个体被抽中的概率都相同,从而保证了样本在总体中的分布比较均匀,有充分的代表性;同时它还具有节省人力、物力、财力、时间和准确性高的优点;它又可用于破坏性检验和生产过程的质量监控,完成全数检验无法进行的检测项目,具有广泛的应用空间。抽样的具体方法有以下几种。

（1）简单随机抽样。

简单随机抽样又称纯随机抽样、完全随机抽样，是对总体不进行任何加工，直接进行随机抽样，获取样本的方法。

（2）分层抽样。

分层抽样又称分类抽样或分组抽样，是将总体按与研究目的有关的某一特性分为若干组，然后在每组内随机抽取样品组成样本的方法。

（3）等距抽样。

等距抽样是将个体按某一特性排队编号后均分为 n 组，这时每组有 $K=N/n$ 个个体，然后在第一组内随机抽取一件样品，以后每隔一定距离（K 号）抽取出其余样品组成样本的方法。

（4）整群抽样。

整群抽样是将总体按自然存在的状态分为若干群，并从中抽取样品群组成样本，然后在选中的群内进行全数检验的方法。

（5）多阶段抽样。

多阶段抽样是将各种单阶段抽样方法结合使用，通过多次随机抽样来实现的抽样方法。

模块 2　质量统计方法

质量统计方法是通过对质量数据的收集、整理和分析研究，了解、整理误差的现状和内在的发展规律，推断工程质量的现状和可能存在的问题，为工程质量管理提供依据的方法。

工程项目质量统计的常用方法有排列图法、因果分析图法、分层法、直方图法、控制图法、相关图法和统计调查表法等。施工项目质量管理应用较多的是统计调查表法、分层法、排列图法、直方图等。

1. 统计调查表法

统计调查表法是利用统计整理数据和分析质量问题的各种表格，对工程质量的影响原因进行分析和判断的方法。这种方法简单方便，并能为其他方法提供依据。统计调查表没有固定的格式和内容，工程中常用的统计调查表有：分项工程作业质量分布调查表、不合格项目停产表、不合格原因调查表、工程质量判断统计调查表。

统计调查表一般由表头和频数统计两部分组成，内容根据需要和具体要求确定。

【例 5-1】　采用统计调查表法对地梁混凝土外观质量和尺寸偏差进行调查。混凝土外观质量和尺寸偏差调查表见表 5-1。

表 5-1　混凝土外观质量和尺寸偏差调查表

分部分项工程名称	地梁混凝土	操 作 班 组	
生产时间		检查时间	
检查方式和数量		检查员	
检查项目名称	检查记录		合计
漏筋	正		5
蜂窝	正正		10
裂缝	一		1
尺寸偏差	正正		10
总计			26

2. 分层法

分层法又称分类法,是将收集的数据根据不同的目的,按性质、来源、影响因素等进行分类和分层研究的方法。分层法可以使杂乱的数据条理化,找出主要的问题,采取相应的措施。常用的分层方法有:按工程内容分层;按时间、环境分层;按机械设备分层;按操作者分层;按生产工艺分层;按质量检验方法分层。

【例 5-2】 对某批钢筋焊接质量调查,共检查接头数量 100 个,其中不合格 25 个,不合格率为 25%,试分析问题的原因。

经查明,这批钢筋是由 A、B、C 三个工人进行焊接的,采用同样的焊接工艺,焊条由两个厂家提供。采用分层法进行分析,可按焊接操作者和焊条供应厂家进行分层,见表 5-2 和表 5-3。

表 5-2　按焊接操作者分层

操 作 者	不 合 格	合 格	不 合 格 率
A	15	35	30%
B	6	25	19%
C	4	15	21%
合 计	25	75	25%

表 5-3　按焊条供应厂家分层

供 应 厂 家	不 合 格	合 格	不 合 格 率
甲	10	35	22%
乙	15	40	27%
合 计	25	75	25%

从表中得知,操作者 B 的操作水平较高,工厂甲的焊条质量较好。

3. 排列图法

排列图又称帕累托图或主次因素分析图,是寻找影响质量主次因素的一种有效方法。它是由两个纵坐标、一个横坐标、几个连起来的直方形和一条曲线所组成的,如图 5-1 所示。左侧的纵坐标表示频数,右侧纵坐标表示累计频率,横坐标表示影响质量的各个因素或项目,按影响程度大小从左至右排列,直方形的高度示意某个因素的影响大小。

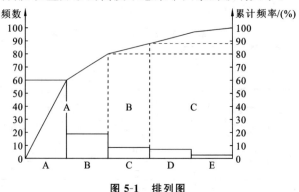

图 5-1　排列图

下面结合案例说明排列图的绘制。

【**例 5-3**】   某工地现浇混凝土构件尺寸质量检查结果整理后见表 5-4。为改进并保证质量,应对这些不合格点进行分析,以便找出混凝土构件尺寸质量的薄弱环节。

表 5-4   不合格点项目频数、频率统计表

序 号	项 目	频 数	频率/(%)	累计频率/(%)
1	截面尺寸	65	61	61
2	轴线位置	20	19	80
3	垂直度	10	9	89
4	标高	8	8	97
5	其他	3	3	100
合计		106	100	

(1)收集整理数据。

收集整理混凝土构件尺寸各项目不合格点的数据资料,见表 5-4。

(2)绘制排列图。

排列图的绘制步骤如下。

① 画横坐标。将横坐标按项目数等分,并按项目数从大到小的顺序由左至右排列,该例中横坐标分为五等份。

② 画纵坐标。左侧的纵坐标表示项目不合格点数即频数,右侧纵坐标表示累计频率。要求总频数对应累计频率 100%。

③ 画频数直方形。以频数为高画出各项目的直方形。

④ 画累计频率曲线。从横坐标左端点开始,依次连接各项目直方形右边线及所对应的累计频率值的交点,所得的曲线即为累计频率曲线。

本案例中混凝土构件尺寸不合格点排例图,如图 5-2 所示。

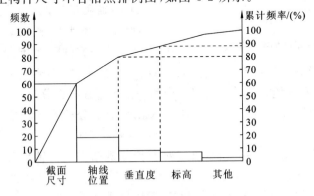

图 5-2   混凝土构件尺寸不合格点排列图

(3)排列图的观察与分析。

① 观察直方形。排列图中的每个直方形都表示一个质量问题或影响因素。影响程度与各直方形的高度成正比。

② 确定主次因素。实际应用中,通常利用 A、B、C 分区法进行确定,按累计频率划分为

(0~80%)、(80%~90%)、(90%~100%)三部分,与其对应的影响因素分别为 A、B、C 三类。A 类为主要因素,是重点要解决的对象,B 类为次要因素,C 类为一般因素,不作为解决的重点。

本例中,累计频率曲线所对应的 A、B、C 三类影响因素分别如下。

A 类即为主要因素,是截面尺寸、轴线位置;B 类即为次要因素,是垂直度;C 类即为一般因素,有标高和其他项目。综合以上分析结果,下步应重点解决 A 类等质量问题。

(4)排列图的应用。

排列图可以形象、直观地反映主次因素,其主要应用如下。

① 按不合格点的因素分类,可以判断造成质量问题的主要因素,找出工作中的薄弱环节。

② 按生产作业分类,可以找出生产不合格品最多的关键工序,进行重点控制。

③ 按生产班组或单位分类,可以分析比较各单位技术水平和质量管理水平。

④ 将采取提高质量措施前、后的排列图对比,可以分析措施是否有效。

4. 因果分析图法

因果分析图法是利用因果分析图来系统整理分析某个质量问题(结果)与其影响因素之间关系,采取措施,解决存在的质量问题的方法。因果分析图也称特性要因图,又因其形状称为树枝图或鱼刺图。

因果分析图的基本形式如图 5-3 所示。

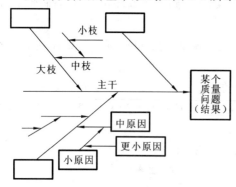

图 5-3　因果分析图的基本形式

从图 5-3 可见,因果分析图由质量特性(即质量结果,指某个质量问题)、要因(产生质量问题的主要原因)、枝干(指一系列箭线表示不同层次的原因)、主干(指较粗的直接指向质量结果的水平箭线)等组成。

因果分析图的绘制顺序与图中箭头方向相反,是从"结果"开始将原因逐层分解的,具体步骤如下。

(1)明确质量问题——结果。作图时首先由左至右画出一条水平主干线,箭头指向一个矩形框,框内注明研究的问题,即结果。

(2)分析确定影响质量特性的大方面的原因。一般来说,影响质量因素有五大方面,即人、机械、材料、方法和环境。另外还可以按产品的生产过程进行分析。

(3)将每种大原因进一步分解为中原因、小原因,直至分解的原因可以采取具体措施加以解决为止。

(4)检查图中所列原因是否齐全,可以对初步分析结果广泛征求意见,并做必要补充及修改。

(5)选出影响大的关键因素,做出标记"△",以便重点采取措施。

5. 直方图法

直方图法又称频数分布直方图法,它是将收集到的质量数据进行分组整理,绘制成以组距为底边,以频数为高度的矩形图,用于描述质量分布状态的一种分析方法。通过直方图的观察与分析,可以了解产品质量的波动情况,掌握质量特性的分布规律,以便对质量状况进行分析判断,评价工作过程能力等。

【例 5-4】　某工程项目浇筑 C20 混凝土,为对其抗压强度进行质量分析,共收集了 50 份抗压强度试验报告单,试用直方图法进行质量分析。

（1）收集整理数据。

用随机抽样的方法抽取数据并整理,见表 5-5。

表 5-5　数据整理表　　　　　　　　　　　　　　单位:N/mm²

序号	抗压强度数据					最大值	最小值
1	23.9	21.7	24.5	21.8	25.3	25.3	21.7
2	25.1	23	23.1	23.7	23.6	25.1	23
3	22.9	21.6	21.2	23.8	23.5	23.8	21.2
4	22.8	25.7	23.2	21	23	25.7	21
5	22.7	24.6	23.3	24.8	22.9	24.8	22.9
6	22.6	25.8	23.5	23.7	22.8	25.8	22.6
7	24.3	24.4	21.9	22.2	27	27	21.9
8	26	24.2	23.4	24.9	22.7	26	22.7
9	25.2	24.1	25.0	22.3	25.9	25.9	22.3
10	23.9	24	22.4	25.0	23.8	25.0	22.4

注:一般要求收集数据在 50 份以上才具备代表性。

计算极差 R。极差 R 是数据中最大值和最小值之差。

$$X_{min}=21\ N/mm^2\quad X_{max}=27\ N/mm^2$$

$$R=X_{max}-X_{min}=(27-21)\ N/mm^2=6\ N/mm^2$$

（2）对数据分组。

确定组数 K、组距 H 和组限。

① 确定组数的原则是分组的结果能正确地反映数据的分布规律,组数应根据数据多少来确定。组数过少,会掩盖数据的分布规律;组数过多,使数据过于零乱分散,也不能显示出质量分布状况。一般可参考表 5-6 中的经验数值确定。

表 5-6　数据分组参考值

数据总数(n)	分组数(K)	分组数(K)	分组数(K)	数据总数(n)	分组数(K)
50～100	6～10	6～10	7～12	≥250	10～20

② 本例中取 K=7。

组距是组与组之间的间隔,也即一个组的范围,各组距应相等,于是有

极差≈组距×组数

即

$$R≈H\cdot K$$

因而组数、组距的确定应结合极差综合考虑,适当调整,还要注意数值尽量取整,使分组结果能包括全部变量值,同时也便于以后的计算分析。

本例中:

$$H=R/K=6/7\ N/mm^2=0.85\ N/mm^2≈1\ N/mm^2$$

③ 确定组限。

每组的最大值为上限,最小值为下限,上、下限统称组限,确定组限时应注意各组之间应连

续,即较低组上限应为相邻较高组下限,这样才不致使有的数据被遗漏。对恰恰处于组限值上的数据,其解决的办法有两种:一是规定每组上(或下)限不计在该组内,而应计入相邻较高(或较低)组内;二是将组限值较原始数据精度提高半个最小测量单位。

本例采取第一种办法划分组限,即每组上限不计入该组内。

第一组下限:$X_{\min} - H/2 = 21 - 1/2 = 20.5$

第一组上限:$20.5 + H = 20.5 + 1 = 21.5$

第二组上限＝第一组上限＝21.5

第二组上限:$21.5 + 1 = 22.5$

以此类推,最高组限为 25.5～26.5,分组结果覆盖了全部数据。

(3) 编制数据频数统计表。

统计各组频数,频数总和应等于全部数据个数。本例频数统计结果见表 5-7。

表 5-7　频数(频率)分布表

组　　号	组限/(N/mm²)	频　　数
1	20.5～21.5	2
2	21.5～22.5	7
3	22.5～23.5	13
4	23.5～24.5	14
5	24.5～25.5	9
6	25.5～26.5	4
7	26.5～25.5	1
合计		50

从表 5-7 可以看出,浇筑 C20 混凝土 50 个试块的抗压强度是各不相同的,这说明质量特性值是有波动的。为了更直观、更形象地表现质量特征值的这种分布规律,应进一步绘制出直方图。

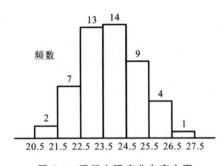

图 5-4　混凝土强度分布直方图

(4) 绘制直方图。

直方图可分为频数直方图、频率直方图、频率密度直方图三种,最常见的是频数直方图。在频数直方图中,横坐标表示质量特征值,纵坐标表示频数。根据表 5-7 可以画出以组距为底,以频数为高的 K 个直方图,得到混凝土强度的频数分布直方图,如图 5-4 所示。

(5) 直方图的观察与分析。

根据直方图的形状来判断质量分布状态,正常型的直方图是中间高,两侧低,左右基本对称的图形,这是理想的质量控制结果,如图 5-5(a)所示;出现非正常型直方图时,表明生产过程或收集数据作图方法有问题,这就要求进一步分析判断,找出原因,从而采取措施加以纠正。凡属非正常型直方图,其图形分布有各种不同缺陷,归纳起来一般有 5 种类型。

① 折齿型,如图 5-5(b)所示,是由于分组组数不当或者组距确定不当出现的直方图。

② 缓坡型,如图 5-5(c)所示,主要是由于操作中对上限(或下限)控制太严造成的。

③ 孤岛型,如图 5-5(d)所示,是原材料发生变化,或者临时他人顶班作业造成的。

④ 双峰型,如图 5-5(e)所示,是由于用两种不同的方法或两台设备或两组工人进行生产,然后把两方面数据混在一起整理产生的。

⑤ 绝壁型,如图 5-5(f)所示,是由于数据收集不正常,可能有意识地去掉下限以下的数据,或是在检测过程中存在某种人为因素所造成的。

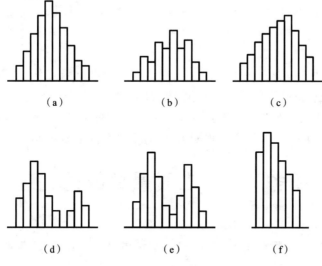

图 5-5　常见的直方图图形

(6) 将直方图与质量标准比较。

判断实际生产过程能力作出直方图后,将正常型直方图与质量标准相比较,从而判断实际生产过程能力,一般可得出 6 种情况,如图 5-6 所示。

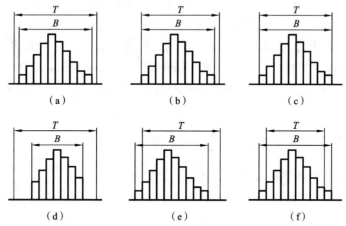

T——表示质量标准要求界限;B——表示实际质量特性分布范围

图 5-6　实际质量与标准比较

① 如图 5-6(a)所示,B 在 T 中间,质量分布中心与质量标准中心 M 重合,实际数据分布与质量标准相比较,两边还有一定余地,这样的生产过程质量是很理想的,说明生产过程处于正常的稳定状态,在这种情况下生产出来的产品可认为全部是合格品。

② 如图 5-6(b)所示,B 虽然落在 T 内,但质量分布中与 T 的中心 M 不重合,偏向一边。这样如果生产状态一旦发生变化,就可能超出质量标准下限而出现不合格品。出现这种情况

时应迅速采取措施,使直方图移到中间来。

③ 如图 5-6(c)所示,B 在 T 中间,且 B 的范围接近 T 的范围,没有余地,生产过程一旦发生小的变化,产品的质量特性值就可能超出质量标准。出现这种情况时,必须立即采取措施,以缩小质量分布范围。

④ 如图 5-6(d)所示,B 在 T 中间,但两边余地太大,说明加工过于精细,不经济。在这种情况下,可以对原材料、设备、工艺、操作等的控制要求适当放宽些,有目的地使 B 扩大,从而有利于降低成本。

⑤ 如图 5-6(e)所示,质量特性分布范围 B 已超出标准下限之外,说明已出现不合格品。此时必须采取措施进行调整,使质量分布位于标准之内。

⑥ 如图 5-6(f)所示,质量分布范围 B 完全超出了质量标准上、下界限,散差太大,产生许多废品,说明过程能力不足,应提高过程能力,使质量分布范围 B 缩小。

任务 5　施工质量事故的处理

知识目标

　　掌握施工项目质量问题的特点、产生原因;掌握质量事故的定义;掌握质量事故的分析和处理程序及质量事故的处理方法。

能力目标

　　能分析施工项目质量问题产生的原因;能针对质量事故进行分析和处理。

　　施工项目由于具有产品不固定,生产流动;产品多样,结构类型不一;露天作业多,自然条件(地质、水文、气象、地形等)多变;材料品种、规格不同,材性各异,交叉施工,现场配合复杂;工艺要求不同,技术标准不一等特点,因此,对质量影响的因素繁多,在施工过程中稍有疏忽,就极易引起系统性因素的质量变异,从而产生质量问题或严重的工程质量事故。为此,必须采取有效措施,对常见的质量问题事先加以预防;对出现的质量事故应及时进行分析和处理。

模块 1　施工项目质量问题的特点

　　施工项目质量问题具有复杂性、严重性、可变性和多发性的特点。

1. 复杂性

　　施工项目质量问题的复杂性,主要表现在引发质量问题的因素复杂,从而增加了对质量问题的性质、危害的分析、判断和处理的复杂性。例如,建筑物的倒塌可能是未认真进行地质勘察,地基的容许承载力与持力层不符;也可能是未处理好不均匀地基,产生过大的不均匀沉降;或是盲目套用图纸,结构方案不正确,计算简图与实际受力不符;或是荷载取值过小,内力分析有误,结构的刚度、强度、稳定性差;或是施工偷工减料,不按图施工,施工质量低劣;或是建筑材料及制品不合格,擅自代用材料等原因所造成。由此可见,即使同一性质的质量问题,原因有时截然不同。所以,在处理质量问题时,必须深入地进行调查研究,针对其质量问题的特征作具体分析。

2. 严重性

施工项目质量问题,轻者,影响施工顺利进行,拖延工期,增加工程费用;重者,给工程留下隐患,影响安全使用或不能使用;更严重的是引起建筑物倒塌,造成人民生命财产的巨大损失。例如,某地在一工程施工过程中,现浇圈梁时,轴线偏移了,圈梁上面的楼板搭接长度不足,造成坍塌事故,当场砸死了人。

3. 可变性

许多工程质量问题还将随着时间的推移不断发展变化。例如,钢筋混凝土结构出现的裂缝将随着环境湿度、温度的变化而变化,或随着荷载的大小和持荷时间的变化而变化;建筑物的倾斜将随着附加弯矩的增加和地基的沉降而变化;混合结构墙体的裂缝也会随着温度应力和地基的沉降量的变化而变化;甚至有的细微裂缝,也可以发展成构件断裂或结构物倒塌等重大事故。所以,在分析、处理工程质量问题时,一定要特别重视质量事故的可变性,应及时采取可靠的措施,以免事故进一步恶化。

4. 多发性

施工项目中有些质量问题,就像"常见病"、"多发病"一样经常发生,而成为质量通病,如抹灰层开裂、脱落;地面起砂、空鼓;排水管道堵塞;预制构件裂缝等。另有一些同类型的质量问题,往往一再重复发生,如雨篷的倾覆,悬挑梁、板的断裂,混凝土强度不足等。因此,吸取多发性事故的教训,认真总结经验,是避免事故重演的有效措施。

模块 2　施工项目质量问题产生的原因

施工项目质量问题表现的形式多种多样,诸如建筑结构的错位、变形、倾斜、倒塌、破坏、开裂、渗水、漏水、刚度低、强度不足、断面尺寸不准等,但究其原因,可归纳如下。

1. 违背建设程序

不经可行性论证,不做调查分析就拍板定案;没有搞清工程地质、水文地质就仓促开工;无证设计,无图施工,任意修改设计,不按图纸施工;工程竣工不进行试车运转、不经验收就交付使用等蛮干现象,致使不少工程项目留有严重隐患,房屋倒塌事故也常有发生。

2. 工程地质勘察原因

未认真进行地质勘察,提供的地质资料、数据有误;地质勘察时,钻孔间距太大,不能全面反映地基的实际情况;地质勘察钻孔深度不够,没有查清地下软土层、滑坡、墓穴、孔洞等地层构造;地质勘察报告不详细、不准确等,均会导致错误的基础方案,造成地基不均匀沉降、失稳,使上部结构及墙体开裂、破坏、倒塌。

3. 未加固处理好地基

对软弱土、冲填土、杂填土、湿陷性黄土、膨胀土、岩层出露、熔岩、土洞等不均匀地基未进行加固处理或处理不当,均是导致重大质量问题的原因。必须根据不同地基的工程特性,按照地基处理应与上部结构相结合,使其共同工作的原则,从地基处理、设计措施、结构措施、防水措施、施工措施等方面综合考虑治理。

4. 设计计算问题

设计考虑不周,结构构造不合理,计算简图不正确,计算荷载取值过小,内力分析有误,沉降缝及伸缩缝设置不当,悬挑结构未进行抗倾覆验算等,都是诱发质量问题的隐患。

5. 建筑材料及制品不合格

诸如钢筋物理力学性能不符合标准，水泥受潮、过期等，砂石级配不合理，混凝土配合比不准，外加剂性能、掺量不符合要求，均会影响混凝土强度、和易性、密实性、抗渗性，导致混凝土结构强度不足、裂缝、渗漏、蜂窝、露筋等质量问题；预制构件断面尺寸不准，支承锚固长度不足，钢筋漏放、错位，板面开裂等，也必然会使建筑物出现断裂、垮塌。

6. 施工和管理问题

许多工程质量问题，往往是由施工和管理所造成的。施工管理问题如下。

（1）不熟悉图纸，盲目施工；图纸未经会审，仓促施工；未经监理、设计部门同意，擅自修改设计。

（2）不按图施工。把铰接做成刚接，把简支梁做成连续梁，抗裂结构用光圆钢筋代替变形钢筋等。

（3）不按有关施工验收规范施工。如现浇混凝土结构不按规定的位置和方法任意留设施工缝；不按规定的强度拆除模板等。

（4）不按有关操作规程施工。如用插入式振捣器捣实混凝土时，不按插点均布、快插慢拔、上下抽动、层层扣搭的操作方法，致使混凝土振捣不实，整体性差等。

（5）缺乏基本结构知识，施工蛮干。如施工中在楼面超载堆放构件和材料等，给质量和安全造成严重的后果。

（6）施工管理紊乱，施工方案考虑不周，施工顺序错误。技术组织措施不当，技术交底不清，违章作业。不重视质量检查和验收工作等。

7. 自然条件影响

施工项目周期长、露天作业多，受自然条件影响大，温度、湿度、日照、雷电、洪水、大风、暴雨等都能造成重大的质量事故，施工中应特别重视，采取有效措施予以预防。

8. 建筑结构使用问题

建筑物使用不当，也易造成质量问题。如不经校核、验算，就在原有建筑物上任意加层；任意开槽、打洞、削弱承重结构的截面等。

模块 3　施工项目质量事故的分析与处理

1. 施工项目质量事故的定义

凡工程质量不符合建筑质量检验评定标准、相关施工及验收规范或设计图纸要求，造成一定经济损失或永久性缺陷的，都是工程质量事故。

工程质量事故分为重大质量事故、一般质量事故和质量问题。

1）重大质量事故

重大质量事故分为以下四个等级。

（1）直接经济损失在 300 万元以上的为一级重大质量事故。

（2）直接经济损失在 100 万元以上，不满 300 万元的为二级重大质量事故。

（3）直接经济损失在 30 万元以上，不满 100 万元的为三级重大质量事故。

（4）直接经济损失在 10 万元以上，不满 30 万元的为四级重大质量事故。

2）一般质量事故

一般质量事故是指直接经济损失在 5000 元以上，不满 10 万元的事故。

3）质量问题

直接经济损失在 5000 元以下的，为质量问题，由企业自行处理。

2. 施工项目质量事故的分析和处理程序

1）施工项目质量问题分析的目的

（1）正确分析和妥善处理所发生的质量问题，以创造正常的施工条件。

（2）保证建筑物、构筑物的安全使用，减少事故的损失。

（3）总结经验教训，预防事故重复发生。

（4）了解结构实际工作状态，为正确选择结构计算简图、构造设计，修订规范、规程和有关技术措施提供依据。

2）施工项目质量问题分析和处理的程序

（1）施工项目质量问题分析、处理的程序，一般如图 5-7 所示。

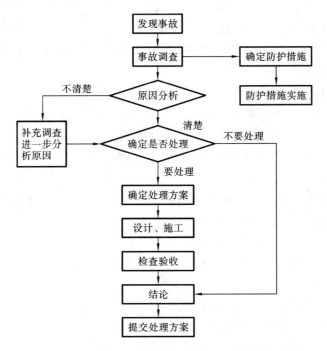

图 5-7　施工项目质量问题分析、处理的程序

（2）在出现施工质量缺陷或事故后，应停止有质量缺陷部位和与其有关部位及下道工序施工，需要时还应采取适当的防护措施。同时，要及时上报主管部门。

（3）进行质量事故调查，主要目的是要明确事故的范围、缺陷程度、性质、影响和原因，通过调查为事故的分析与处理提供依据，一定要力求全面、准确、客观。通过调查，将结果整理撰写成事故调查报告，其内容包括：

①　工程概况，重点介绍事故有关部分的工程情况；

②　事故情况，事故发生时间、性质、现状及发展变化的情况；

③　是否需要采取临时应急防护措施；

④ 事故调查中的数据、资料；

⑤ 事故原因的初步判断；

⑥ 事故涉及人员与主要责任者的情况等。

（4）在事故调查的基础上进行事故原因分析，正确判断事故原因。事故原因分析是确定事故处理措施方案的基础。正确的处理来源于对事故原因的正确判断。避免在情况不明条件下主观分析判断事故的原因，尤其是有些事故，其原因错综复杂，往往涉及勘察、设计、施工、材质、使用管理等几方面，只有对调查提供充分的调查资料，对数据进行详细、深入的分析后，才能由表及里、去伪存真，找出造成事故的真正原因。

（5）研究制订事故处理方案。事故处理方案的制订应以事故原因分析为基础，对有些事故一时认识不清时，只要事故不致产生严重的恶化，可以继续观察一段时间，做进一步调查分析，不要急于求成，以免造成同一事故多次处理的不良后果。事故处理的基本要求是：安全可靠，不留隐患，满足建筑功能和使用要求；技术可行，经济合理，施工方便。在事故处理中，还必须加强质量检查和验收。对每一个质量事故，无论是否需要处理都要经过分析，做出明确的结论。

（6）按确定的处理方案对质量缺陷进行处理。

（7）在质量缺陷处理完毕后，应组织有关人员对处理结果进行严格的检查、鉴定和验收。

3. 施工项目质量事故的处理

1）质量事故处理的基本要求

（1）处理应达到安全可靠，不留隐患，满足生产、使用要求，施工方便，经济合理的目的。

（2）重视消除事故的原因。这不仅是一种处理方向，也是防止事故重演的重要措施。

（3）注意综合治理。既要防止原有事故的处理引发新的事故，又要注意处理方法的综合应用。

（4）正确确定处理范围。除了直接处理事故发生的部位外，还应检查事故对相邻区域及整个结构的影响，以正确确定处理范围。

（5）正确选择处理时间和方法。发现质量问题后，一般均应及时分析处理，但并非所有质量问题的处理都是越早越好，如裂缝、沉降，变形尚未稳定就匆忙处理，往往不能达到预期的效果，而常会发生相同事故而需要重复处理。处理方法应根据质量问题的特点，综合考虑安全可靠、技术可行、经济合理、施工方便等因素，经分析比较，择优选定。

（6）加强事故处理的检查验收工作。从施工准备到竣工，均应根据有关规范的规定和设计的质量标准进行检查验收。

（7）认真复查事故的实际情况。在事故处理中若发现事故情况与调查报告中所述的内容差异较大，则应停止施工，待查清问题的实质，采取相应的措施后再继续施工。

（8）确保事故处理期的安全。事故现场中不安全因素较多，应事先采取可靠的安全技术措施和防护措施，并严格检查、执行。

2）质量事故处理的鉴定

质量问题处理是否达到预期的目的，是否留有隐患，需要通过检查验收做出结论。事故处理质量检查验收，必须严格按施工验收规范中有关规定进行；必要时，还要通过实测实量、荷载试验、取样试压、仪表检测等方法来获取可靠的数据，这样才可能对事故做出明确的处理结论。

事故处理结论的内容有以下几种。

（1）事故已排除，可以继续施工。

（2）隐患已经消除，结构安全可靠。

（3）经修补处理后，完全满足使用要求。

（4）基本满足使用要求，但附有限制条件，如限制使用荷载、限制使用条件等。

（5）对耐久性影响的结论。

（6）对建筑外观影响的结论。

（7）对事故责任的结论等。

此外，对一时难以做出结论的事故，还应进一步提出观测检查的要求。

事故处理后，还必须提交完整的事故处理报告，其内容包括：事故调查的原始资料、测试数据；事故的原因分析、论证；事故处理的依据；事故处理方案、方法及技术措施；检查验收记录；事故无需处理的论证；事故处理结论等。

3）质量事故处理的应急措施

工程中的质量问题具有可变性，往往随时间、环境、施工情况等的变化而发展变化，有些细微裂缝可能逐步发展成构件断裂；有些局部沉降、变形可能致使房屋倒塌。为此，在处理质量问题前，应及时对问题的性质进行分析，做出判断，对那些随着时间、温度、湿度、荷载条件变化而变化的变形、裂缝要认真观测记录，寻找变化规律及可能产生的恶果；对那些表面的质量问题，要进一步查明问题的性质是否会转化；对那些可能发展成为构件断裂、房屋倒塌的恶性事故，更要及时采取应急补救措施。在拟定应急措施时，一般应注意以下事项。

（1）对危险性较大的质量事故，首先应予以封闭或设立警戒区，只有在确认不可能倒塌或进行可靠支护后，方准许进入现场处理，以免人员伤亡。

（2）对需要进行部分拆除的事故，应充分考虑事故对相邻区域结构的影响，以免事故进一步扩大，且应制定可靠的安全措施和拆除方案，要严防对原有事故的处理引发新的事故，如偷梁换柱，稍有疏忽将会引起倒塌。

（3）凡涉及结构安全的，都应对处理阶段的结构强度、刚度和稳定性进行验算，提出可靠的防护措施，并在处理中严密监视结构的稳定性。

（4）在不卸荷条件下进行结构加固时，要注意加固方法和施工荷载对结构承载力的影响。

（5）要充分考虑对事故处理中所产生的附加内力对结构的作用，以及由此引起的不安全因素。

4）质量事故处理的资料和方案

（1）质量问题处理的资料。

一般质量问题的处理，必须具备的资料有：与事故有关的施工图；与施工有关的资料，如建筑材料试验报告、施工记录、试块强度试验报告等；事故调查分析报告。

事故调查分析报告包括以下几种。

① 事故情况。发生事故的时间、地点；事故的描述；事故观测记录；事故发展变化规律；事故是否已经稳定等。

② 事故性质。应区分事故是属于结构性问题还是一般性缺陷；是表面性的还是实质性的；是否需要及时处理；是否需要采取防护性措施。

③ 事故原因。应阐明所造成事故的重要原因，如结构裂缝，是因地基不均匀沉降，还是温度变形；是因施工振动，还是由于结构本身承载能力不足所造成的。

④ 事故评价。阐明事故对建筑功能、使用要求、结构受力性能及施工安全有何影响并应附有实测、验算数据和试验资料;事故涉及人员及主要责任者的情况;设计、施工、使用单位对事故的意见和要求等。

(2) 质量问题处理的方案。

根据质量问题的性质,常见的处理方案有:封闭保护、防渗堵漏、复位纠偏、结构卸荷、加固补强、限制使用、拆除重建等。例如,结构裂缝应根据其所在部位和受力情况,有的只需要表面保护,有的需要同时作内部灌浆和表面封闭,有的则需要进行结构补强等。在确定处理方案时,必须掌握事故的情况和变化规律。如裂缝事故,只有待裂缝发展到最宽时,进行处理才最有效。同时,处理方案还应征得有关单位对事故调查和分析的一致意见,避免事故处理后,无法做出一致的结论。处理方案确定后,还要对方案进行设计,提出施工要求,以便付诸实施。

5) 质量问题处理决策的辅助方法

(1) 实验验证。即对某些有严重质量缺陷的项目,可采取合同规定的常规试验以外的试验方法进一步进行验证,以便确定缺陷的严重程度。例如,混凝土构件的试件强度低于标准要求不太大时,可进行加载试验,以证明其是否满足使用要求;又如公路工程的沥青面层厚度误差超过了规范允许的范围,可采用弯沉试验,检查路面的整体强度等。根据对试验验证检查的分析、论证,再研究处理决策。

(2) 定期观测。有些工程在发现其质量缺陷时,其状态可能尚未达到稳定,仍会继续发展,在这种情况下,一般不宜过早做出决定,可以对其进行一段时间的观测,然后再根据情况做出决定。属于这类的质量缺陷,如桥墩或其他工程的基础,在施工期间发生沉降超过预计的或规定的标准;混凝土或高填土发生裂缝,并处于发展状态等。有些有缺陷的工程短期内其影响可能不十分明显,需要较长时间的观测才能得出结论。

(3) 专家论证。对于某些工程缺陷,可能涉及的技术领域比较广泛,可采取专家论证方法来决策。采用这种办法时,应事先做好充分准备,尽早为专家提供详尽的情况和资料,以便使专家能够进行较充分的、全面和细致的分析、研究,提出切实的意见与建议。实践证明,这种方法对重大的质量问题做出恰当处理的决定十分有益。

6) 质量事故不作处理的论证

施工项目的质量问题并非都要处理,即使有些质量缺陷已超出了国家标准及规范要求,但也可以针对工程的具体情况,经过分析、论证,做出无需处理的结论。总之,对质量问题的处理,要实事求是,既不能掩饰,也不能扩大,以免造成不必要的经济损失和延误工期。无需作处理的质量问题常有以下几种情况。

(1) 不影响结构安全,生产工艺和使用要求。例如,有的建筑物在施工中发生了错位,若要纠正,困难较大,或将造成重大的经济损失。经分析论证,只要不影响工艺和使用要求,可以不作处理。

(2) 检验中的质量问题,经论证后可不作处理。例如,混凝土试块强度偏低,而实际混凝土强度经测试论证已达到要求,就可不作处理。

(3) 某些轻微的质量缺陷通过后续工序可以弥补的,可不处理。例如,混凝土墙板出现了轻微的蜂窝、麻面,而该缺陷可通过后续工序抹灰、喷涂、刷白等进行弥补,故无需对墙板的缺陷进行处理。

(4) 对出现的质量问题,经复核验算仍能满足设计要求者,可不作处理。例如,结构断面被削弱后,仍能满足设计的承载能力,但这种做法实际上在挖设计的潜力,因此需要特别慎重。

任务 6　工程质量评定与验收

知识目标

掌握施工项目质量验收的依据及原则;掌握工程项目质量验收的划分及验收的程序和组织;掌握工程竣工验收。

能力目标

能利用施工项目质量验收的原则及工程项目质量验收的划分原则,分析工程案例中出现的问题;能熟练运用验收的程序;掌握工程竣工验收过程。

工程质量评定是依据国家或部门统一制定的现行标准和方法,对照具体施工项目的质量结果,确定其质量等级的过程。

建设工程质量验收是对已完工的工程实体的外观质量及内在质量按规定程序检查后,确认其是否符合设计及各项验收标准的要求的过程,是判断可交付使用的一个重要环节。工程单位应严格按照国家相关行政管理部门对各类工程项目的质量验收标准制定规范的要求,正确地进行工程项目质量的检查评定和验收。

验收是指建筑工程在施工单位自行质量检查评定的基础上,参与建设活动的有关单位共同对检验批、分项、分部、单位工程的质量进行抽样复验,根据相关标准以书面形式对工程质量达到合格与否做出确认。

模块 1　建筑工程施工项目质量验收的依据

施工质量验收的依据如下:

(1) 国家和主管部门颁发的建设工程施工质量验收标准和规范、技术操作规程、工艺标准;

(2) 设计图纸、设计修改通知单、标准图、施工说明书等设计文件;

(3) 设备制造厂家的产品说明书和有关技术规定;

(4) 原材料、半成品、成品、构配件及设备的质量验收标准等。

模块 2　检验评定的原则

标准规定"分项工程质量应在班组自校的基础上,由单位工程负责人组织有关人员进行评定,专职质量检查员核定"。

质量检验评定首先是班组在施工过程中的自我校查。自我校查就是按照施工规范和操作工艺的要求,边操作边检查,将误差控制在规定的限值内。这就要求施工班组搞好自检、互检、交接校。自检、互检主要在本班组(本工种)内部范围进行,由承担分项工程的工种工人和班组长等参加。在施工操作过程中或工作完成后,对产品进行自我检查和互相检查,及时发现问题,及时整改,防止质量检查成为"马后炮"。班组自我质量把关,在施工过程中控制质量,经过自检、互检使工程质量达到合格或优良标准。单位工程负责人组织有关人员(工长、班组长、班组质量员)对分项工程检验评定,专职质量检查员核定,作为分项工程质量评定及下一道工序交接的依据。自检、互检突出了生产过程中加强质量控制,从分项工程开始加强质量控制,要求本班组(或工种)工人在自检的基础上,互相之间进行检查督促,取长补短,由生产者本身把好质量关,把质量问题和缺陷解决在施工过程中。

1. 自检、互检、交接检

自检、互检是班组在分项(或分部)工程交接(分项完工或中间交工验收)前,由班组进行的检查;也可以是分包单位在交给总包之前,由分包单位先进行的检查;还可以是由单位工程负责人(或企业技术负责人)组织有关班长(或分包)及有关人员参加的交工前的检验,对单位工程的观感和使用功能等方面易出现的质量瑕疵和遗留问题,尤其是各工种、分包之间的工序交叉可能发生建筑成品损坏污染的部位,均要及时发现问题及时改进,力争单位工程一次验收通过。

交接检是各班组之间,或各工种、各分包之间,在工序、分项或分部工程完毕之后,下一道工序、分项或分部工程开始之前,共同对前一道工序、分项或分部工程的检查,经后一道工序认可,并为他们创造了合格的工作条件。例如,基础公司把桩基交给土建公司,瓦工班组把某层砖墙交给木工班组支模,木工班组把模板交给钢筋班组绑扎钢筋,钢筋班组把钢筋交给混凝土班组浇筑混凝土,土建施工队把主体工程(标高、预留洞、预埋件)交给安装队安装水电管道与设备等。交接检通常由单位工程负责人(或施工队技术负责人)主持,有关班组长或分包单位参加,它是下道工序对上道工序的验收,也是班组之间的检查、督促和互相把关,是保证下一道工序顺利进行的有力措施,也利于分清质量责任和成品保护,也可以防止下道工序对上道工序的损坏,它促进了质量的控制。

在分项工程、分部工程完成后,由施工企业专职质量检查员,对工程质量进行核定,其中基础分部工程、主体分部工程,由企业技术、质量部门组织到施工现场进行检查验收和质量核定,以保证达到标准的合格规定,以便顺利进行下道工序。专职质量检查员正确掌握国家验评标准,是搞好质量管理的一个主要方面。

以往单位工程质量达不到合格标准,主要原因就是自检、互检、交接检执行不认真,检查马虎,流于形式,有的根本不进行自检、互检、交接检,干成啥样算啥样。有的工序、分项(分部)以及分包之间,不检查、不验收、不交接就进行下道工序,单位工程不自检就交给用户,结果是质量粗糙,使用功能差,质量不好,责任不清。

2. 谁生产谁负责

质量检查首先是班组在生产过程中的自我检查,这是一种自我控制的检查,是生产者应该做的工作。按照操作过程进行操作,依据验评标准进行工程质量检查,使生产出的产品达到标准规定的合格或优良,然后交给单位负责人,组织进行分项工程质量等级的检验评定。

施工过程中,操作者按规范要求随时检查,体现了谁生产谁负责的原则。标准中规定单位工程负责人组织检验评定分项工程质量等级;相当于施工队一级的技术负责人组织评定分部工程质量等级;企业技术负责人组织单位工程质量检验评定。有总分包的工程中总包单位要对工程质量全面负责,分包单位应对自己承建的分项、分部工程的质量等级负责,这些都体现了谁生产谁负责的原则,自己要把关,自己认真评定后才能交给下一道工序(或用户)。

好的质量是施工出来的,操作人员应有质量意识,管理人员应有质量观念,从自己的工作做起,切实抓好质量检查工作。新标准规定了各级都要承担质量责任,从分项工程就要严格掌握标准,加强控制,把质量问题消灭在施工过程中。而且层层把关,各负其责,只有这样才能搞好工程质量。

3. 加强第三方认证

在标准中,分项、分部工程质量检验评定规定了由专职质量检查员核定的内容。这种核定是企业内部质量部门的检验,也是质量部门代表企业验收产品质量,以保证企业生产合格的产品,以克服干成啥样算啥样的状况。分项、分部工程的质量等级不能由班组来自我评定,应以专职质量检查员核定的质量等级为准。达不到标准的,生产者要负责任,质量部门要起到督促检查作用。

质量监督是由城市权威的工程质量监理机构,根据有关法规和技术标准,对本地区的工程质量进行的监督检查,这种检查是第三方的监督检查认证。第三方认证是质量监理部门对工程进行质量等级的核定,是最后单位工程评定的质量等级,是工程交工验收的依据。

模块 3　工程项目质量验收的划分

建筑工程质量验收应划分为单位(子单位)工程、分部(子分部)工程、分项工程和检验批。

1. 单位工程的划分

单位工程的划分应按下列原则确定。

(1) 具备独立施工条件并能形成独立使用功能的建筑物及构筑物为一个单位工程。

(2) 对于建筑规模较大的单位工程,可将其能形成独立使用功能的部分作为一个子单位工程。具有独立施工条件和能形成独立使用功能是单位(子单位)工程划分的基本要求。在施工前由建设、监理、施工单位自行商议确定,并据此收集整理施工技术资料和验收。

2. 分部工程的划分

分部工程的划分应按下列原则确定。

(1) 分部工程的划分应按专业性质、建筑部位确定。

(2) 当分部工程较大或较复杂时,可按材料种类、施工特点、施工程序、专业系统及类别等划分为若干分部工程。在建筑工程的分部工程中,将原建筑电气安装分部工程中的强电和弱电部分独立出来各为一个分部工程,分别称为建筑电气分部和智能建筑(弱电)分部。

3. 分项工程的划分

分项工程的划分应按主要工种、材料、施工工艺、设备类别等进行确定。

分项工程可由一个或若干检验批组成,检验批可根据施工及质量控制和专业验收需要按楼层、施工段、变形缝等进行划分。分项工程划分成检验批进行验收有利于及时纠正施工中出现的质量问题,确保工程质量,也符合施工实际需要。多层及高层建筑工程中主体分部的分项工程可按楼层或施工段来划分检验批,单层建筑工程的分项工程可按变形缝等划分检验批;地基基础分部工程中的分项工程一般划分为一个检验批,有地下层的基础工程可按不同地下层划分检验批;屋面分部工程中的分项工程中的不同楼层屋面可划分为不同的检验批;其他分部工程中的分项工程,一般按楼面划分检验批;对于工程量较少的分项工程可统一划分为一个检验批。安装工程一般按一个设计系统或设备组别划分为一个检验批。室外工程统一划分为一个检验批。散水、台阶、明沟等含在地面检验批中。

模块 4　施工项目质量验收的程序及组织

工程质量验收分为过程验收和竣工验收,其程序及组织原则如下。

1. 隐蔽工程验收

施工过程中隐蔽工程在隐蔽前通知建设单位(或工程监理)进行验收,并形成验收文件。

2. 分部分项工程验收

分部分项工程完成后,应在施工单位自行验收合格后,通知建设单位(或工程监理)验收,重要的分部分项工程应请设计单位参加验收。

3. 单位工程验收

单位工程完工后,施工单位应自行组织检查、评定,符合验收标准后,向建设单位提交验收申请。建设单位收到验收申请后,应组织施工、勘察、设计、监理单位等方面人员进行单位工程验收,明确验收结果,并形成验收报告。

模块 5　施工验收顺序

施工质量验收要按照检验批验收、分项工程验收、分部(子分部)工程验收、单位工程验收的顺序依次进行。

(1) 检验批质量验收合格应符合下列规定。

① 主控项目和一般项目的质量经抽样检验合格。

② 具有完整的施工操作依据、质量检查记录。

检验批是工程验收的最小单位,是分项工程乃至整体建筑工程质量验收的基础。各专业工程质量验收规范应对各检验批的主控项目、一般项目的子项质量合格给予明确的规定。检验批质量合格的条件,共两个方面:资料检查、主控项目检验和一般项目检验。主控项目是对检验批的基本质量起决定性影响的检验项目,因此必须全部符合有关专业工程验收规范的规定。质量控制资料反映了检验批从原材料到最终验收的各施工工序的操作依据,检查情况以及保证质量所需的管理制度等。对其完整性的检查,实际是对过程控制的确认,这是检验批合格的前提。

例如,钢筋连接的主控项目一:纵向受力钢筋的连接方式应符合设计要求。检查数量:全数检查。检验方法:观察。

主控项目二:在施工现场,应按规定抽取钢筋机械连接接头、焊接接头试件做力学性能检验,其质量应符合有关规程的规定。检查数量:按有关规程确定。检验方法:检查产品合格证、接头力学性能试验报告。

钢筋安装的一般项目:钢筋安装位置的偏差应符合规定。检查数量:在同一检验批内,对于梁、柱和独立基础,应抽查构件数量的 10%,且不少于 3 件;对于墙和板,应按有代表性的自然间抽查 10%,且不少于 3 间;对于大空间结构,墙可按相邻轴线间高度 5 m 左右划分检查面,板可按纵、横轴线划分检查面,抽查 10%,且均不少于 3 面。

(2) 分项工程质量验收合格应符合下列规定。

① 分部工程所含的检验批均符合合格质量的规定。

② 分项工程所含的检验批的质量验收记录完整。

分项工程的验收在检验批的基础上进行。一般情况下,两者具有相同或相近的性质,只是批量的大小不同而已。因此,将有关的检验批汇集构成分项工程。分项工程质量合格的条件比较简单,只要构成分项工程的各检验批的验收资料文件完整,并且均已验收合格,则分项工程验收合格。

（3）分部（子分部）工程质量验收合格应符合下列规定。

① 分部（子分部）工程所含分项工程的质量均验收合格。

② 质量控制资料完整。

③ 地基与基础、主体结构和设备安装等分部工程有关安全及功能的检验和抽样检测结果符合有关规定。

④ 观感质量验收应符合要求。

（4）单位（子单位）工程质量验收合格应符合下列规定。

① 单位（子单位）工程所含分部（子分部）工程的质量均验收合格。

② 质量控制资料完整。

③ 单位（子单位）工程所含分部工程有关安全和功能的检测资料完整。

④ 主要功能项目的抽查结果符合相关专业质量验收规范的规定。

⑤ 观感质量验收符合要求。

单位工程质量验收也称质量竣工验收，是建筑工程投入使用前的最后一次验收，也是最重要的一次验收。验收合格的条件有五个：① 构成单位工程的各分部工程应该合格；② 合格工程有关的资料文件完整；③ 涉及安全和使用功能的分部工程要全面检查其完整性（不得有漏检缺项），复查检验资料合格；④ 对分部工程验收时补充的见证抽样检验报告要复核，这种强化验收的手段体现了对安全和主要使用功能的重视；⑤ 对主要使用功能要抽查合格。使用功能的检查是对建筑工程和设备安装工程最终质量的综合检验，也是用户最为关心的内容。因此，在分项、分部工程验收合格的基础上，竣工验收时再做全面检查。

模块 6　建筑工程质量不符合要求时的处理

质量验收过程中若不满足要求，应该按照以下程序进行处理。

（1）经返工重做或更换的器具、设备的检验批，应重新进行验收。

（2）经有资质的检测单位检测鉴定能够达到设计要求的检验批，应予以验收。

（3）经有资质的检测单位检测鉴定达不到设计要求，但经原设计单位核算认可，能够满足结构安全和使用功能的检验批，可予以验收。

（4）经返修或加固处理的分项、分部工程，虽然改变外形尺寸但仍能满足安全使用要求，可按技术处理方案和协商文件进行验收。

（5）通过返修或加固处理仍不能满足安全使用要求的分部工程、单位（子单位）工程，严禁验收。

模块 7　工程竣工验收

工程竣工验收是工程建设的一个主要阶段，是工程建设的最后一个程序；是全面检验工程建设是否符合设计要求和施工质量的重要环节；是检查承包合同执行情况，促进建设项目及时投产和交付使用的重要过程；是总结建设经验，全面考核建设成果的重要依据。同时能为今后的建设工作提供宝贵的经验和资料。

1. 竣工验收的范围及依据

竣工验收的范围是指新建、扩建、改建的基本建设项目和技术改造项目，按批准的设计文件和合同规定的建成项目,对住宅小区的验收还应有土地使用情况,单项工程、市政、绿化及公用设施等配套设施项目等。若符合验收标准,则必须及时组织验收,交付使用,并办理固定资产移交手续。

竣工验收的依据是已批准的设计任务书、初步设计、技术设计文件、施工图、设备技术说明书、有关建设文件,以及现行的施工技术验收规范等;施工承包合同、洽商协议等。

2. 竣工验收程序及内容

1)验收程序

根据建设项目的规模大小和复杂程度的,整个建设项目(工程)的验收可分为初步验收和竣工验收两个阶段。规模较大、较复杂的建设项目(工程)应先进行初验,然后进行全部建设项目(工程)的竣工验收。规模较小、较简单的项目(工程)可以一次进行全部项目(工程)的竣工验收。

验收准备可分为初步验收和正式验收两个阶段。

(1)初步验收(预验收)。建设项目(工程)在正式召开验收会议之前,应由建设单位组织施工、设计、监理及使用等有关单位进行初验。初验前,由施工单位按照国家规定,整理好文件、技术资料,向建设单位提出交工报告。建设单位接到报告后,应及时组织初验。

(2)正式验收。建设项目(工程)全部完成,经过各单项工程的验收,符合设计要求,并具备竣工图表、竣工结算、工程总结等必要文件资料,由项目(工程)主管部门或建设单位向负责验收的单位提出正式竣工验收申请报告。

2)验收内容

(1)竣工验收报告书。

竣工验收报告书是竣工验收的重要文件,包括以下内容。

① 建设项目总说明。

② 技术档案建立情况。

③ 建设情况,主要包括:建筑安装工程完成程度及工程质量情况;试生产期间(一般 3～6 个月)设备运行及各项生产技术指标达到的情况;工程决算情况;投资使用及节约或超支原因分析;环保、卫生、安全设施"三同时"建设情况;引进技术、设备的消化吸收情况;国产化替代情况及安排意见等。

④ 效益情况。项目试生产期间经济效果与设计经济效果比较;技术改造项目改造前后经济效果比较;生产设备、产品的各项技术经济指标与国内外同行业的比较;环境效益、社会评估;本项目中所用技术、工业产权、专利等作用评估;偿还贷款能力或回收投资能力评估等。

⑤ 外商投资企业或合资企业的外资部分有会计事务所提供的验资报告和查账报告;合资企业中方资产有当地资产部门提供的资产证明书。

⑥ 存在和遗留问题。

⑦ 有关附件。

(2)竣工验收报告书的主要附件。

① 竣工项目概况一览表,主要包括:建设项目名称,建设地点,占地面积、生产能力,总投资,房屋建设面积,开竣工时间,设计任务书,初步设计,概算,机关,设计、施工、监理单位等。

② 已完单位工程一览表,主要包括:单位工程名称、结构形式、工程员、开竣工日期、工程

质量等级、施工单位等。

③ 未完工程项目一览表，主要包括：工程名称、工程内容、未完工程量、投资额、负责完成单位、完成时间等。

④ 已完设备一览表，主要包括：设备名称、规格、台数、金额，引进和国产设备分别列出。

⑤ 应完未完设备一览表，主要包括：设备名称及完成时间等。

⑥ 竣工项目财务决策综合表。

⑦ 概算调整与执行情况一览表。

⑧ 交付使用（生产）单位财产总表及交付使用（生产）财产一览表。

⑨ 单位工程质量汇总项目（工程）总体质量评价表，主要包括：每个单位工程的质量评定结果，主要工艺质量评定情况；项目（工程）的综合评价，包括室外工程在内。

（3）验收委员会形成文件的相关内容。

① 验收时间。

② 验收工作概况。

③ 工程概况，主要包括：工程名称、建设规模、工程单位、建设工期及实物完成情况、土地利用等内容。

④ 项目建设情况，主要包括：建筑工程、安装工程、设备安装情况等。

⑤ 生产工艺及水平，生产准备及试生产情况。

⑥ 竣工决算情况。

⑦ 工程质量的总体评价，主要包括：设计质量、施工质量的评价。

⑧ 经济效果评价，主要包括：经济效益、环境效益及社会效益。

⑨ 遗留问题及处理意见。

⑩ 验收委员会对项目（工程）验收的结论。对验收报告逐项检查评价认定应有总体评价，是否同意验收。

3. 竣工验收的组织

1）验收权限的划分

（1）根据项目（工程）规模大小组成验收委员会或验收组。大中型建设项目（工程）、国家批准的限额以上利用外资的项目（工程），由国家组织或委托有关部门组织验收，省住房和城乡建设委员会参与验收。

（2）地方大中型建设项目（工程）由省级主管部门组织验收。

（3）其他小型项目（工程）由地、市级主管部门或建设单位组织验收。

2）验收委员会或验收组的组成

通常由建设单位、施工单位、设计单位及接管单位参加，请计划、建设、项目（工程）主管、银行、物资、环保、劳动、统计、消防等有关部门组成验收委员会。通常还要请有关专家组成专家组，负责各专业的审查工作。一般有施工组、设计组、生产准备组、决算组及后勤组等。

3）验收委员会的主要工作

负责验收工作的组织领导，审查竣工验收报告书；实地对建筑安装工程现场检查；查验试车生产情况；对设计、施工、设备质量等作出全面评价；签署竣工验收鉴定书等。

4. 工程质量的评价工作

竣工验收是一项综合性很强的工作，涉及各方面，在质量控制方面的工作主要有如下几方面。

（1）做好每个单位工程的质量评价，在施工企业自评质量等级的基础上，由当地工程质量监督站或专业站核定质量等级。做好单位工程质量一览表。

（2）如果是一个工厂或住宅小区、办公区，除了要对每个单位工程质量进行评价外，还应对室外工程的道路、管线、绿化及设施小品等都进行逐项检查，给予评价，并对整个项目（工程）的质量给予评价。

（3）工艺设施质量及安全的质量评价。

（4）督促施工单位做好施工总结。

（5）协助建设单位审查工程项目竣工验收资料。

① 工程项目开工报告。

② 工程项目竣工报告。

③ 图纸会审和设计交底记录。

④ 设计变更通知单。

⑤ 技术变更核定单。

⑥ 工程质量事故发生后调查和处理资料。

⑦ 水准点位置、定位测量记录、沉降及位移观测记录。

⑧ 材料、设备、构件的质量合格证明资料。

⑨ 试验、检验报告。

⑩ 隐蔽验收记录及施工日志。

⑪ 竣工图。

⑫ 质量检验评定资料。

⑬ 工程竣工验收及资料。

（6）对其他小型项目单位工程的验收及竣工资料的审查。

施工企业在工程完工后，应提出验收通知单。监理工程师根据平时了解现场的情况，对资料审查结果提出验收意见，请建设单位及有关人员对工程实物质量及资料进行讨论，给出结论，并共同签认竣工验收证书。

思 考 题

一、简答题

1. 试述建筑工程质量的概念和特点。

2. 质量分析常用的方法有几种？结合工程实例分析工程质量。

3. 试述施工项目质量事故的分析和处理程序。

4. 检验批如何划分？合格的标准有哪些？

5. 分项工程如何划分？合格的标准有哪些？

6. 分部工程如何划分？合格的标准有哪些？

二、案例分析

某工程主体结构混凝土质量等级为 C20，对其现场混凝土搅拌系统近期抽样统计结果显示，配制同一品种混凝土的强度标准偏差为 4.0 MPa，按要求强度配制的混凝土用到工程主体结构后,第一批抽取的 58 组样本,数据统计如下表所示。

组　号	强度的组区间值/MPa	强度的组中值/MPa	组数/f
1	18.79～21.81	20.53	3
2	21.81～24.83	23.55	7
3	24.83～27.85	26.57	13
4	27.85～30.87	29.59	21
5	30.87～33.89	32.61	8
6	33.89～36.91	35.63	5
7	36.91～39.93	38.65	1
合计			58

经过计算,这 58 组数据的强度平均值为 28.71 MPa,样本强度标准差 $S=3.99$ MPa。

问题:

(1) 画出直方图,并判断生产过程是否正常。

(2) 对于直方图,如果出现绝壁型,是由于什么原因引起的?

(3) 简要说明直方图的用途。

项目 6　施工项目合同管理

项目重点

　　熟悉合同的基本概念、类型;掌握施工合同的实施与管理;掌握 FIDIC 合同条件;掌握施工合同的索赔。

教学目标

　　熟悉施工合同的类型;掌握施工合同的内容和管理;理解 FIDIC 合同条件;掌握施工合同索赔的程序和方法;能起草签订简单施工合同;能进行施工合同索赔。

任务 1　合同管理概述

知识目标

　　掌握合同的概念和要素;熟悉合同的订立过程;熟悉合同的类型和特点。

能力目标

　　能分析合同的要素;能起草签订简单合同。

模块 1　合同的概念

　　合同是契约的一种,是法人与法人之间、法人与公民之间以及公民与公民之间为实现某个目的,确定相互民事权利义务关系而签订的书面协议。

　　法人是指依法成立,有必要的财产和经费,有自己的名称、组织机构和场所,能独立承担民事责任的社会组织。我国民法通则将法人分为企业法人、机关法人、社会团体法人、事业单位法人等。

　　合同是两方或多方当事人意思表示一致的民事法律行为,合同一经成立即具有法律效力,在双方当事人之间就发生了权利、义务关系;或者使原有的民事法律关系发生变更或消灭。当事人一方或双方未按合同履行义务,就要依照合同或法律承担违约责任。

　　水利工程施工合同是指水利工程的项目法人(发包方)和工程承包商(施工单位或承包方)为完成商定的水利工程而明确相互权利、义务关系的协议,即承包方进行工程建设施工,发包方支付工程价款的合同。

模块 2　合同的要素

　　合同的要素包括合同的主体、客体和内容等三大要素。

　　主体:即签约双方的当事人,也是合同的权利与义务的承担者。它包括法人和自然人。

　　客体:即合同的标的,是签约当事人权利与义务所指向的对象。

　　内容:即合同签约当事人之间的具体的权利与义务。

模块 3　合同的订立过程

　　合同的订立过程分为"要约"和"承诺"两个阶段。

　　要约是当事人一方向他方提出订立合同的要求或建议。提出要约的一方称要约人。在要约里,要约人除表示欲签订合同的愿望外,还必须明确提出足以决定合同内容的基本条款,以使对方考虑是否接受要约。要约可以向特定的人提出,亦可向不特定的人提出。要约人可以规定要约承诺期限,即要约的有效期限,在要约的有效期限内,要约人受其要约的约束,即有与接受要约者订立合同的义务,要约没有规定承诺期限的,可按通常合理的时间确定。超过要约期限或被撤销的要约,要约人则不受其约束。在水利工程施工合同中,工程招标文件就是要约,业主为要约人,而投标人就是受要约人。邀请招标属于向特定人提出的,招标公告属于向不特定人提出的。

　　承诺是受要约人按照要约规定的方式,对要约的内容表示同意的行为。有效的承诺必须满足以下条件。

　　(1)承诺必须在要约的有效期内作出。

　　(2)承诺要由受要约人或其授权的代理人作出。

　　(3)承诺必须与要约的内容一致。如果受要约人对要约的内容加以扩充、限制或变更,这就不是承诺而是新要约。新要约须经原要约人承诺才能订立合同。

　　(4)承诺的传递方式要符合要约提出的要求。

　　从有效承诺的四个条件分析,投标标书是承诺的一种特殊形式。它包含着新要约的必然过程。因为投标人(受要约人)在接受招标文件内容(要约)的同时,必然要向业主(要约人)提出接受要约的代价(即投标标价)。这就是一项新要约,业主接受了投标人的新要约之后才能订立合同。

模块 4　合同谈判

　　施工合同需明确在施工阶段承包人和发包人的权利和义务,合同谈判是施工合同签订的前提,是履行合同的基础。合同需要发包人和承包人双方按照平等自愿的合同条款和条件,全面履行各自的义务,并享受其相应的权利,才能最终实现。

1. 施工合同谈判的内容

1)工程范围

　　承包商所承担的工程范围包括施工内容、设备采购、设备安装和调试等。在签订合同时要做到明确具体、范围清楚、责任明确,否则会导致合同纠纷。

2)合同计价

　　合同依据计价方式的不同,主要有总价合同、单价合同和成本加酬金合同,在谈判中要根据工程项目的特点加以确定。

3)付款方式

　　付款问题可归纳为三个方面,即价格问题、货币问题、支付方式问题。承包人应对合同的价格调整、合同规定的货币价值浮动的影响、支付时间、支付方式和支付保证金等条款在谈判中予以充分的重视。

4)工期和维修期

　　(1)被授标的承包人首先应根据投标文件中自己填报的工期及考虑工程量的变动而产生的影响,与发包人确定最后工期。若有可能,发包人应根据承包人的项目准备情况、季节和施工环境因素等与承包人商洽一个适当的开工日期。

（2）单项工程较多的项目应争取分批竣工，提交发包人验收，并从该批验收起计算该部分的维修期；应规定在发包人验收并接收前，承包人有权不让发包人随意使用等条款，以缩短自己的责任期限。

（3）合同中应明确承包人保留由于工程变更、恶劣的气候影响等原因对工期产生不利影响时要求合理地延长工期的权利。

（4）合同文本中应当对保修工程的范围、保修责任及保修期的开始和结束时间有明确的说明，承包人应该只承担由于材料和施工方法及操作工艺等不符合规定而产生缺陷的责任。

（5）承包人应力争用维修保函来代替发包人扣留的保证金，这对发包人并无风险，是一种比较公平的做法。

5）完善合同条件

完善合同条件包括关于合同图纸、合同的措辞、违约罚金和工期提前奖金、工程量验收以及衔接工序和隐蔽工程施工的验收程序等，还包括施工占地，开工日期和工期，关于向承包人移交施工现场和基础资料，关于工程交付、预付款保函的自动减款条款等。

2. 合同最后文本的确定和合同的签订

1）合同文件内容

（1）水利工程施工合同文件构成：合同协议书、工程量及价格单、合同条件、投标人须知、合同技术条件（附投标图纸）、发包人授标通知、双方共同签署的合同补遗（有时也以合同谈判会议纪要形式表示）、中标人投标时所递交的主要技术和商务文件、其他双方认为应作为合同的一部分文件。

（2）对所有在招投标及谈判前后各方发出的文件、文字说明、解释性资料进行清理，对凡是与上述合同构成相矛盾的文件应宣布作废。可以在双方签署的合同补遗中，对此作出排除性质的说明。

2）关于合同协议的补遗

在合同谈判阶段，双方谈判的结果一般以合同补遗的形式表示，有时也可以以合同谈判纪要形式形成书面文件。这一文件将成为合同文件中极为重要的组成部分，因为它最终确认了合同签订人之间的意志，所以在合同解释中优先于其他文件。

3）合同的签订

发包人在合同谈判结束后，应按上述内容和形式完成一个完整的合同文件草案，并经承包人授权代表认可后正式形成文件，承包人代表应认真审核合同草案的全部内容，在双方认为满意并核对无误后，由双方代表草签，至此合同谈判阶段即告结束。此时，承包人要及时准备和递交履约保函，准备正式签署施工承包合同。

模块5　工程施工合同的类型

工程承包合同是为明确业主与承包商双方权利义务而订立的必须共同遵守的协议文件。工程施工合同根据施工任务的范围不同，分为施工总包合同、分别承包合同、施工分包合同、劳务分包合同、劳务合同等几种。

1. 施工总包合同

施工总包合同是业主将整个项目的施工工作交给一个有能力的施工企业来负责而与该企

业签订的施工总承包合同。总包单位对施工任务实行层层分包,与专业分包和劳务分包单位签订分包合同,在总包对整个工程施工的计划组织协调下共同完成施工任务。

2. 分别承包合同

分别承包合同是业主将整个工程的施工任务采用分阶段分项目招标发包时,分别与承包各阶段或工程分项施工任务的主要承包单位签订的合同。各主要承包人直接向业主负责。

3. 工程分包合同

总承包商或分别承包商将其承担的部分施工任务分包给专业性更强的专业承包商承担,并与之签订分包合同,并在合同执行过程中协调监督分包商的工作。分包商须对其分包的部分工程或单项工程提供材料、设备和劳务,为完成该分包合同规定的任务承担一切责任。分包商只对总承包商承担义务并在总承包商那里享有一定的权利,不直接与业主发生关系,但要承担总承包商对业主承担的有关义务。

4. 劳务分包合同

承包商(甲方)将工程的施工任务以劳务分包的形式包给劳务公司(乙方)。由甲方提供技术、装备和材料,按甲方的计划、技术要求,由乙方组织劳务进行施工,这种合同就叫劳务分包合同。合同甲方应按工程进度及时向乙方提供施工材料、施工机械、施工技术并支付价款,合同乙方应及时派遣足够的施工和管理人员,组织劳力进行施工,保证工程质量,按期完成施工任务。工程任务完成后,乙方除获得以固定总价方式结算的合同价款外,还可能分享到甲方利润。

5. 劳务合同

从本质上讲,劳务合同是一种雇佣合同,是业主或承包商或分包商为建设某一工程施工任务,因缺少劳动力而与劳务提供者签订雇佣所需人员的合同。乙方在商定的各种条件下,按照合同中甲方的进度要求向甲方提供所需的人员,由雇主组织安排从事劳务工作。这种合同的特点是劳务提供者不承担任何风险,也不分享雇主的利润。

模块 6   《建设项目工程总承包合同示范文本(试行)》简介

2011 年由住房和城乡建设部和国家工商行政管理总局制定了《建设项目工程总承包合同示范文本(试行)》(GF—2011—0216),这是一种主要适用于施工总承包的合同。该示范文本由协议书、通用条款和专用条款三部分组成,并附有"承包人承揽工程项目一览表"、"发包人供应材料设备一览表"和"工程质量保修书"三个附件。

1. 协议书内容

(1) 工程概况。工程概况包括工程名称、工程地点、工程内容、工程立项批准文号和资金来源。

(2) 工程承包范围。承包人承包工程的工作范围和内容。

(3) 合同工期。合同工期包括开工、竣工日期,合同工期应填写的总日历天数。

(4) 质量标准。工程质量必须达到国家标准规定的合格标准,双方也可以约定达到国家标准规定的优良标准。

(5) 合同价款。合同价款应填写双方确定的合同金额(分别用大、小写表示)。

(6) 组成合同的文件。合同文件应能相互解释、互为说明。除专用条款另有约定外,组成合同的文件及优先解释顺序如下:① 合同协议书;② 中标通知书;③ 投标书及其附件;④ 本合同专用条款;⑤ 本合同通用条款;⑥ 标准规范及有关技术文件;⑦ 图纸;⑧ 工程量清单;⑨ 工程报价单或预算书。

（7）本协议书中有关词语含义与本合同第二部分通用条款中的定义相同。

（8）承包人向发包人承诺按照合同约定进行施工、竣工,并在质量保修期内承担工程质量保修责任。

（9）发包人向承包人承诺按照合同约定的期限和方式支付合同价款及其他应当支付的款项。

（10）合同的生效。

2. 通用条款内容

（1）词语定义及合同文件。

（2）双方一般权利和义务。

（3）施工组织设计和工期。

（4）质量与检验。

（5）安全施工。

（6）合同价款与支付。

（7）材料设备供应。

（8）工程变更。

（9）竣工验收与结算。

（10）违约、索赔和争议。

（11）其他。

3. 专用条款内容

（1）专用条款谈判依据及注意事项。

（2）专用条款与通用条款是相对应的。

（3）专用条款具体内容是发包人与承包人协商,将工程具体要求填写在合同文本中。

（4）建设工程合同专用条款的解释优于通用条款。

任务 2　FIDIC 合同条件

知识目标

了解 FIDIC 编写的多种合同条件;掌握 FIDIC《施工合同条件》的主要条款。

能力目标

能应用 FIDIC《施工合同条件》相关条款进行案例分析

模块 1　国际咨询工程师联合会

FIDIC 是国际咨询工程师联合会(Federation Internationale Des lngenieurs Conseils)法语名称的字头缩写。该会成立于 1913 年,总部设在瑞士洛桑。目前全世界已有 60 多个国家或地区加入了该会,我国于 1996 年正式加入。FIDIC 是世界上最具权威的国际工程咨询工程师组织,它的各种文献出版物,包括各种合同条件、协议标准范本、各种工作指南及工作惯例建议等,得到了世界各有关组织的广泛承认和实施,是工程咨询行业的重要指导性文献,推动了全球范围内的工程咨询服务业的发展。

模块 2　FIDIC 编写的合同条款

FIDIC 下属两个地区成员协会,即亚洲及太平洋地区成员协会(ASPAC)和非洲成员协会(CAMA),并设 5 个永久性专业委员会,即业主与咨询工程师关系委员会(CCRC)、合同委员会(CC)、风险管理委员会(RMC)、质量管理委员会(QMC)和环境委员会(ENVC)。各专业委员会编制出版了许多规范性的和指南性的文件,对合同条款而言,主要有下列几种。

(1)《业主/咨询工程师标准服务协议书》(Conditions of the Client/Consultant Model Services Agreement),简称"白皮书",1990。

(2)《电气和机械工程合同条件》(第 3 版订正)(Conditions of Contract for Electrical and Mechanical Works),简称"黄皮书",1988。

(3)《土木工程施工合同条件》(第 4 版订正)(Conditions of Contract for Works of Civil Engineering Construction),简称"红皮书",1992。

(4)《土木工程施工分包合同条件》(Conditions of Subcontract for Works of Civil Engineering Construction),1994。

(5)《设计-建造与交钥匙工程合同条件》(Conditions of Contract for Design-Build and Turnkey),1995。

(6)《施工合同条件》(Conditions of Contract for Construction),简称"新红皮书",1999。

(7)《设计采购施工(EPC)/交钥匙工程合同条件》(Conditions of Contract for EPC/Turn-key Projects),简称"新银皮书",1999。

(8)《生产设备和设计-施工合同条件》(Conditions of Contract for Plant and Design-Build),简称"新黄皮书",1999。

(9)《简明合同格式》(ShortForm of Contract),简称"新绿皮书",1999。

FIDIC 还对上述(1)、(2)、(3)、(5)4 个合同条件分别编制了"应用指南",在"应用指南"中介绍了招标程序、合同各方及工程师的职责,还对每一条款进行了解释,这对使用者深入理解合同条款和编制专用条款很有帮助。

模块 3　FIDIC 系列合同条件的特点

FIDIC 系列合同条件的特点如下。

(1) 国际性、广泛的使用性和权威性。FIDIC 系列合同条件是在总结国际工程合同管理各方面经验教训的基础上制定的,是在总结各个国家和地区的业主、咨询工程师和承包商各个方面经验的基础上编制出来的,并且不断地修改完善,是国际上最有权威性的合同文件,也是世界上国际招标的工程项目中使用最多的合同条件。我国有关部委编制的合同条件和协议书范本也都把 FIDIC 系列合同条件作为重要的参考文本。世界银行、亚洲开发银行、非洲开发银行等国际金融机构组织的贷款项目,规定必须采用 FIDIC 系列合同条件。同时,FIDIC 条件既保证了一般的、普遍的使用性,又照顾了合同双方的特殊要求和工程特点,因此其使用范围非常广泛。

(2) 程序严谨,易于操作。合同条件中处理各种问题的程序非常严谨,特别强调要及时地处理和解决问题,以避免由于拖拉而产生的不良后果。另外,还特别强调各种书面文件及证据的重要性,这些规定使各方有章可循,易于操作和实施。

(3)强化了工程师的作用。FIDIC 合同条件明确规定了工程师的权利和职责,赋予工程师在工程管理方面的充分权利。工程师是独立的、公正的第三方,工程师受业主聘用,负责合同管理和工程监督。要求承包商严格遵守和执行工程师的指令,简化了工程项目管理中一些不必要的环节,为工程项目的顺利实施创造了条件。

(4)公正合理。FIDIC 合同条件较为公正地考虑了合同双方的利益,包括合理地分配工程责任,合理地分配工程风险,为双方确定一个合理的价格奠定了良好的基础。合同在确定工程师权利的同时,又要求其必须公正地行事,从而进一步保证了合同条件的公正性。

模块 4　FIDIC《施工合同条件》的内容

FIDIC 合同条件使用于国内外公开招标的土木工程项目承包管理。FIDIC 合同条件的内容构成:第一部分为通用条件,第二部分为专用条件,以及一套标准格式。下面分别予以简要介绍。

1. 通用条件

FIDIC《施工合同条件》的通用条件是固定不变的,无论是工业民用建筑、水利水电工程、路桥工程等都适用。通用条件共有 20 条 163 款,通用条件包括了土木工程项目施工合同中双方的权利、义务和责任,明确规定了执行合同时的法律、经济、技术等各方面的内容与管理方法,以保证工程项目顺利进行。在国际土木工程项目的招标文件中,FIDIC 合同通用条件一般可直接进入招标文件,不需再重新去编写合同通用条件。例如,我国的鲁布革水电站工程、引入大秦水利工程、京津塘高速公路工程等项目,都直接引用了 FIDIC 合同通用条件,并得到世界银行的认可。

2. 专用条件

FIDIC《施工合同条件》的专用条件共有 20 条,其 20 条编号与通用条件的 20 条相对应,是对通用条件各相应条款的补充或进一步的明确化。一般土木工程项目的合同专用条件,大都由工程项目的招标委员会或咨询公司根据工程项目所在国的情况,或项目自身的特性,对照第一部分合同通用条件,参考工程项目再具体编写。特别是当通用条件中的某些条款不适合时,就可在专用条件中换上本项目合适的内容。另外,当通用条件中一些条款写得不具体、不细致时,可以对专用条件相对应的条款进行补充和完善。因此,在阅读合同条件时,应仔细、慎重地读懂合同专用条件的具体规定。从法律意义上讲,合同专用条件的法律地位高于合同通用条件。

3. 合同的标准格式

FIDIC《施工合同条件》通用条件和专用条件的后面,还给出了土木工程承包合同文件的一些标准格式,以便对国际公开招标的工程项目给予指导,也便于评标比较。例如,承包商投标书的标准格式,业主和承包商双方的"协议书"标准格式,以及投标书的附表和附录,反映投标书中的一些重要数据资料等。

合同文件包括的范围以及构成合同的几个文件之间应能互相解释。当它们之间出现矛盾和不一致时,FIDIC 合同条件第 5.2 款对合同文件及其优先顺序规定如下:

"构成合同的若干文件应被认为是互相说明的,但在出现含糊或歧义时,则应由工程师(监理工程师)对之做出解释或订正,工程师并应就此向承包商发出有关指示。"

在此情况下,除合同另有规定外,构成合同的各文件的优先解释顺序应如下:

(1) 协议书;

(2) 中标函;

(3) 投标书及其附件;

(4) 合同的专用条件;

(5) 合同的通用条件;

(6) 构成合同组成部分的其他任何文件。

4. FIDIC 合同条件的应用范围

(1) 土木工程项目。

(2) 业主授权工程师对合同实施监督的项目。

(3) 主要使用于单价合同,但单价合同也可带有若干总价(包干)合同。

模块 5 FIDIC《施工合同条件》

1. 业主的权利

(1) 业主有权要求承包商按照合同规定的工期提交质量合格的工程。

(2) 业主有权批准合同的转让。未经业主同意,承包商不得将合同中的任何部分的权利和义务转让,并不得对合同中或合同名义下的任何权益进行转让。

(3) 业主有权指定分包商。所谓指定分包商,是由业主指定、选定,完成某项特定工作内容并与承包商签订分包合同的特殊分包商。

业主有权对在暂定金额中列出的任何工程的施工,或任何货物、材料、工程设备或服务的提供分项指定承担人。该分包商仍与承包商签订分包合同,指定分包商应对承包商负责。承包商应负责管理和协调。对指定分包商的付款仍由承包商按分包合同进行。然后,承包商提出已向分包商付款的证明,由工程师批准在暂定金额中向承包商支付。如果指定分包商失误,造成承包商损失,承包商可以向业主索赔。同时,承包商如果有理由,可以反对雇佣业主指定的分包商。

(4) 在承包商无力或不愿意执行工程师指令时,业主有权雇佣他人完成任务。如果承包商未执行工程师指令,在规定时间内未更换不符合合同的材料和工程设备,未拆除任何不符合合同规定的工程并重新施工的,业主有权雇佣他人完成上述指令,其费用全部由承包商支付。同时,无论在工程施工期间或在保修期间,如果发生工程事故、故障或其他事件,而承包商没有(无能力或不愿意)执行工程师指令去立即执行修补工作,则业主有权雇佣其他人去完成该项工作并支付费用。如果上述问题由承包商责任引起,则应由承包商负担费用。

(5) 除属于业主风险和特殊风险外,业主对承包商的设备、材料和临时工程的损失或损坏不承担责任。

(6) 在一定条件下,业主可以终止合同。

如果工程师证明承包商存在下列情况之一,业主有权终止合同。

① 承包商破产或失去偿付能力。

② 承包商未经业主同意转让合同。

③ 承包商无视工程师的警告,固执地或公然地忽视合同中规定的义务。

④ 承包商无正当理由,在接到工程师开工指令后拒不开工。

⑤ 承包商拖延工期,而又无视工程师的指示,拒不采取加快施工的措施。

⑥ 承包商否认合同有效。

在合同履行过程中如发生了双方都无法控制的情况,如战争、地震等,业主有权提出终止合同。

(7) 业主有权提出仲裁。在业主和承包商之间发生合同争议,或承包商未能执行工程师的决定,业主有权提出仲裁。这是业主借助于法律手段保障合同实施的措施。

2. 业主的义务

(1) 业主应编制双方实施项目的合同协议书。

(2) 业主应承担拟订和签订合同的费用,并承担合同规定的设计文件以外的其他设计的费用。

(3) 业主应委派工程师管理工程施工。

在工程实施过程中,业主通过工程师管理工程,下达指令,行使权力。通常情况下,业主赋予工程师在 FIDIC 合同中明确规定的或者由该合同引申的权力。但是如果业主要限定工程师的权力,或要求工程师在行使某些权力之前,需得到业主的批准,则可在 FIDIC 专用条件中予以明确。但 FIDIC 合同是业主与承包商之间的合同,业主必须为工程师的行为承担责任。如果工程师在工程管理中失误,业主必须承担赔偿责任。

(4) 业主应批准承包商的履约担保、担保机构及保险条件。在承包商没有足够的保险证明文件的情况下,业主应代为保险(随后可从承包商处扣回该项费用)。

(5) 业主应配合承包商办理有关事务。在承包商提交投标文件前,业主有义务向承包商提供有关该工程勘察所得的水文地质资料,并协助承包商进行现场勘察工作。在向承包商授标后,业主应尽力协助承包商办理有关设备和材料等工程所需物品进口的海关手续。

(6) 业主应按时提供施工现场。业主可以在施工开始前一次性移交全部施工现场;也允许随着施工进展的实际需要,在合理的时间内分段陆续移交。如果业主没有依据合同约定履行义务,不仅要对承包商因此而受到的损失给予费用补偿和顺延合同工期,而且要由承包商提出新的合理施工进度计划和开工时间。为了明确合同责任,应在合同专用条件内具体规定移交施工现场区域和通行道路的范围,陆续移交的时间、现场和通行道路所应达到的标准等详细条件。

(7) 业主应按合同约定时间及时提供施工图纸。虽然通用条件中规定:"工程师应在合理的时间内向承包商提供施工图纸",但图纸大多由业主准备或委托设计单位完成,经工程师审核后发放给承包商。大型工程为了缩短施工周期,初步设计完成后就可以开始施工招标,施工图纸在施工阶段陆续发送给承包商。如果施工图纸不能在合理的时间内提供,就会打乱承包商的施工计划,尤其是施工过程中出现的重大设计变更,在相当长时间内不能提供施工图纸就可能会导致施工中断,因此,业主应妥善处理好提供图纸的组织工作。

(8) 业主应按时支付工程款。通用条件规定,首次分期预付款,业主应在中标函发出之日起 42 天内,或根据履约担保以及预付款的规定,在收到相关的文件之日起 21 天内,两者中较晚时间内支付;工程师在收到承包商的报表和证明文件后 28 天内,应向业主签发工程进度款支付证书;在工程师收到工程进度款支付报表和证明文件 56 天内,业主应向承包商支付工程款;收到最终支付证书后,要在 56 天内支付工程款。如果业主拖欠支付工程款,在规定日期内未能支付,承包商有权就未付款额按月计复利,收取延误期的利息作为融资费,此项融资费的年利率是以支付货币所在国中央银行的贴现率加上 3 个百分点计算而得的。

(9) 业主应负责移交工程的照管责任。业主根据工程师颁发的工程移交证书,接收按合同规定已基本竣工的任何部分工程或全部工程,并从此承担这些工程的照管责任。

(10) 业主应承担有关工程风险。业主对因自己的风险因素造成的承包商的损失应负有补偿义务。对其他不能合理预见到的风险导致承包商的实际投入成本增加给予相应补偿。

(11) 业主应对自己授权在现场的工作人员的安全负全部责任。

3. 承包商的权利

(1) 进入现场的权利。

(2) 对已完工程有按时得到工程款的权利。承包商在施工过程中,有权得到经过工程师证明质量合格的已完工程的付款。

(3) 有提出工期和费用索赔的权利。在施工过程中,对于非承包商原因造成的工程费用增加或工期延长,承包商有提出工期和费用索赔的权利,以保护自己的正当利益。

(4) 有终止受雇或者暂停工作的权利。在业主有下列情况之一时,承包商有权终止受雇或者暂停工作:

① 业主在合同规定的应付款时间期满 42 天之内,未能按工程师批准的付款证书向承包商付款;

② 业主干涉、阻挠或拒绝工程师颁发付款证书;

③ 业主宣布破产或由于经济混乱而导致业主不具备继续履行其合同义务的能力。

(5) 对业主准备撤换的工程师有拒绝的权利。

(6) 有提出仲裁的权利。

4. 承包商的义务

(1) 遵守工程所在地的法规、法令。承包商的一切行为都必须遵守工程所在地的法律和法规,不得因自己的任何违反法规的行为而使业主承担责任或罚款。承包商的守法行为包括:按规定交纳除了专用条件中写明可以免交以外的所有税金;不得因自己的行为而侵犯专利权;交纳公共交通设施的使用费及损坏赔偿费;承担施工料场的使用费或赔偿费;采取一切合理措施,遵守环境保护法的有关规定等。

(2) 确认签订合同的完备性和正确性。承包商经过现场考察后编制投标书,并与业主就合同文件的内容协商,达成一致后签署合同协议书,因此,承包商必须承认合同的完备性和正确性。也就是说,除了合同中另有规定的情况以外,合同价格已包括了完成承包任务的全部施工、竣工和修补任何缺陷工作所需的费用。

(3) 对工程图纸和设计文件应承担的责任。通用条件规定,设计文件和图纸由工程师单独保管,免费提供给承包商两套复制件。承包商必须将其中的一套保存在施工现场,随时供工程师及其授权的其他监理人员进行施工检查之用。承包商不得将本工程的图纸、技术规范和其他文件,在取得工程师同意前用于其他工程或传播给第三方。合同中应明文规定,由承包商设计的部分永久性工程,承包商应将设计文件按质、按量、按期完成,报经工程师批准后用于施工。工程师虽对承包商设计的图纸批准认可,也不能解除承包商应负的施工或图纸设计的任何责任。工程施工达到竣工条件时,只有当承包商将其负责设计的那部分永久工程竣工图及使用和维修手册提交后,经工程师批准,才能认为达到竣工要求。如果承包商负责的设计涉及使用了他人的专利技术,则应与业主和工程师就设计资料的保密和专利权等问题达成协议。

(4)提交进度计划和现金流量估算。承包商接到工程师的开工通知后,在规定时间内应尽快开工。同时,承包商应按照合同及工程师的要求,在规定的时间内向工程师提交一份详细的施工进度计划,并应取得工程师的同意,同时提交对其工程施工拟采用的方案及施工总说明;在任何时候,如果工程师认为工程的实际进度不符合已同意的施工进度计划,只要工程师要求,承包商应提交一份经过修改的进度计划。

承包商应每个月向工程师提交月进度报告,此报告应随进度款支付报表的申请一并提交。月进度报告包括的内容应很全面,主要有施工进度的图表和详细说明,照片,工程设备制造、加工进度和其他情况,承包商的人员和设备数量,质量保证文件、材料检验结果,双方索赔通知,安全情况,实际进度与计划进度对比情况等。

此外,承包商应按进度向工程师提交其根据合同规定,有权得到的全部将由业主支付的详细现金流量估算;如果工程师以后提出要求,承包商还应提交经过修正的现金流量估算。

(5)任命项目经理。承包商应任命一名合格的、并被授权的代表人全面负责工程的施工,此代表人须经工程师批准,代表承包商接受工程师的各项指示。如果该代表人出现不胜任、渎职等情况,工程师有权要求承包商将其撤回,并且以后不能再在此项目工作,而另外再派一名经工程师批准的代表。

(6)放线。承包商根据工程师给定的原始基准点、基准线、参考标高等,对工程进行准确的放线。尽管工程师要检查承包商的放线工作,但承包商仍然要对放线的正确性负责。除非是由于工程师提供了错误的原始数据,否则承包商应对由于放线错误引起的一切差错自费纠正。

(7)对工程质量负责。承包商应按照合同建立一套质量保证体系,在每一项工程的设计和施工实施阶段开始之前,均应将所有程序的细节和执行文件提交工程师。工程师有权审查该质量保证体系的各个方面,但这并不能解除承包商在合同中的任何职责、义务和责任。这对承包商的施工质量管理提出了更高的要求,同时也便于工程师检查工作和保证工程质量。

承包商应按照合同的各项规定,以应有的精力和努力对承包范围的工程进行设计和施工。对合同中规定的由承包商提供的一切材料、工程设备和工艺,都应符合合同规定的质量要求。对不符合合同规定而被工程师拒收的材料和工程设备,承包商应立即纠正缺陷,并保证它们符合合同规定。如果工程师要求对它们进行复检,其费用应由承包商负责。承包商应执行工程师的指令,更换不符合合同规定的任何材料和工程设备,拆除不符合合同规定的工程,并重新施工。

缺陷责任期满之前,承包商负有施工、竣工以及修补任何所发现缺陷的全部责任。施工过程中,工程师对施工质量的认可以及"工程接受证书"的颁发,都不能解除承包商对施工质量应承担的责任。只有工程圆满地通过了试运转的考验,工程师颁发了"履约证书",才是对施工质量的最终确认。

(8)必须执行工程师发布的各项指令并为工程师的各种检验提供条件。工程师有权就涉及合同工程的任何事项发布有关指令,包括合同内未予说明的内容。对工程师发布的无论是书面指令或是口头指令,承包商都必须遵照执行。不过,对于口头指令,承包商应在发布后的2天内以书面形式予以确认。如果工程师在接到请求确认函后的2天内未做出书面答复,则可以认为这一口头指示是工程师的一项书面指令,承包商的请求确认函将作为变更工程结算的依据,成为合同文件的一个组成部分。若工程师的书面答复指出,口头指示的原因属于承包商应承担的责任,则承包商就不能获得额外支付。

承包商应为工程师及任何授权人进入现场和为工程制造、装配和准备材料或工程设备的车间和场所提供便利。同时,承包商必须为工程师指令的各种检查、测量和检验提供通常需要的协助、劳务、燃料、仪器等条件,并在用于工程前,按工程师要求提交有关材料样品,以供检验。

(9) 承担其责任范围内的相关费用。承包商承担工程所用的或与工程有关的任何承包商的设备、材料或工程设备侵犯专利或其他权利而引起的一切索赔和诉讼;承担工厂用建筑材料和其他各种材料的一切吨位费、矿区使用费、租金及其他费用。承包商承担取得进出现场所需专用或临时道路通行权的一切费用和开支,自费提供其所需的供工程施工使用的位于现场以外的附加设施。

(10) 按期完成施工任务。承包商必须按照合同约定的工期完成施工任务。若因承包商原因延误竣工日期的,将依据合同内约定的日延期赔偿额乘以延误天数后承担违约赔偿责任。但当延误天数较多时,以合同约定的最高赔偿限额为赔偿业主延迟发挥工程效益的最高款项。提前竣工的,承包商是否得到奖励,要看合同内对此是否有约定。

(11) 负责对材料、设备等的照管工作。从工程开始到颁发工程的接收证书为止,承包商对工程以及材料和待安装的工程设备的照管负完全责任。在此期间,发生的任何损失或损坏,除属于业主的风险情况外,都应由承包商承担责任。

(12) 对施工现场的安全、卫生负责。承包商应高度重视施工安全,做到文明施工。现场的施工应井然有序,保障已完成工程不受损害,而且还应自费采取一切合理的安全措施,保证施工人员和所有有权进入现场人员的生命安全,如按工程师或有关当局要求,自费提供防护围栏、警告信号和警卫人员,以及采取一切适当措施保护环境,限制由其施工作业引起的污染、噪声和其他后果对公众和财产造成的损害,确保排污量、噪声不超过规范和法律规定的标准。

同时,承包商应对工程和设备进行保险,应办理第三方保险,办理施工人员事故保险,并应在开工前提供保险证据。此外,在施工期间,承包商还应保持现场整洁。在颁发任何接收证书时,承包商应对该接收证书所涉及的那部分现场进行清理,达到工程师满意的使用状态。

(13) 为其他承包商提供方便。一个综合性大型工程,经常会有几个独立承包商同时在现场施工。为了保证工程项目整体计划的实现,通用条件规定每个承包商都应给其他承包商提供合理的方便条件。为了使各承包商在编制标书时能够恰当地计划自己的工作,每个独立合同的招标文件中均给出了同时在现场进行施工活动的有关信息。通常的做法是在某一合同的招标文件中规定为其他承包商提供必要施工方便的条件和服务责任,让承包商将这些费用考虑在报价之内。如果各招标文件中均未对此做出规定,而施工过程中有出现需要某一承包商为另一承包商提供服务时,工程师可向提供服务方发出书面指示,待其执行后批准一笔追加费用,计入该合同的承包价格中。但对两个承包商之间通过私下协商而提供的方便服务,则不属于该条款所约定的承包商应尽义务。

(14) 及时通知工程师在工程现场发现的意外事件并做出响应。在工程现场挖掘出来的所有化石、硬币、有价值的物品或文物,属于业主的绝对财产。承包商应采取措施防止其工人或者其他任何人员移动或损坏这些物品,承包商必须立即通知工程师,并按工程师的指示进行保护。由于执行此类指令造成承包商工期延长和费用增加,承包商有权提出索赔要求。

5. 工程师的权力和职责

工程师是受业主委托,负责合同履行的协调管理和监督施工的独立的第三方(监理工程师)。FIDIC《施工合同条件》的一个突出特点,就是在众多的条款中赋予了不属于合同签约当事人的工程师在合同管理方面的充分权力。工程师可以行使合同内规定的所有权力,也可以行使合同引申的权力。不仅承包商要严格遵守并执行工程师指令,而且工程师的决定对业主也同样具有约束力。

1) 工程师的权力和责任

(1) 工程师无权修改合同。

(2) 工程师可以行使合同中规定的,或必然隐含的应属于工程师的权力。如果要求工程师在行使规定的权力前必须取得业主的批准,这些要求应在专用条件中写明。

(3) 除得到承包商的同意外,业主承诺不对工程师的权力做进一步的限制。但是,每当工程师行使需由业主批准的规定权力时,则应视为业主已予批准,除非合同条件中另有说明:① 每当工程师履行或行使合同规定或隐含的任务或权力时,应视为代表业主执行;② 工程师无权解除任一方根据合同规定的任何任务、义务或职责;③ 工程师的任何批准、校核、证明、同意、检查、检验、指示、通知、建议、要求、试验或类似行为,不应解除合同规定的承包商的任何职责,包括错误、遗漏、误差和未遵照办理的职责。

(4) 工程师在工程管理中具体的权力:① 质量管理方面,主要表现在对运抵施工现场材料、设备质量的检查和检验,对承包商施工过程中的工艺操作进行监督,对已完成工程部位质量的确认或拒收,发布指令要求对不合格工程部位采取补救措施;② 进度管理方面,主要表现在审查批准承包商的施工进度计划,指示承包商修改施工进度计划,发布开工令、暂停施工令、复工令和赶工令;③ 费用管理方面,主要表现在确定变更工程的估价,批准使用暂定金额和计日工,签发各种给承包商的付款证书;④ 合同管理方面,主要表现在解释合同文件中的矛盾和歧义,批准分包工程,发布工程变更指令,签发"工程接收证书"和"履约证书",审核承包商的索赔,行使合同引申的权力。

2) 工程师代表或助手

业主应任命工程师,工程师应履行合同中指派给他的任务。工程师主要是包括具有资质的工程师和能承担这些任务的其他专业人员。工程师有时可以向其助手指派任务和托付权力,也可以撤销这种指派或托付。这些助手可以包括驻地工程师、被任命为检查和试验各项工程设备或材料的独立检查员。以上指派、托付或撤销应用书面形式,在双方收到抄件后才生效。但是,除非经双方同意,工程师一般不得将应由其本人确定的任何事项的权力托付给他人。

助手应是具有适当资质,能履行这些任务,行使此项权力,遵守法律,流利地使用合同条款中规定的语言进行交流的人员。

已被指派任务或托付权利的每个助手,只能在授权托付规定的范围内对承包商发出指示。助手按照托付做出的任何批准、校核、证明、同意、检查、检验、指示、通知、建议、要求、试验或类似行动,应具有工程师做出行动的同样效力。如承包商对助手的确定或指示提出质疑,承包商可将此事提交工程师,工程师应及时对该确定或指示进行确认、取消或改变。

3) 工程师的指示

工程师可随时按照合同规定向承包商发出指示和提供实施工程及修补缺陷可能需要的附加

说明或修正图纸。承包商必须接受工程师或根据合同条款托付适当权力的助手的指示。

承包商应执行工程师或托付助手对合同有关的任何事物发出的指示。这些指示一般应采用书面形式。如果工程师或托付助手给出口头指示，承包商或其代表应在 2 个工作日内向工程师发出指示的书面内容，并要求对指示的书面内容进行确认。工程师在收到书面确认后 2 个工作日内，如果未发出书面拒绝或未对指示进行答复，这时应确认为工程师或托付助手的书面指示。

4）工程师的替换

如果业主拟替换工程师，业主应在拟替换日期 42 天前通知承包商，告知拟替换工程师的姓名、地址和有关经验。如果承包商向业主提出所替换工程师不适合该工程的合理理由，并附有详细依据，业主就不应用该人替换工程师。

6. FIDIC 施工合同条件中的其他主要条款

1）合同的转让和分包

（1）合同的转让。合同的转让是指承包商在中标签约后，将其所签合同中的权利和义务转让给第三者的行为。由于合同转让可能招到不合格的承包商，所以合同条件中规定，没有取得业主的事先书面同意，承包商不得自行将合同或合同的任何部分，包括合同中的任何权益或利益转让给他人，否则可视为承包商违约，业主有权和他解除合同关系。

（2）合同的分包。由于一般工程施工涉及工种繁多，有些工种的专业性很强，单靠承包商自身的力量难以胜任，所以在合同实施中，承包商需要将一部分工作分包给某些分包商，但是这种分包必须经过批准；如果在订立合同时已列入分包项目，则意味着业主已经批准；如果在工程开工后再分包给分包商，则必须经过工程师事先同意。承包商不得将整个工程或工程的主要部分分包出去。承包商应对任何分包商的行为或违约负责，除非专用条款中另有规定。

2）工程的开工、延期、暂停及赶工

（1）工程的开工。承包商应在合同约定的日期或接到中标函后的 42 天内开工。工程师应至少提前 7 天通知承包商开工日期，而承包商收到此开工通知规定的日期即为开工日期，竣工时间是按照合同约定的开工日期和合同工期来确定。承包商应在合理可能的情况下尽快开工。

（2）工程的延期。如果业主方面的原因未能按承包商的施工进度表的要求做好征地、拆迁工作，未能及时提供施工现场及有关通道，导致承包商延误工期或增加开支，则工程师应及时与业主和承包商商量后，同意承包商延长工期并补偿由此引起的开支。

鉴于下列原因，承包商有权延长工期：① 额外的或附加的工作的数量或性质；② 合同中提到的导致工期延误的原因；③ 异常恶劣的气候条件；④ 由业主造成的任何延误、干扰或阻碍；⑤ 非承包商方面的过失或违约引起的延误；⑥ 传染病或其他政府行为导致人员或货物的可获得的不可预见的短缺。

承包商必须在上述导致延期的事件开始发生后 28 天内将要求延期的报告送给工程师（副本送业主），并在上述通知后 42 天内或工程师可能同意的其他合理期限内，向工程师提交要求延期的详细申请，以便工程师进行调查，否则，工程师可以不受理这一要求。

在收到承包商的索赔详细报告之后 42 天内，工程师应对承包商的索赔表示批准或不批准，不批准时要给予详细的评价，并可能要求进一步的详细报告。

（3）工程的暂停。在工程施工过程中，由于各种因素影响，工程可能会出现暂时的中断。

在这种情况下，承包商应按工程师认为必要的时间和方式暂停工程施工或其他任何部分的进展，并在此期间负责保护、保管以及保障该部分工程施工或全部工程免遭任何损失及损害。此时，工程师应在与业主和承包商协商后，决定给予承包商延长工期的权利和增加由于停工导致的额外费用。

但暂时停工不属于下列情况，则不给予补偿：① 在合同中有规定；② 承包商违约行为或应由承包商承担风险事件影响必要的停工；③ 现场不利的气候原因导致的必要停工；④ 为了工程的合理施工或安全原因（不包括业主或工程师的过失导致的暂停、业主风险发生后导致的暂停）的必要停工。

如果按工程师书面指令暂时停工持续 84 天以上，工程师仍未通知复工，则承包商可向工程师发函，要求在 28 天内准许复工。如果复工要求未能获准，当暂时停工仅影响工程的局部时，承包商可通知工程师把这部分暂停工程视作删减工程；当暂时停工影响到整个工程进度时，承包商可视该事件属业主违约，并要求按业主违约处理。

（4）工程的赶工。工程师认为整个工程或部分工程的施工进度滞后于合同内竣工要求的时间时，可以下达赶工指示。承包商应立即采取经工程师同意的必要措施加快施工进度。发生这种情况时，也要根据赶工指令发布的原因，决定承包商的赶工措施是否应给予补偿。在承包商没有合理理由延长工期的情况下，承包商不仅无权要求补偿赶工费用，而且在赶工措施中若包括有夜间或当地公认的休息日加班，则还应承担工程师增加附加工作所要补偿的监理费用。虽然这笔费用按责任划分应由承包商负担，但不能由承包商直接支付给工程师，而应由业主支付后从承包商的工程款中扣回。

3）工程的计量与支付

工程的计量与支付条款是 FIDIC 合同条件的核心条款。FIDIC 施工合同条件规定的支付结算和程序包括：预付款；每个月末支付工程进度款；竣工移交时办理竣工结算；解除缺陷责任后进行最终决算四大类。支付结算过程中涉及的费用又可分为两大类：一类是工程量清单中列明的费用；另一类属于工程量清单内未注明的，但条款中有明确规定的费用，如变更工程款、物价浮动调整款、预付款、保留金、逾期付款利息、索赔款、违约赔偿款等。

（1）工程计量。FIDIC 合同是单价合同，工程款的支付是根据承包商实际完成的工程量计算的。因此，工程计量显得格外重要。除非合同中另有规定，否则工程量均应计算净值。工程量表中列出的工程量都是在图纸和规范的基础上估算出来的，工程实施后，实际完成的工程量要通过测量来核实并以此作为支付依据。工程师测量时应通知承包商一方派人参加。如果承包商未能派人参加测量，即应承认工程师或由他批准的测量数据是正确的。有时，也可以在工程师的监督和管理下，由承包商进行测量，工程师审核签字确认。在对永久工程进行测量时，工程师应在工作过程中准备好所需的记录和图纸，承包商应在接到参加该项工作的书面通知后 14 天内对这些记录和图纸进行审查并确认。若承包商未参加该项工作，则这些记录和图纸被认为是正确的。若承包商不同意这些记录和图纸，应及时向工程师提出申诉，由工程师进行复查、修改或确认。对于工程量表中的包干项目，工程师可要求承包商在接到中标函后 28 天内将投标文件中的每一包干项目进行详细分解，提交给工程师一份包干项目分解表，以便在合同执行过程中按照该分解表的内容逐月付款。该分解表应得到工程师的批准。

（2）保留金。保留金是按合同约定从承包商所得工程款中扣减相应的一笔金额保留在业主手中，作为约束承包商严格履行合同义务的措施之一。保留金的扣留从首次支付工程进度款开始,用该月承包商有权获得的所有款项中减去调价款后的金额,乘以合同约定保留金的百分比作为本次支付时应扣留的保留金(通常为 10%),逐月累计扣到合同约定的保留金最高限额为止(通常为 5%)。

保留金的返还从颁发工程接收证书开始。颁发工程接收证书后,退还承包商一半保留金。颁发履约证书后,退还剩余的全部保留金。

(3) 预付款。FIDIC 土木工程施工合同条件中,预付款分为动员预付款和预付材料款两部分。

动员预付款是业主为了解决承包商进行施工时的资金短缺,从未来的工程款中提前支付的一笔款项。动员预付款的数额由承包商在投标书内确认,一般在合同价的 10%～15% 范围内。

同时,为了帮助承包商解决订购大宗主要材料和设备的资金周转,订购物资运抵施工现场经工程师确认合格后,按发票价值乘以合同约定的百分比(60%～90%)作为预付材料款,预付材料款包括在当月应支付的工程进度款内。

预付材料款的扣还方式通常在 FIDIC 专用条件约定,具体规定是在约定的后续月内(一般为三个月)每月按平均值扣还或从已计量支付的工程量内扣除其中的材料费,直至扣完为止。

(4) 计日工费。计日工费是指承包商在工程量清单的附件中,按工种或设备填报单价的日工劳务费和机械台班费,一般用于工程量清单中没有合适项目,且不能安排大批量的流水施工的零星附加工作的计费。只有当工程师根据施工进展的实际情况,指示承包商实施以日计价的工作时,承包商才有权获得用工计价的付款。

(5) 合同价格的调整。长期合同计价调价条款中,每次支付工程进度款均应按合同约定的方法计算价格调整费用。如果工程施工因承包商责任延误工期,则在合同约定的全部工程应竣工日后的施工期间内,不再考虑价格调整,各项指数采用应竣工日当月所采用值;对于不属于承包商责任的施工延期,在工程师批准的延期限内仍应考虑价格调整。

(6) 暂定金额。FIDIC 合同条件中暂定金额是指包括在合同中并在工程量表中以该名称标明,供工程任何不可预见事件施工的一项金额。该金额按照工程师的指示可能全部或部分地使用,或根本不予动用。

(7) 支付工程进度款。

① 承包商提供报表并提出支付申请。进度付款也称中间支付,应根据已完工作的单价按月进行支付。

支付工程进度款手续如下。

每个月的月末,承包商应按工程师规定的格式提交一式六份的本月支付报表,每份均由承包商代表签字,内容包括以下几个方面:截至当月末已实施的工程及承包商的文件的估算合同价值;根据法规及费用变化引起的调整价款;由于立法和费用变化应增加或减扣的任何款项;应扣减的保留金;根据预付款条款,为预付款的支付和偿还应增加或减扣的款项;为永久设备和材料应增加或减扣的款项;本月实施的永久工程的价值;对所有以前的支付证书中证明的款额的扣减;按合同或其他规定应付的其他任何的增加或减扣的款项。

② 工程师审核与签证。工程师接到报表后,要审查款项内容的合理性和计算的正确性。在承包商本月应得款的基础上,再扣除保留金、动员预付款,以及所有承包商责任而应扣减的

款项后,据此签发中期支付的临时支付凭证。如果本月承包商应获得的支付金额小于投标书附件中规定的中期支付最小金额,工程师可不签发本月进度款的支付凭证,这笔进度款将接转下月一并支付。工程师的审查和签证工作,应在收到承包商报表后 28 天内完成。工程进度款的支付凭证属于临时支付凭证,工程师有权对以前签发过的证书进行修改。若对某项工作的完成情况不满意时,也可以在后续证书内删去或减少这项工作的价值。

③ 业主的支付。承包商的报表经过工程师认可并签发工程进度款的支付证书后,业主应在接到证书的 28 天内给承包商付款。如果逾期支付,则按投标书附件约定的利率计算延期付款利息。

(8) 竣工结算。在收到工程的接收证书后的 84 天内,承包商应按工程师规定格式报送报表。该报表的内容主要包括:截至工程接收证书中指明的竣工日期,根据合同完成全部工作的最终价值;承包商认为应该获得的其他款项,如要求的索赔款、应退还的部分保留金等;承包商认为根据合同应支付的估算总额。

工程师在接到竣工报表后,应对照竣工图详细核算工程量,对其他支付要求进行审查,然后再根据检查结果签署竣工结算的支付凭证。对于此项签证工作,工程师也应在收到竣工报表后 28 天内完成。业主依据工程师的签证予以支付。

4) 质量检查及工程照管

施工中,所有的材料、永久工程的设备和施工工艺均应符合合同要求及工程师的指示。承包商应随时按照工程师的要求在施工现场以及为工程加工制造设备的所有场所为其质量检查提供方便。

施工现场一般施工工序的常规检查,应由现场值班的工程师代表或助理进行,不需事先约定。但对于某些专项检查,工程师应在 24 小时前将参加检查和检验的计划通知承包商,若工程师或其授权代表未能按时前往(除非事先通知承包商外),承包商可以自己进行检查和验收,工程师应确认此次检查和验收的结果。如果工程师或其授权代表经过检查认为质量不合格,承包商应及时补救,直到下一次验收合格为止。

对于隐蔽工程、基础工程和工程的任何部位,在工程师检查验收前,均不得覆盖。

工程师有权指示承包商从现场运走不合格的材料或工程设备,同时应以合格的产品代替。

工程质量检查和检验的费用,应根据情况分别由业主或承包商负担,下面分别予以说明。

(1) 在下列情况下,检查和验收的费用由业主支付:工程师要求检验的项目是合同中没有规定的,检验结果合格时的有关检验费用;工程师要求进行的检验虽然合同中有说明,但是检验地点在现场以外,或者在材料、设备的制造、装配或准备地点以外,如果检验结果合格时的有关全部费用;工程师要求对工程的任何部位进行剥露或开孔来检查工程质量,如果该部位经检验合格时,剥露、开孔以及还原的费用。

(2) 在下列情况下,检查和验收的费用由承包商支付:合同中明确规定的;合同中有详细说明允许承包商可以在投标文件中报价的;由于第一次检验不合格而需要重复检验而导致由业主开支的费用;工程师要求对工程的任何部位进行剥露或开孔来检查工程质量,如果该部位经检验不合格时的所有有关的费用;承包商在规定时间内不执行工程师的指示或违约情况下,业主雇佣其他人员来完成此项任务时的有关费用;工程师要求检验的项目产生的有关费用;在合同中没有规定或合同虽有规定,但检验地点在现场以外,或者在材料、设备的制造、装配或准备地点以外,如果检验结果不合格时的有关全部费用。

从开工之日起到颁发工程接收证书之日止,承包商负有照管工程的责任。缺陷通知期内,业主对移交工程承担照管责任。

5)工程的接收证书与履约证书

(1)工程的接收证书。当全部工程基本完工并圆满通过合同规定的竣工检验时,承包商认为可以移交工作前14天,将此结果通知工程师及业主,并同时附上一份对在缺陷通知期内以应有及时地完成任何未完工作而做出的书面保证,作为要求工程师颁发工程接收证书的申请。

工程师接到承包商的申请后28天内,如果认为已满足竣工条件,即可颁发工程接收证书;若不满意,则书面通知承包商,指出还需要完成哪些工作后才能达到基本竣工条件。承包商按指示完成相应工作并被工程师认可后,不需再次申请颁发证书,工程师应在指示工作最后一项完成的28天内主动颁发证书。工程接收证书应说明以下内容:确认工程已基本竣工;注明达到基本竣工的具体日期;详细列出按照合同规定承包商在缺陷通知期内还需完成工作的项目一览表。

(2)工程的履约证书。缺陷通知期是指正式颁发的工程接收证书中注明的缺陷通知期开始后的一段时间。缺陷通知期时间长短应在投标文件的附件中注明,一般为一年(根据工程情况也可有更长时间)。在缺陷通知期内,承包商除应继续完成在工程接收证书上写明的扫尾工作外,还应对工程由于施工原因所产生的各种缺陷负责维修。

缺陷通知期内工程圆满地通过运行考验,工程师应在期满后28天内,向承包商颁发履约证书,并将副本送给业主。履约证书是承包商已按合同规定完成全部施工义务的证明,因此,该证书颁发后工程师就无权再指示承包商进行该工程项目的任何施工工作,承包商即可办理最终结算手续。业主应在证书颁发后21天内,退还承包商的履约担保。

6)变更与索赔

(1)变更。工程变更是指施工过程中出现了与签订合同时的预计条件不一致的情况,而需要改变原定施工承包范围内的某些工作内容。工程师可以通过发布指示或要求承包商提交建议书的方式,提出工程变更。工程变更不同于合同变更,对合同条件约定的业主和承包商的权利、义务没有改动,只是对施工方法、内容作局部变更,属于正常的合同管理。

变更指令一般由工程师以书面形式发出。如果是口头指示,承包商也应遵照执行,但在规定时限内,工程师应尽快以书面形式确认。

承包商按照工程师的变更指令实施变更工作后,往往会涉及变更工程的价款结算问题。工程师在发出变更指令之前或发布后14天内,可以要求承包商提出变更工程的取费标准和变更项目价格,或将自己确定的费率和估价额通知承包商,以此作为双方协商变更工程价格的基础。

(2)索赔。索赔就是索取赔偿或补偿,即在经济合同履行过程中,如果任何一方没有按照合同或法律的规定履行合同,则违反了合同和法律,构成"违法行为",对这种违法行为给另一方所造成的损失,违约方当然应根据合同和法律的规定,给另一方以赔偿或补偿。索赔对合同双方都是正当合法的权利要求。由此可见,施工索赔是双方面的,索赔既包括承包商向业主的索赔,也包括业主向承包商的索赔。但常见的、有代表性的、处理和解决比较困难的,是承包商向业主的索赔。

7)争端的解决

争端的解决有许多方法,如谈判、调解、仲裁或诉讼等。在工程承包合同中,应该规定争端的解决办法，一般是双方协商解决或通过工程师调解，不能解决时再诉诸仲裁。

合同中应对仲裁地点、机构、程序和仲裁裁决效力等方面作出具体明确的规定。

8）风险

业主和承包商都应研究和分析工程项目风险的来源以及风险的偶然性与必然性。对具体的工程项目来说，业主和承包商都应对明示和潜在的风险进行调查、分析研究和评价，特别是潜在的工程风险，更应注意去发现和分析，然后从合同条款中明确风险责任的分担。

合同履行过程中可能发生的某些风险是业主和承包商在招标投标时无法合理预见的。就业主而言，合同中不应要求承包商在其报价中计入这些不可合理预见风险的损害补偿费，以取得有竞争性的合理报价。合同履行过程中若发生此类风险事件，应根据合同条款中风险责任分担的具体要求执行。如果合同规定该风险由业主承担，业主应按承包商受到影响的实际情况给予补偿或进行风险转移；如果合同规定该风险由承包商承担，那么承包商应自费承担工程项目维修的全部费用或进行风险转移。

模块 6　水利水电土建工程施工合同条件简介

2000 年，水利部、国家电力公司、国家工商行政管理局联合颁发了《水利水电工程施工合同和招标文件示范文本》，包括《水利水电土建工程施工合同条件》、《水利水电工程施工合同招标文件》和《水利水电工程施工合同技术条款》。《水利水电土建工程施工合同条件》适用于作为我国水利水电工程施工合同范本，凡列入国家或地方建设计划的大中型水利水电工程均可使用，小型水利水电工程则可参照使用。

《水利水电土建工程施工合同条件》由通用合同条款、专用合同条款和通用合同条款使用说明三部分组成。

通用条款是根据《中华人民共和国合同法》、《中华人民共和国建筑法》、《建设工程施工合同管理办法》等法律、法规对承包人和发包人双方的权利、义务作出的规定，除双方协商一致对其中的某些条款做了修改、补充或取消外，双方都必须履行。它是将建设工程施工合同中共性的一些内容抽象出来编写的一份完整的合同文件。通用条款具有很强的通用性，基本适用于各类水利水电土建工程。通用条款共二十二部分 60 条。这二十二部分内容如下：

（1）词语含义；

（2）合同条件；

（3）双方一般义务和责任；

（4）履约担保；

（5）监理人和总监理工程师；

（6）联络；

（7）图纸；

（8）转让和分包；

（9）承包商的人员及管理；

（10）材料和设备；

（11）交通运输；

（12）工程进度；

（13）工程质量；

（14）文明施工；

（15）计量与支付；

（16）价格调整；

（17）变更；

（18）违约；

（19）争议的解决；

（20）风险和保险；

（21）完工与保修；

（22）其他。

考虑到水利水电土建工程的内容各不相同，工期、造价也随之变动，承包人、发包人各自的能力、施工现场的环境和条件也各不相同，通用条款不能完全适用于各个具体工程，因此，配之以专用条款对其作必要的修改和补充，使通用条款和专用条款成为双方统一意愿的体现。专用条款的条款号与通用条款相一致，但专用条款内容是待发包人和承包人填写的空格，这些空格由当事人根据工程的具体情况予以明确或对通用条款进行修改和补充。

任务 3　施工合同的实施管理

知识目标

掌握施工合同实施管理的内容；理解合同分析的要点；熟悉合同交底的内容；熟悉文件管理和会议管理的内容；掌握合同控制的内容和方法。

能力目标

能进行合同分析；能进行合同交底；能进行合同管理控制。

施工合同是由发包人和承包人签订的为完成合同规定的各项工作所需的全部文件和图纸，以及在协议书中明确列入的其他文件和图纸。施工合同一般以书面形式签订，为保证施工合同的顺利实施必须进行合同管理。

模块 1　合同分析

合同分析是将合同目标和合同条款规定落实到合同实施的具体问题和具体事件上，用于指导具体工作，使合同能顺利履行的工作。合同分析是工程施工合同管理的起点。

1. 施工合同分析的必要性

（1）在一个水利枢纽工程中，施工合同往往有几份、十几份甚至几十份，各合同之间相互关联。

（2）合同文件和工程活动的具体要求（如工期、质量、费用等）、合同各方的责任关系、事件和活动之间的逻辑关系错综复杂。

（3）许多参与工程的人员所涉及的活动和问题仅为合同文件的部分内容，因此合同管理人员应对合同进行全面分析，再向各职能人员进行合同交底以提高工作效率。

（4）合同条款的语言有时不够明了，必须在合同实施前进行分析，以方便进行合同的管理工作。

（5）在合同中存在的问题和风险包括合同审查时已发现的风险和还可能隐藏着的风险，在合同实施前有必要作进一步的全面分析。

（6）在合同实施过程中，双方会产生许多争执，解决这些争执也必须对合同进行分析。

2. 合同分析的内容

1）合同的法律背景分析

分析合同签订和实施所依据的法律、法规，承包人应了解适用于合同的法律的基本情况（范围、特点等），指导整个合同实施和索赔工作，对合同中明示的法律要重点分析。

2）合同类型分析

类型不同的合同，其性质、特点、履行方式不一样，双方的责任、权利关系和风险分担也不一样。这直接影响合同双方的责任和权利的划分，影响工程施工中合同的管理和索赔。

3）承包人的主要任务分析

（1）承包人的责任，即合同标的。承包人的责任包括：承包人在设计、采购、生产、试验、运输、土建、安装、验收、试生产、缺陷责任期维修等方面的责任；施工现场的管理责任；给发包人的管理人员提供生活和工作条件的责任等。

（2）工作范围。它通常由合同中的工程量清单、图纸、工程说明、技术规范定义。工程范围的界限应很清楚，否则会影响工程变更和索赔，特别是固定总价合同的工作范围。

（3）工程变更的规定。重点分析工程变更程序和工程变更的补偿范围。

4）发包人的责任分析

发包人的责任分析主要是分析发包人的权利和合作责任。发包人的权利是承包人的合作责任，是承包人容易产生违约行为的地方；发包人的合作责任是承包人顺利完成合同规定任务的前提，同时又是承包人进行索赔的理由。

5）合同价格分析

应重点分析合同采用的计价方法、计价依据、价格调整方法、合同价格所包括的范围及工程款结算方法和程序。

6）施工工期分析

分析施工工期，合理安排工作计划，在实际工程中，工期拖延极为常见和频繁，对合同实施和索赔影响很大，要特别重视。

7）违约责任分析

如果合同的一方未遵守合同规定，造成对方损失，则应受到相应的合同处罚。

违约责任分析主要分析如下内容。

（1）承包人不能按合同规定的工期完成工程的违约金或承担发包人损失的条款。

（2）由于管理上的疏忽而造成对方人员和财产损失的赔偿条款。

（3）由于预谋和故意行为造成对方损失的处罚和赔偿条款。

（4）由于承包人不履行或不能正确履行合同责任，或出现严重违约时的处理规定。

（5）由于发包人不履行或不能正确履行合同责任，或出现严重违约时的处理规定，特别是对发包人不及时支付工程款的处理规定。

8）验收、移交和保修分析

（1）验收。验收包括许多内容，如材料和机械设备的进场验收、隐蔽工程验收、单项工程验收、全部工程竣工验收等。

在合同分析中,应对重要的验收要求、时间、程序以及验收所带来的法律后果作出说明。

(2)移交。竣工验收合格即办理移交。应详细分析工程移交的程序,对工程尚存的缺陷、不足之处以及应由承包人完成的剩余工作,发包人可保留其权利,并指令承包人限期完成,承包人应在移交证书上注明的日期内尽快地完成这些剩余工程或工作。

(3)保修。分析保修期限和保修责任的划分。

9)索赔程序和争执解决的分析

重点分析索赔的程序、争执的解决方式和程序以及仲裁条款,包括仲裁所依据的法律,仲裁地点、方式和程序,仲裁结果的约束力等。

模块2　合同交底

合同交底是以合同分析为基础、以合同内容为核心的交底工作,涉及合同的全部内容,特别是关系到合同能否顺利实施的核心条款。合同交底的目的是将合同目标和责任具体落实到各级人员的工程活动中,并指导管理及技术人员以合同为行为准则。合同交底一般包括以下主要内容:

(1)工程概况及合同工作范围;

(2)合同关系及合同涉及各方之间的权利、义务与责任;

(3)合同工期控制总目标及阶段控制目标,目标控制的网络表示及关键线路说明;

(4)合同质量控制目标及合同规定执行的规范、标准和验收程序;

(5)合同对本工程的材料、设备采购、验收的规定;

(6)投资及成本控制目标,特别是合同价款的支付及调整的条件、方式和程序;

(7)合同双方争议问题的处理方式、程序和要求;

(8)合同双方的违约责任;

(9)索赔的机会和处理策略;

(10)合同风险的内容及防范措施;

(11)合同文档管理的要求。

模块3　工程文件管理

水利工程施工中有许多各种各样的文件,如工程设计文件,各种合同文件,业主、承包商、工程师、设计单位、供应厂商等之间互相交流信息的信件。文件一经形成,就是工程的历史文件,一旦发生误解、施工错误、工期延误和索赔等事件,文件就是有力的证据。一般工程文件包括:

(1)招标公告、招标文件、投标标函、保证书、签约通知、开工通知和完工通知;

(2)业主与承包人的来往信件;

(3)全套变更通知书;

(4)已完工移交项目清单;

(5)采购账目文件;

(6)分包合同与供应、提供服务的合同文件;

(7)采用的标准、法规文件;

(8)机械运行与保养手册;

（9）施工日记；

（10）竣工图；

（11）承包人付款单据；

（12）进度档案；

（13）工程经理报告；

（14）申诉及争端文件；

（15）验收和试验文件；

（16）设备运行、保养、移交文件；

（17）其他。

现场合同管理人员还要把全部有关信件都收集起来，包括各种往来信函、事实调查报告、变更通知书文件、竣工图纸、规范的解释、交付记录、协商记录、会议记录、现场人员给工程经理的信件以及按合同规定转交业主的其他文件等。

工程一开始就要建立一套文件管理的程序，对所有的文件进行编号、登记，明确合同各方之间传递交换文件的程序。要定期对文件管理进行检查，查明该发的文件是否已经按时发出，应该答复的文件是否已经收到答复或给予签复，对拖延的文件应及时处理，对失职的部门要及时敦促他们采取行动及时纠正。

模块 4　会议管理

会议是合同管理中重要的组成部分。一个会议如果组织良好，就会成为合同各方彼此达成互相谅解的有效工具。合同各方集中在一起开会，提出有待解决的问题，通过讨论协商，互相达到一致意见，然后作出决定，记录在案，散会后各方就可分别执行会议作出的决定。

1. 会议准备

为了组织好会议，应做好以下几点：

（1）指定一个会议主席；

（2）预先安排会议的时间和地点；

（3）会前准备好一份会议议程，分发给与会者；

（4）会上交流信息、交换意见并作出决定；

（5）准备会议纪要，将纪要分发给与会者；

（6）为下一次会议做准备。

一个大中型水利工程，在招标过程中和在施工过程中均需进行各种性质的会议。在国际招标投标过程中，举行的会议主要有标前会议、开标会议、投标文件澄清会、合同预谈判和投标会议等。在这些会议上，各方互相交流信息、交换信息、交换意见、讨论分析并作出决定，能使招标工作如期完成，顺利地进入工程施工阶段。

2. 施工阶段会议

施工阶段的会议主要有施工前会议、进度会议及各种专门性质的会议。

1）施工前会议

施工前会议非常重要，它是第一次让有关各方包括业主、各个承包人、监理工程师、设计单位和政府有关部门互相见面，对一些有疑问的合同事项进行澄清，讨论承包人的开工计划，研究设计工程师的图纸设计计划，编制今后施工管理中必须遵守的各种工作程序等的会议。但是施工前会议所有讨论均不应修改合同要求,在会议上合同各方应表明其按照合同与其他单位同心协力建成工程项目的决心,这对工程顺利进行是非常重要的。为了开好施工前会议,项目经理除应准备一份会议议程,会前分发给与会者外,还应负责与其他与会者协调,就会议时间和地点达成一致意见。在会议期间,项目经理应负责会议记录,起草会议纪要,并请其他与会者提出意见,修改后成为正式会议纪要。

2）进度会议

进度会议是在工程施工过程中定期召开的,一般每周举行一次,合同各方均应有代表出席。在工程施工初期,各方应就召开进度会议的程序进行讨论,并就会议的时间、地点达成一致意见。项目经理应为每次进度会议准备议程,在会前将会议议程分发给与会者。项目经理应负责会议记录,起草会议纪要,征求与会者意见并进行修改,在得到各方一致同意后作为正式文件分发给与会者和存档。

3）专门会议

专门会议是在工程进度过程中,施工出现一些比较特殊的问题时召开的,这些专门性质的问题是进度会议上无法解决的,如安全会议、验收会议、协调会议等。专门会议可以在合同中任何一方的要求下召开,要求开会单位必须为会议准备议程,征求各方同意并确定开会的时间和地点。在会议开始前,合同各方还必须就由谁来负责会议记录和准备会议纪要达成一致意见。

模块 5　合同控制

合同控制能使项目管理人员在整个施工过程中都能清楚地了解合同的实施情况,对合同实施现状、趋向和结果有一个清醒的认识,找出合同实施过程中出现的偏离,并及时采取措施纠正,最终达到合同总目标的实现。

1. 合同控制的依据

（1）合同和合同分析结果,如各种计划、方案、商洽变更文件等。

（2）各种实际的工程文件,如原始记录,各种工程报表、报告、验收结果、计量结果等。

（3）工程管理人员每天对现场的书面记录。

2. 合同控制的内容

1）预付款控制

预付款是承包工程开工以前业主按合同规定向承包人支付的款项,以供承包人购置施工机械设备和材料,以及在工地设置生产、办公和生活设施的开支。预付款金额一般以合同总价的百分数表示,常见的是合同总价的 10%～15%,世界银行贷款项目,通常规定预付款不得超过合同价的 20%。

预付款实际上是业主对承包人的无息贷款,在工程开工以后,从每期工程进度款中逐步扣还。通常对于预付款,业主要求承包商出具预付款保证书。

工程合同的预付款,按世界银行采购指南规定分为以下几种。

（1）调遣预付款:用做承包商施工开始的费用开支,包括临时设施、人员设备进场、履约保证金等费用。

（2）设备预付款:用于购置施工设备。

（3）材料预付款:用于购置建筑材料。其数额一般为该材料发票价的 75% 以下,在月进度付款凭证中办理。

2）工程进度款

工程进度款一般按月支付，是工程价款的主要部分，它根据实际进度所完成的工程量的价格，加上或扣除相应款项计算而得。在每月月底以后，承包商应尽早向监理工程师提交该月已完工程量的进度款付款申请。

承包商要核实投标及变更通知后报价的计算数字是否正确、核实申请付款的工程进度情况及现场材料数量、已完工程量，项目经理签字后交驻地监理工程师审核，驻地监理工程师批准后转交业主付款。

3）保留金

保留金也称滞付金，是承包商履约的另一种保证，通常是从承包商的进度款中扣下一定百分比的金额，以便在承包商违约时起补偿作用。在工程竣工后，保留金应在规定的时间退还给承包商。

4）结算

当工程接近尾声时要进行大量的结算工作。同一合同中可能既包括按单价计价项目，又包括按总价付款项目。当竣工报告已由业主批准，该项目已被验收时，即应支付项目的总款额。按单价结算的项目，在工程施工已按月进度报告付过进度款，由现场监理人员对当时的工程进度工程量进行核定，核定承包人的付款申请并付了款，但当时测定的工程量可能准确也可能不准确，所以该项目完工时应由一支测量队来测定实际完成的工程量，然后按照现场报告提供的资料，审查所用材料是否该付款，扣除合同规定已付款的用料量，成本工程师则可标出实际应当付款的数量。承包人自己的工作人员记录的按单价结算的材料使用情况与工程师核对，双方确认无误后支付项目的结算款。

5）浮动价格计算

人工、材料、机械设备价格的变动会影响承包商的工程施工成本。如果合同规定不按浮动价格计算工程价格，承包商就会预测到由合同期内的风险而增加费用，该费用应计入标价中。一般来说，短期的预测结果还是比较可靠的，但对远期预测就可能很不准确，这就造成承包商不得不大幅度提高标价以避免未来风险带来的损失。这种做法难以正确估计风险费用，估计偏高或偏低，无论是对业主和承包商来说都是不利的。为获得一个合理的工程造价，工程价款支付可以采用浮动价格的方法来解决。

浮动价格计算方法考虑的风险因素很多，计算比较复杂。实际上也只能考虑风险的主要方面，如工资、物价上涨，按照合同规定的浮动条件进行计算。

（1）要确定影响合同价较大的重要计价要素，如水泥、钢材、木材的价格和人工工资等。

（2）确定浮动的起始条件，一般都要在物价等因素波动到 $5\%\sim10\%$ 时才进行调整。

（3）确定浮动物价依据的时间和地点。地点一般为工程所在地或指定某地；时间即是指某月某日。一般称签约时的市场价格为基础价格，称支付前（一般为 10 天）的市场价格为浮动价格。

（4）确定每个要素的价格影响系数，即其价格对造价的影响百分比和其他要素在总造价中的比重所定的固定系数。价格影响系数和固定系数的关系为

$$K_1+K_2+K_3+K_4+K_5=1$$

调整后的价格为

$$P_1 = P_0 \left(K_1 \frac{C_1}{C_0} + K_2 \frac{F_1}{F_0} + K_3 \frac{B_1}{B_0} + K_4 \frac{S_1}{S_0} + K_5 \right)$$

式中：P_1——调整后的价格；

$\quad P_0$——合同价格；

$\quad C_1$、F_1、B_1、S_1——波动后水泥、钢材、木材的价格和人工工资；

$\quad C_0$、F_0、B_0、S_0——签合同时水泥、钢材、木材的价格和人工工资；

$\quad K_1$、K_2、K_3、K_4——水泥、钢材、木材的价格和人工工资的影响系数；

$\quad K_5$——固定系数。

采取浮动价格机制后，业主承担了涨价风险，但承包商可以提出合理报价。浮动价格机制使承包商不用承担风险，它不会给承包商带来超利润和造价难以估量的损失，因而减少了承包商与业主之间因物价、工资价格波动带来的纠纷，使工程能顺利进行。

模块 6　违约处置

违约有各种不同的情况，有时是全部或部分不能履行合同，有时是没有按期履行合同，有时是没有按照合同规定的要求履行合同等。因违约的情况不同、程度不一样，因而违约一方所应承担的责任和处置方式也就不一样。

1. 违约罚款

违约罚款是由当事人双方预先约定，当一方违反合同时，应向对方支付的金额。违约罚款的目的是保证合同履行。因为合同都要规定，虽然当事人一方违约并支付了违约罚款，但并不能因此而免除其履行合同的义务。就违约罚款的性质来说，罚款是对不履行合同一方的一种具有惩罚性质的制裁。在合同中，双方通常预先将罚款金额予以约定，作为违约时应支付的违约金。一旦发生违约的事实，债权人就可要求得到约定的违约金。承包合同中违约罚款的条款是专门针对承包商拖延工期而规定的违约罚款。通常规定当承包商未能按期完工时，业主既可以要求承包商支付约定的违约金，还可要求其继续履行合同，也就是说，违约金的支付并不免除承包商完成和维修这项工程的义务。这种规定迫使承包商要按期完成工程。

2. 损害赔偿

损害赔偿是对违约的一种处置办法。损害赔偿责任的成立要具备以下条件：

（1）必须要有损害的事实，如果损害根本就没有发生，就不存在赔偿的问题；

（2）必须有归责于债务人的原因，因其过失而致损害发生；

（3）损害发生的原因与损害之间必须有因果关系。

损害赔偿的方法有恢复原状和金钱赔偿两种。损害包括对建筑物、财产、设备所造成的损坏或丢失，以及对人身的伤害。通常都是采用修复建筑物的方式和支付金钱的方式弥补对方所受到的损害。

确定损害赔偿的范围一般要遵守两项原则，即这种损失必须是按照违约事件的一般过程自然发生的损失，这种损失必须是当事人在订立合同时，对违约可能产生的后果能合理预见到的。

3. 取消合同

合同在执行过程中，当一方不履行合同，或违反合同条件或构成重大违约时，根据合同规定的一定条件，另一方有权要求终止合同，并要求违约方赔偿损失。解除合同是当事人一方由于对方的违约行为所产生的一项权利，基于此项权利，他可以不再受合同的约束，也可以认为合同已经终止,并可对全部违约要求损害赔偿。

模块 7　施工索赔

从广义而言,不仅承包商向业主索赔,业主也可以向承包商索赔,其他合同性或非合同性参与方也可以相互向业主或向承包商索赔。

由于工程项目复杂多变,现场条件、气候和环境的变化、标书及说明书中的错误及理解等因素,索赔在承包工程施工过程中是不可避免的。索赔是一种正常的合同管理行为,是合同管理的重要内容。索赔管理在后面将做专门介绍。

模块 8　合同档案管理

合同档案管理是对合同资料的收集、整理、归档和使用。合同资料的种类如下:

(1)合同资料,如各种合同文本、招标文件、投标文件、图纸、技术规范等;

(2)合同分析资料,如合同总体分析、网络图、横道图等;

(3)工程实施中产生的各种资料,如发包人的各种工作指令、签证、信函、会议纪要和其他协议,各种变更指令、变更申请和变更记录,各种检查验收报告、鉴定报告;

(4)工程实施中的各种记录、施工日记等,官方的各种文件、批件,反映工程实施情况的各种报表、报告、图片等。

任务 4　施工合同索赔管理

知识目标

理解索赔的概念;理解索赔的特性;掌握索赔的分类;理解索赔的起因;熟悉索赔的程序;掌握索赔证据的类型。

能力目标

能进行合同索赔的案例分析;能进行简单的合同索赔。

模块 1　索赔的概念

索赔是指在合同实施过程中,合同当事人一方因对方违约或其他过错,或虽无过错但无法防止的外因致使受到损失时,要求对方给予赔偿或补偿的法律行为。索赔是双向的,承包人可以向发包人索赔,发包人也可以向承包人索赔,一般称后者为反索赔。

模块 2　索赔的特性

(1)索赔作为一种合同赋予双方的具有法律意义的权利主张,其主体是双向的。在工程施工合同中,业主与承包商存在相互间索赔的可能性,承包商可向业主提出索赔,业主也可向承包商提出索赔。实际施工中发生的索赔,多数是承包商向业主提出的索赔,而且由于业主向承包商的索赔,一般无须经过烦琐的索赔程序,其遭受的损失可以从业主向承包商的支付款中扣除或由履约保函中兑取,所以合同条款多数只规定承包商向业主索赔的处理程序和方法。

(2)索赔必须以法律或合同为根据。只有一方有违约或违法事实,受损害方才能向违约方提出索赔。

（3）索赔必须建立在损害后果已客观存在的基础上。无论是经济损失还是时间损失，没有损失的事实而提出的索赔是不能成立的。

（4）索赔应采用明示的方式，即索赔应该有书面文件，索赔的内容和要求应该明确而又肯定。

（5）索赔的结果一般是索赔方应获得经济或其他赔偿。

（6）索赔是合同管理的一项正常业务，一般工程索赔款为合同价的 7% ~ 8%。

模块 3　索赔的分类

1.　按索赔发生的原因分类

如施工准备、进度控制、质量控制、费用控制和管理等原因引起的索赔，这种分类能明确指出每一索赔的根源所在，使发包人和工程师便于审核分析。

2.　按索赔的目的分类

（1）工期索赔：是要求发包人延长施工时间，使原规定的工程竣工日期顺延，从而避免违约罚金的发生。

（2）费用索赔：是要求发包人补偿费用损失，进而调整合同价款。

（3）综合索赔：既要求工期索赔又要求费用索赔的一种综合索赔方式。

3.　按索赔的依据分类

（1）合同内索赔：是指索赔涉及的内容在合同文件中能够找到依据，或可以根据该合同某些条款的含义，推论出一定的索赔权的索赔方式。

（2）合同外索赔：是指索赔内容虽在合同条款中找不到依据，但索赔权利可以从有关法律、法规中找到依据的索赔方式。

（3）道义索赔：是指由于承包人失误，或发生承包人应负责任的风险而造成承包人重大的损失所产生索赔方式。

4.　按索赔的有关当事人分类

（1）承包人与发包人之间的索赔。

（2）总承包人与分承包人之间的索赔。

（3）承包人与供货人之间的索赔。

（4）承包人向保险公司、运输公司索赔等。

5.　按索赔的处理方式分类

（1）单项索赔：是采取一事一索赔，即每一件索赔事件发生后，就报送索赔通知书，编报索赔报告，要求单项解决支付索赔的索赔方式。

（2）总索赔：又称综合索赔或一揽子索赔，一般是在工程竣工或移交前，承包人将施工中未解决的单项索赔集中考虑，提出综合索赔报告，由合同双方当事人在工程移交前进行最终谈判，以一揽子方案解决索赔的索赔方式。

6.　工期索赔

1）工期延期

工程在施工过程中，往往会发生一些不能预见的干扰事件使施工不能顺利进行，使预定的施工计划受到干扰,因而造成工期延误。对于并非承包商自身原因所引起的工期延误,承包商有权提出工期索赔。监理工程师在与业主和承包商协商一致后,决定竣工期延长的时间。导致工期延长的原因有以下几种:

(1) 任何形式的额外或附加工程;

(2) 合同条款所提到的任何延误理由,如延期交图、工程暂停、延迟提供现场等;

(3) 异常恶劣的气候条件;

(4) 造成的任何延误、干扰或阻碍;

(5) 非承包商的原因或责任的其他不可预见事件。

如果工期延误是由于承包商的失误造成的,则承包商必须设法自费赶上工期,或按规定缴纳误期赔偿金并继续完成工程,或按照业主的安排另行委托第三方完成所延误的工作并承担费用。

2) 工期索赔

工期索赔除了必须符合条款规定的索赔根据和索赔程序外,在具体分析应延长工期的时间时,还必须注意如下几个问题。

(1) 索赔的工期延误是指总工期的延误。对于水利水电工程来讲,重要阶段的工期(如截流、第一台机组发电等)的延误会影响竣工日期。在实际工程中,工期延误总是发生在一项具体的工序或作业上,因此工期索赔分析必须要判断发生在工序或作业上的延误是否会引起总工期或重要阶段工期的延误。用网络计划分析时,发生在关键线路上关键工序的延误,会影响到总工期,因此是可以索赔的。而发生在非关键线路上工序的延误,因其不影响总工期就不能索赔。但是关键线路是动态的,施工进度的变化可能使非关键线路变成关键线路,因而发生在非关键线路上工序的延误,也可能导致总工期的延误。这决定于工序的时差与延误时间的长短,须进行具体分析才能确定。

(2) 工程延误可分为可原谅延误、不可原谅延误和共同延误三种。

① 可原谅延误。这类工期延误不是承包商的责任,承包商是可以得到原谅的。这主要是指由于业主原因或客观影响引起的工程延误。对于这类延误,承包商可以要求索赔。如果延误的责任者是业主或咨询工程师,则承包商不仅可以得到工期延长,还可以得到经济补偿,这种延误被称为"可原谅并给予补偿的延误";如果责任者不是业主,而是由于客观原因,则承包商可以得到工期延长,但得不到经济补偿,这种延误被称为"可原谅但不给予补偿的延误"。

② 不可原谅延误。这类工期延误是由于承包商的原因引起的,如施工组织不好,工效不高,设备材料供应不足,以及由承包商承担风险的工期延误(如一般性的天气不好,影响了施工进度)。对于不可原谅的延误,承包商是无权索赔的。承包商不但得不到工期延长,也得不到经济补偿。这种延误造成的损失完全由承包商负担。

③ 共同延误。在实际施工过程中,工期延误有时是由两种(甚至三种)原因(承包商的原因、业主的原因、客观的原因)同时发生而形成的,这就是所谓的"共同性的延误"。在共同延误的情况下,要具体分析哪一种情况的延误是有效的,一般遵照以下原则,即在共同延误的情况下,应该判别哪一种原因是最先发生的,即找出"初始延误"者,它对延误负责。在初始延误发生作用的期间,其他并发的延误不承担延误的责任。

7. 费用索赔

费用索赔的金额是用于赔偿承包商因索赔事件而受到的实际损失,包括支出的额外成本和失掉的可得利润。索赔金额计算的基础是成本,用有索赔事件影响所发生的成本减去无事件影响时所应有的成本,其差值即为赔偿金额。

费用索赔中主要包括的项目如下。

1) 人工费

人工费的索赔通常包括:因事件影响而直接导致额外劳动力雇佣的费用和加班费;由于事件影响而造成人员闲置和劳动生产率降低引起的损失,以及有关的费用,如税收、人员的人身保险、各种社会保险和福利支出等。

2) 材料费

材料费的索赔包括:因事件影响而直接导致材料消耗量超过计划用量而增加的费用;客观原因导致的材料价格上涨所增加的费用,所增加的材料运输费和储存费等;合理破损比率的费用。

材料费的索赔费一般是将实际所用材料的数量及单价与原计划的数量及单价相比而求得的。

3) 施工设备费

施工设备费的索赔包括:因事件影响使设备增加运转时数的费用、进出现场费用、由于事件影响引起设备闲置损失费用和新增设备的增加费用,索赔中一般也包括小型工具和低值易耗品的费用。

承包商自有的设备通常按有关的标准手册中关于设备工作效率、折旧、大修、保养及保险等定额标准进行计算费用,有时也可用台班费计价。闲置损失可按折旧费计算。租赁的设备只要租赁价格合理,就可以按租赁价格计算。

4) 现场管理费

索赔款中的现场管理费是指承包商完成额外工程、索赔事件工作以及工期延长、延误期间的工地管理费用,包括管理人员工资、办公费用、通信费、交通费等。通常按索赔的直接费乘以现场管理费率计算管理费。国际工程中,此费率一般为 $10\% \sim 15\%$。

5) 总部管理费

索赔款中的总部管理费是指承包商完成额外工程、索赔事件工作以及工期延长、延误期间的总部管理人员的管理费用,包括管理人员工资、办公费用、通信费、交通费等。总部管理费索赔额可按下式计算:

$$总部管理费索赔额 = 费率 \times (直接费索赔额 + 现场管理费索赔额)$$

此费率一般为 $7\% \sim 10\%$。

6) 保险费、担保费

保险费、担保费是指事件影响而增加工程费用或延长工期时,承包商必须相应地办理各种保险和保函的延期或增加金额的手续,由此而支出的费用。此费用能否索赔,取决于原合同中对保险费、担保费的规定,如果合同规定,此费用在工程量清单中单列,则可以索赔;但如果合同规定,保险、担保费用归入管理费,不予以单列时,则此费用不能列入索赔费用项目。

7) 融资成本

由于事件影响增加了工程费用,承包商因此需加大贷款或垫支金额,从而多付出的利息以及因业主拖延付款的利息,均属额外增加的融资成本,可向业主提出索赔。前者按贷款数额、银行利率及贷款时间计算,后者按迟付款额及合同规定的利率予以计算。

模块 4　索赔的起因

1. 发包人违约

发包人违约主要表现为未按施工合同规定的时间和要求提供施工条件、任意拖延支付工程款、无理阻挠和干扰工程施工造成承包人经济损失或工期拖延、发包人所指定分包商违约等。

2. 合同调整

合同调整主要表现为设计变更、施工组织设计变更、加速施工、替换某些材料、有意提高设备或原材料的质量标准引起的合同差价、图纸设计有误或由于工程师指令错误等。这些均会造成工程返工、窝工、待工,甚至停工。

3. 合同缺陷

(1) 合同条款规定用语含糊,不够准确,难以分清双方的责任和权益。

(2) 合同条款中存在漏洞,对各种可能发生的实际情况未作预测和规定,缺少某些必不可少的条款。

(3) 合同条款之间互为矛盾,即在不同的条款和条文中,对同一问题的规定和解释要求不一致。

(4) 合同的某些条款中隐含着较大的风险,即对承包人方面要求过于苛刻,约束条款不对等、不平衡。

4. 不可预见因素

(1) 不可预见障碍,如古井、墓坑、断层、溶洞及其他人工构筑障碍物等。

(2) 不可抗力因素,如异常的气候条件、地震、洪水、战争等。

(3) 其他第三方原因,与工程相关的其他第三方所发生的问题对本工程项目的影响,如银行付款延误、邮路延误、车站压货等。

5. 国家政策、法规的变化

(1) 建筑工程材料价格上涨,人工工资标准的提高。

(2) 银行贷款利率调整,以及货币贬值给承包商带来的汇率损失。

(3) 国家有关部门在工程中推广使用某些新设备、施工新技术的特殊规定。

(4) 国家对某种设备或建筑材料限制进口、提高关税的规定等。

6. 发包人或监理工程师管理不善

(1) 工程未完成或尚未验收,发包人提前进入使用,并造成工程损坏。

(2) 工程在保修期内,由于发包人的工作人员使用不当,造成工程损坏。

7. 合同中断及解除

(1) 国家政策变化、不可抗力和双方之外的原因导致工程停建或缓建造成合同中断。

(2) 合同履行中,双方在组织管理中不协调、不配合以至矛盾激化,使合同不能再继续履行下去,或发包人严重违约,承包商行使合同解除权,或承包人严重违约,发包人行使驱除权解除合同等。

模块 5　索赔的程序

索赔程序如图 6-1 所示。

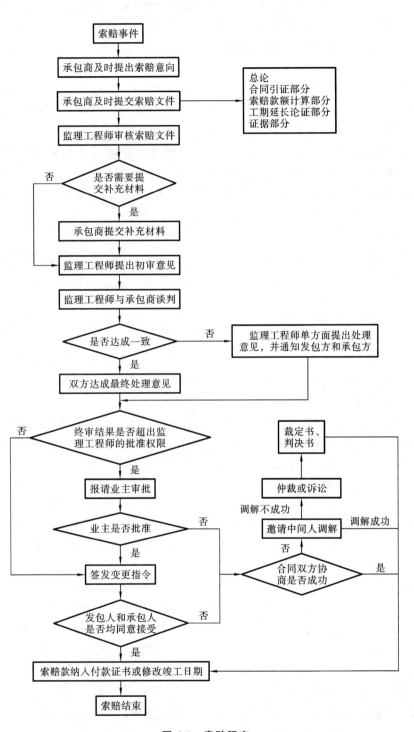

图 6-1　索赔程序

1. 索赔意向通知

当索赔事项出现时,承包商将索赔意向在事项发生的 28 天内以书面形式通知工程师。

索赔意向通知书的内容包括以下几方面:

(1)事件发生的时间和情况的简单描述;

(2)索赔依据的合同条款和其他理由;

(3)有关后续资料的提供,包括及时记录和提供事件发展的动态;

(4)对工程工期产生不利影响的严重程度,以期引起工程师或业主的注意。

2. 索赔报告提交

承包商在提出索赔后,要抓紧准备索赔资料,计算索赔款额,或计算所必需的工期延长天数,在合同规定的时限内及时递送正式的索赔报告书。索赔报告内容主要包括索赔的合同依据、索赔理由、索赔事件发生的经过、索赔要求(费用补偿或工期延长)及计算方法,并附相应证明材料。索赔报告书一般包括以下几个部分。

1)总论部分

总论部分应包括序言、索赔事项概述、具体索赔要求、工期延长天数或索赔款额、报告书编写及审核人员。

2)合同引证部分

合同引证部分是索赔报告关键部分之一,其目的是承包商论述自己有索赔权,这是索赔成立的基础。

合同引证的主要内容是该工程项目的合同条件以及工程所在国有关此项索赔的法律规定,说明自己理应得到经济补偿或工期延长,或两者均应获得。

3)索赔款项计算部分

在论证索赔权以后,接着计算索赔款额,具体论证合理的经济补偿款额。款额计算的目的是说明承包商应得到的经济补偿款额。如果说合同引证部分的目的是确立索赔权,则款额计算部分的任务是决定应得的索赔款。前者是定性的,后者是定量的。

4)工期延长论证部分

承包商在施工索赔报告中进行工期论证的目的,首先是获得工期延长的依据,以免因工期延误而承担的经济损失。其次是,承包商在此基础上,探索获得经济补偿的可能性。因为如果承包商投入了更多的资源,就有权要求业主对其附加开支进行补偿,同时也有可能获得提前竣工的"奖金"。

5)证据部分

证据部分通常以索赔报告书附件的形式出现,包括该索赔事项所涉及的一切有关证据,以及对这些证据的说明。证据是索赔文件的必要组成部分,没有翔实可靠的证据,索赔是不可能成功的。索赔证据资料的范围甚广,可能包括工程项目施工过程中所涉及的有关政治、经济、技术、财务等方面的资料。承包商应该在整个施工过程中持续不断地收集整理、分类储存这些资料。

3. 工程师对索赔的处理

工程师在收到承包商索赔报告后,应及时审核索赔资料,并在合同规定时限内给予答复或要求承包商进一步补充索赔理由和证据,逾期可视为该项索赔已经被认可。

4. 索赔谈判

工程师提出索赔处理的初步意见后,发包人和承包人就此进行索赔谈判,作出索赔的最后决定。若谈判失败,则可进入仲裁与诉讼程序。

5. 索赔期限

1）提出索赔意向通知书的期限

承包人应在知道或应当知道索赔事件发生后 28 天内,向监理人递交索赔意向通知书,并说明发生索赔事件的事由。承包人未在前述 28 天内发出索赔意向通知书,则丧失要求追加付款和(或)延长工期的权利。

2）提出索赔的期限

（1）承包人按合同约定接受了完工付款证书后,被认为已无权再提出在合同工程完工证书颁发前所发生的任何索赔。

（2）承包人按合同约定提交的最终结清申请单中,只限于提出工程完工证书颁发后发生的索赔。提出索赔的期限自接受最终结清证书时终止。

模块 6　索赔证据

1. 证据要求

（1）事实性。索赔证据必须是在实施合同过程中确实存在和发生的,必须完全反映实际情况,能经得住推敲。

（2）全面性。所提供的索赔证据应能说明事件的全过程,不能零乱和支离破碎。

（3）关联性。索赔证据应能互相说明,相互具有关联性,不能互相矛盾。

（4）及时性。索赔证据的取得及提出应当及时。

（5）具有法律效力。一般要求证据必须是书面文件,有关记录、协议、纪要必须是双方签署的,工程中的重大事件、特殊情况的记录及统计必须由监理工程师签证认可。

2. 证据类型

（1）事实证据:是用于证明索赔的事件,包括签证联系单、技术联系单、会议纪要、照片、录像、物证、地质报告、气象记录等。

（2）合同证据:是用于证明索赔的合同依据,包括合同、中标书、招标文件、招标答疑、合同变更文件等,也包括有合同性质的其他文件。

（3）法律证据:同意支持索赔,包括法律、行政法规、地方法规、行政规章、规范性文件、标准规范、鉴定文书等。

（4）经济证据:是用于支持费用索赔的依据,包括计价依据、合同报价、费用签证、市场价格取证文件、其他证明经济费用及其属性的文件。

（5）技术证据:是用于支持索赔理由或费用的技术性证据,包括费用或造价的鉴定报告、技术标准规范、专家证言等。

（6）其他证据:上述未包括的。

模块 7　反索赔

索赔管理的任务不仅在于对己方产生的损失的追索,而且在于对将产生或可能产生的损失的防止。追索损失主要通过索赔手段进行,而防止损失主要通过反索赔进行。

索赔和反索赔是进攻和防守的关系。在合同实施过程中,合同双方都在进行合同管理,都在寻找索赔机会,一旦干扰事件发生,一方要求进行索赔,而另一方不能进行有效的反索赔,同样要蒙受损失,所以反索赔与索赔有同等重要的地位。

反索赔的目的是防止损失的发生,它包括以下两方面的内容。

(1)防止对方提出索赔。双方应在合同实施中进行积极防御,使自己处于不能被索赔的地位,如防止自己违约,完全按合同办事。

(2)反击对方的索赔要求。如对对方的索赔报告进行反驳,找出理由和证据,证明对方的索赔报告不符合事实情况,不符合合同规定,没有根据,计算不准确,以避免或减轻自己的赔偿责任,使自己不受或少受损失。

水利工程一般规模较大,工作繁多,涉及面广,合同文件内容多,篇幅大,难免会有缺陷和不完备之处;在履行过程中,业主也难免会有某些违约或应负责任而未能做好的工作。如征地移民工作,就可能受到当地民众的阻挠,一时不能解决而影响施工进度等;水利工程的工期较长,在此期间,国家、地方政府的法规政策变化,则更是业主无法预见的,凡此种种,都可能引起承包商的索赔。工程建设中出现索赔是很正常的,合同条款将索赔视为一种正常的业务,规定了索赔的程序,以及有关条款中涉及索赔事项的具体措施,使索赔成为合同双方维护自身权益、解决不可预见事项的途径,从而保证合同的顺利进行。

模块 8 索赔案例

1. 背景资料

建设单位将一发电站工程分别与土建施工单位和设备安装单位签订了施工合同、设备安装合同,经监理工程师批准,土建施工单位又将桩基础分包给了一专业基础工程公司。

在工程延期方面,合同中约定,业主违约一天应赔偿承包方 5000 元人民币,承包方违约一天应罚款 5000 元人民币。

该工程所用的桩是钢筋混凝土预制桩,共计 1200 根。预制桩由建设单位供应。按施工总进度计划安排,规定桩基础施工应从 5 月 10 日开工,5 月 20 日完工。但在施工过程中,建设单位供应的预制桩不及时,使桩基础施工在 5 月 13 日才开工,5 月 13 日至 5 月 18 日基础工程公司的打桩设备出现故障不能施工,5 月 19 日至 5 月 22 日又出现了属于不可抗力的恶劣天气而无法施工。

2. 问题

(1)在上述工期拖延中,施工单位可以索赔的工期是多少?

(2)土建施工单位向建设单位索赔的程序如何?

(3)设备安装单位的损失应由谁承担责任,应补偿的工期和费用是多少?

(4)土建施工单位应获得的工期补偿和费用补偿各为多少?

3. 知识要点

不同原因造成的工期延误,怎样索赔工期和费用,索赔程序是什么?

4. 案例分析

对于工程延期的批准,首要条件是非施工单位自身原因而造成的工程延期。

5. 答题要点

(1)对于上述工程延误中,索赔的工期处理如下:

① 从 5 月 10 日至 5 月 12 日共 3 天,属于建设单位原因造成的拖期,应给予施工单位工期和费用的补偿;

②从5月13日至5月18日共6天,属于土建施工单位原因造成的拖期,由施工单位承担发生的费用,工期不予顺延;

③从5月19日至5月22日共4天,属于不可抗力的原因造成的拖期,施工单位承担发生的费用,工期给予顺延。

（2）土建施工单位可按下列程序以书面形式向建设单位索赔:

①索赔事件发生后28天内,向监理方发出索赔意向通知;

②发出索赔意向通知后28天内,向监理方提出延长工期和补偿经济损失的索赔报告及有关资料;

③监理方在收到施工单位送交的索赔报告和有关资料后,于28天内给予签复,或要求施工单位进一步补充索赔理由和证据;

④监理方在收到土建施工单位送交的索赔报告和有关资料后28天内未予答复或未对施工单位作进一步要求,视为该项索赔已经认可。

（3）设备安装单位的损失应由建设单位负责。因为设备安装单位与建设单位有合同关系,它与土建施工单位无合同关系。设备安装单位应获工期补偿3+6+4=13(天),应获费用补偿为13×5000＝65000(元)。

（4）应予以补偿的具体数额为:土建施工单位应获得的工期补偿为3+4=7(天),土建施工单位应获得的费用补偿为3×5000－6×5000＝－15000(元),即应扣款1.5万元。

思　考　题

一、简答题

1. 什么是合同?合同的要素有哪些?

2. 合同谈判的主要内容有哪些?

3. 工程合同的类型有哪些?

4. 施工合同文件一般由哪几部分组成?

5. 简述合同分析的主要内容?

6. 合同交底主要进行哪些工作?

7. 简述施工合同控制的内容。

8. 简述索赔的程序。

9. 对索赔证据的要求是什么?

10. 试起草签订一份合同。

二、案例分析

某水利工程,发包人与承包人依据《水利水电土建施工合同条件》签订了施工承包合同,合同中的项目包括土方填筑和砌石护坡。其中,土方填筑200万 m³,单价为10元/m³;砌石护坡10万 m³,单价40元/m³。合同规定如下:

（1）工程量清单中单项工程量的变化超过20%时按变更处理;

（2）工程施工计划为先填筑,填筑全部完成后再砌石护坡;

（3）发包人指定的采石场距工程现场10 km,承包人的运输强度为500 m³/天。

在土方施工中,由于以下原因引起停工:

(1) 合同规定发包人移交施工现场的时间为当年的 10 月 3 日,由于发包人的原因,实际移交时间延误到 10 月 8 日晚;

(2) 10 月 6 日至 10 月 15 日工地连降大雨,属于不利自然条件,在降雨期间全部暂停施工;

(3) 10 月 28 日至 11 月 2 日,承包人的施工设备发生故障,主体施工暂停。

土方填筑实际完成 300 万 m^3,经合同双方协商,对超过合同规定百分比的工程量,单价增加了 3 元/m^3;土方填筑工程量的增加未延长填筑作业天数。

承包人填筑设备停产一天损失 10000 元,人工费 8000 元。

在工程施工中,承包人在发包人指定的采石场开采了 5 万 m^3 后,该采石场再无石料可采,监理工程师指示承包人自行寻找采石场。承包人另寻采石场发生合理费用 5000 元。新采石场距工程现场 30 km,经合同双方协商,石料运输距离每增 1 km,运费增加 1 元/m^3。采石场变更后,由于运输距离增加,承包人的运输强度变为 400 m^3/天。

采石场变更以后,造成施工设备利用率不足并延长了砌石护坡的工作天数,经合同双方协商,从使用新料场开始,按照 2000 元/天补偿承包人的损失。

工程延期中,承包人的管理费、保险费、保函费等损失为 5000 元/天。

问题:

(1) 承包商能索赔的工期是多少天?

(2) 土方填筑应结算的工程款是多少?

(3) 承包商能得到的费用补偿是多少?

项目 7   施工项目成本管理

项目重点

掌握施工项目成本的概念和构成；掌握施工项目成本的控制过程、控制任务、控制内容和控制方法；熟悉施工项目成本的核算对象和核算内容；掌握施工项目成本的分析和纠偏措施；掌握降低施工项目成本的措施。

教学目标

掌握施工项目成本的概念和构成；掌握施工项目成本的控制过程、控制任务、控制内容和控制方法；能进行施工项目成本的核算和分析；理解并掌握降低施工项目成本的措施。

任务 1   施工项目成本概述

知识目标

掌握施工项目成本的概念；熟悉施工项目成本中直接成本和间接成本中的各组成内容；理解施工项目成本的形式。

能力目标

能叙述施工项目成本的概念；能结合案例分析和判断施工项目成本中的各种费用；能说出施工项目成本的形式。

模块 1   施工项目成本的概念

施工项目成本是指工程项目的施工成本，是在工程施工过程中所发生的全部生产费用的总和，也就是建筑企业以施工项目作为核算对象，在施工过程中所耗费的生产资料转移价值和劳动者必要劳动所创造的价值的货币形式。它包括所消耗的主辅材料、构配件、周转材料的摊销费或租赁费、施工机械的材料费或租赁费、支付给生产工人的工资和奖金，以及在施工现场进行施工组织与管理所发生的全部费用。

施工项目成本是建筑企业的主要产品成本，一般以单位工程作为成本核算的对象，通过各单位工程成本核算的综合来反映施工项目的施工成本。

模块 2   施工项目成本的构成

建筑企业在施工项目施工过程中所发生的各项费用支出，按照国家规定计入成本费用。按成本的经济性质和国家的规定，施工项目成本由直接成本和间接成本组成。

1. 直接成本

直接成本是指施工过程中耗费的构成工程实体或有助于工程实体形成的各项费用支出，包括人工费、材料费、机械使用费和其他直接费等。

1）人工费

人工费是指直接从事建筑安装工程施工的生产工人开支的各项费用，包括工资、奖金、工资性质的津贴、生产工人辅助工资、职工福利费、生产工人劳动保护费等。

2）材料费

材料费包括施工过程中耗用的构成工程实体的原材料、辅助材料、构配件、零件、半成品的费用和周转材料的摊销及租赁费用。

3）机械使用费

机械使用费包括施工过程中使用自有施工机械所发生的机械使用费和租用外单位施工机械的租赁费，以及施工机械安装、拆卸和进出场费。

4）其他直接费

其他直接费是指以上直接费以外的、在施工过程中发生的、具有直接费用性质的其他费用。它包括施工过程中发生的材料二次搬运费、临时设施摊销费、生产工具使用费、检验试验费、工程定位复测费、工程点交费、场地清理费，也包括冬雨期施工增加费、仪器仪表使用费、特殊工程培训费、特殊地区施工增加费等。

2. 间接成本

间接成本是指企业内的各项目经理部为施工准备、组织和管理施工生产的全部施工费用的支出。

施工项目间接成本应包括现场管理人员的人工费（基本工资、工资性补贴、职工福利费等）、固定资产使用费、工具用具使用费、保险费、检验试验费、工程保修费、工程排污费以及其他费用等。

（1）工作人员薪金：是指现场项目管理人员的工资、奖金、工资性质的津贴等。

（2）劳动保护费：是指现场项目管理人员的按规定标准发放的劳动保护用品的购置费、修理费和防暑降温费，在有碍身体健康环境中施工的保健费用等。

（3）职工福利费：是指按现场项目管理人员工资总额的一定比例提取的福利费。

（4）办公费：是指现场管理办公用的文具、纸张、账表、印刷、邮电、书报、会议、水、电、烧水和集体取暖用煤等费用。

（5）差旅交通费：是指职工因工出差期间的旅费、住勤补助费、市内交通费和误餐补助费、劳动力招募费、职工探亲路费、职工离退休及职工退职一次性路费、工伤人员就医路费、工地转移费，以及现场管理使用的交通工具的油料、燃料、养路费及牌照费等。

（6）固定资产使用费：是指现场管理及试验部门使用的属于固定资产的设备、仪器等折旧、大修理、维修费或租赁费等。

（7）工具用具使用费：是指现场管理使用的不属于固定资产的工具、器具、家具、交通工具以及检验、试验、测绘、消防用具等的购置、维修和摊销费等。

（8）保险费：是指施工管理用财产、车辆的保险，以及高空、井下、海上作业等特殊工种的安全保险等费用。

（9）工程保修费：是指工程施工交付使用后在规定的保修期内的修理费用。

（10）工程排污费：是指施工现场按规定交纳的排污费用。

（11）其他费用。

按项目管理要求，凡发生于项目的可控费用，均应下沉到项目核算，不受层次限制，以便落实施工项目管理的经济责任，所以施工项目成本还应包括下列费用项目。

（12）工会经费：指按现场管理人员工资总额的一定比例提取的工会经费。

（13）教育经费：指按现场管理人员工资总额的一定比例提取使用的职工教育经费。

（14）业务活动经费：指按"小额、合理、必需"原则使用的业务活动费。

（15）税金：指应由施工项目负担的房产税、车船使用税、土地使用税、印花税等。

（16）劳保统筹费：指按现场管理人员工资总额的一定比例交纳的劳保统筹基金。

（17）利息支出：指项目在银行开户的存贷款利息收支净额。

（18）其他财务费用：指汇兑损失、调剂外汇手续费、银行手续费等。

企业所发生的经营费用、企业管理费用和财务费用，则按规定计入当期损益，亦即计为期间成本，不得计入施工项目成本。

企业下列支出不仅不得列入施工项目成本，也不能列入企业成本：为购置和建造固定资产、无形资产和其他资产的支出；对外投资的支出；被没收的财物、支付的滞纳金、罚款、违约金、赔偿金；企业赞助、捐赠支出；国家法律、法规规定以外的各种付费和国家规定不得列入成本费用的其他支出。

模块 3　施工项目成本的形式

施工项目成本的形式可以从不同的角度进行考察。

1. 事前成本和事后成本

根据成本控制要求，施工项目成本可分为事前成本和事后成本。

1）事前成本

工程成本的计算和管理活动是与工程实施过程紧密联系的，在实际成本发生和工程结算之前所计算和确定的成本都是事前成本，带有计划性和预测性。常用的概念有预算成本（包括施工图预算、标书合同预算）和计划成本（包括责任目标成本、企业计划成本、施工预算、项目计划成本）之分。

（1）预算成本。

工程预算成本反映各地区建筑业的平均成本水平。它是根据施工图、以全国统一的工程量计算规则计算出来的工程量，按全国统一的建筑、安装工程基础定额和由各地区的市场劳务价格及材料价格信息，并按有关费用的指导性取费率进行计算的。

全国统一的建筑、安装工程基础定额按量价分离以及将工程实体消耗量和周转性材料、机具等施工手段相分离的原则来制定，作为编制全国统一、专业统一和地区统一概算的依据，也可作为企业编制投标报价的参考。

市场劳务价格、材料价格信息和施工机械台班费由各地区建筑工程造价管理部门按月（或按季度）发布，进行动态调整。

有关费用的取费率由各地区、各部门按不同的工程类型、规模大小、技术难易、施工场地情况、工期长短、企业资质等级等条件分别制定，它是具有上下限的指导性取费率。

工程预算成本是确定工程成本的基础，也是编制计划成本的依据和评价实际成本的依据。

（2）计划成本。

施工项目计划成本是指施工项目经理部根据计划期的有关资料（如工程的具体条件和施工企业为实施该项目的各项技术组织措施），在实际成本发生前预先计算的成本，亦即施工企业根据本企业的定额计算得到的成本计划数额，它反映了企业在计划期内应达到的成本水平。它对于加强施工企业和项目经理部的经济核算，建立健全施工项目成本管理责任制，控制施工过程中的生产费用,以及降低施工项目成本,具有十分重要的作用。

2）事后成本

事后成本即实际成本,是施工项目在报告期内实际发生的各项生产费用的总和。将实际成本与计划成本相比较,可揭示成本的节约和超支情况,考核企业施工技术水平及技术组织措施的贯彻执行情况和企业的经营效果。实际成本与预算成本相比较,可以反映工程盈亏情况。因此,计划成本和实际成本都是反映施工企业的成本水平,它与建筑施工企业本身的生产技术水平、施工条件及生产管理水平相对应。

2. 直接成本和间接成本

按生产费用计入成本的方法,工程成本可分为直接成本和间接成本两种形式。

（1）直接成本:是指直接耗用于并能直接计入工程对象的费用。

（2）间接成本:是指非直接用于也无法直接计入工程对象,但为进行工程施工所必须发生的费用。

按上述分类方法能正确反映工程成本的构成,考核各项生产费用的使用是否合理,便于找出降低成本的途径。

3. 固定成本和变动成本

按生产费用与工程量的关系,工程成本又可分为固定成本和变动成本。

1）固定成本

固定成本是指在一定期间和一定的工程量范围内,其发生的成本额不受工程量增减变动影响而相对固定的成本,如折旧费、大修费、管理人员工资、办公费、照明费等。这些成本是为了保持企业一定的生产管理条件而发生的。一般来说,项目的固定成本每月基本相同,但是当工程量超过一定范围需要增添机械设备和管理人员时,固定成本将会发生变动。此外,所谓固定是就其总额而言的,关于分配到每个单位工程量上的固定费用则是变动的。

2）变动成本

变动成本是指发生总额随着工程量的增减变动而成正比例变动的费用,如直接用于工程的材料费、实行计划工资制的人工费等。所谓变动也是就其总额而言的,对于每个单位工程量上的变动费用往往是不变的。

施工过程中发生的全部费用划分为固定成本和变动成本,对于成本管理和成本决策具有重要作用。由于固定成本是维持生产能力所必需的费用,要降低单位工程量的固定费用就需从提高劳动生产率、增加企业总工程量数额并降低固定成本的绝对值入手;降低变动成本就需从降低单位分项工程的消耗定额入手。

任务 2　　施工项目成本控制

知识目标

掌握施工项目成本的控制过程和控制程序;理解并熟悉各施工阶段项目成本的控制任务;掌握施工项目成本中的材料费、人工费、机械费等各项费用的控制内容;掌握施工项目成本中的控制方法。

能力目标

能叙述施工项目成本的控制过程和程序;能结合案例提出施工项目成本控制的具体方法。

模块 1　施工项目成本控制的过程

进行项目成本控制时,项目经理部应建立以项目经理为中心的成本控制体系,按内部各岗位和作业层进行成本目标分解,明确各管理人员和作业层的成本责任、权限及相互关系。企业应建立和完善项目管理层作为成本控制中心,并为项目成本控制创造优化配置生产要素和实施动态管理的环境与条件。项目经理部应对施工过程中发生的、在项目经理部管理职责权限内能控制的各种消耗和费用进行成本控制。成本控制目标一旦确定,项目经理部的主要职责就是通过组织施工生产、加强过程控制,千方百计地确保成本目标的实现。

首先要建立成本管理控制体系,确立项目经理是成本管理的第一责任人,成立由工程技术、物资结构、试验测量、质量管理、财务等部门参加的成本控制小组,定期进行项目经济活动分析。同时制定成本控制管理办法及奖惩办法,做到奖罚分明,以充分调动各级领导和项目所有人员的积极性(包括分包队伍)。

项目成本控制应按以下程序进行:① 企业进行项目成本预测;② 项目经理部编制成本计划并编制月度及项目的成本报告;③ 项目经理部实施成本计划;④ 项目经理部进行成本核算;⑤ 项目经理部进行成本分析;⑥ 编制成本资料并按规定存档。

1. 施工项目成本预测

施工项目成本预测是通过成本信息和施工项目的具体情况,并运用一定的专门方法,对未来的成本水平及其可能的发展趋势作出科学的估计,这是施工企业在工程项目施工以前对成本进行的核算。成本预测可以使项目经理部在满足业主和企业要求的前提下,选择成本低、效益好的最佳成本方案,并能够在施工项目成本形成过程中,针对薄弱环节,加强成本控制,克服盲目性,提高预见性。因此,施工企业对项目成本预测是施工项目成本决策与计划的依据。

2. 施工项目成本计划

施工项目成本计划是项目经理部对项目成本进行计划管理的工具。它是以货币形式编制施工项目在计划期内的生产费用、成本水平、成本降低率以及为降低成本所采取的主要措施和规划的书面方案,是建立施工项目成本管理责任制、开展成本控制和核算的基础。一般来说,一个施工项目成本计划应包括从开工到竣工所必需的施工成本,它是该施工项目降低成本的指导文件,是设立目标成本的依据。可以说,成本计划是目标成本的一种形式。

3. 实际施工成本的形成控制

施工成本的形成控制主要是指项目经理部对施工项目成本的实施控制,包括制度控制、定额或指数控制、合同控制等。

制度控制是指在成本支出过程中,必须执行国家、公司的有关制度,如财经制度、工资总量包干制度等。

定额或指数控制是指为了控制项目成本,要求成本支出必须按定额执行;没有定额的,要根据同类工程耗用情况,结合本工程的具体情况和节约要求,制定各项指标,据以执行。如材料用量的控制应以消耗定额为依据,实行限额领料;没有消耗定额的材料要制定领用材料指标。

合同控制是项目部为了达到降低成本的目的,根据已确定各成本子项的计划成本与各专业管理人员、施工队长等签订成本承包合同,即按照费用归口管理的要求,确立各部门、各有关人员的成本管理责任制。

施工项目成本计划的实施,贯穿在施工项目从招投标阶段开始直到项目竣工验收的全过程,是企业实施全面成本管理的重要环节。

4. 施工项目成本核算

施工项目成本核算是指将项目施工过程中所发生的各种费用和形成施工项目成本与计划目标成本,在保持统计口径一致的前提下进行互相对比,找出差异的工作。它包括两个基本环节:一是按照规定的成本开支范围对施工费用进行归集,计算出施工费用的实际发生额;二是根据成本核算对象,采用适当的方法计算出该施工项目的总成本和单位成本。施工项目成本核算所提供的各种成本信息,是成本预测、成本计划、成本控制、成本分析和成本考核等各个环节的依据。因此,加强施工项目成本核算工作,对降低施工项目成本、提高企业的经济效益有积极的作用。

5. 施工项目成本分析

施工项目成本分析是在施工成本跟踪核算的基础上,动态分析各成本项目的节约、超支原因的工作。它贯穿于施工项目成本管理的全过程。也就是说,施工项目成本分析主要利用施工项目的成本核算资料(成本信息),与目标成本(计划成本)、预算成本以及类似的施工项目的实际成本等进行比较,了解成本的变动情况;同时也要分析主要技术经济指标对成本的影响,系统地研究成本变动的因素,检查成本计划的合理性,并通过成本分析,深入揭示成本变动的规律,寻找降低施工项目成本的途径,以便有效地进行成本控制,减少施工中的浪费,促使企业和项目经理部遵守成本开支范围和财务纪律,更好地调动广大职工的积极性,加强施工项目的全员成本管理。

6. 施工项目成本考核

所谓成本考核,就是施工项目完成后,对施工项目成本形成中的各责任者,按施工项目成本目标责任制的有关规定,将成本的实际指标与计划、定额、预算进行对比和考核,评定施工项目成本计划的完成情况和各责任者的业绩,并以此给以相应的奖励和处罚的过程。通过成本考核,做到有奖有惩,赏罚分明,有效调动企业的每一名职工在各自的施工岗位上努力完成目标成本的积极性,为降低施工项目成本和增加企业的积累做出自己的贡献。

综上所述,施工项目成本控制系统中每一个环节都是相互联系和相互作用的。成本预测是成本决策的前提,成本计划是成本决策确定目标的具体化。成本计划实施则是对成本计划的实施进行控制和监督,保证决策中成本目标实现,而成本核算是对成本计划是否实现的最后检验。核算所提供的成本信息对下一个施工项目的成本预测和决策提供基础资料。成本考核是实现成本目标责任制的保证和实现决策目标的重要手段。

模块 2　施工项目成本控制的任务

施工项目的成本控制应伴随项目建设进程渐次展开,同时要注意各个时期的特点和要求。各个阶段的工作内容不同,成本控制的主要任务也不同。

1. 施工前期的成本控制

1) 工程投标阶段

在工程投标阶段,成本控制的主要任务是编制适合本企业施工管理水平和施工能力的报价。

（1）根据工程概况和招标文件，以及建筑市场和竞争对手的情况，进行成本预测，提出投标决策意见。

（2）中标以后，应根据项目的建设规模，组建与之相适应的项目经理部，同时以标书为依据确定项目的成本目标，并下达给项目经理部。

2）施工准备阶段

（1）根据设计图纸和有关技术资料，对施工方法、施工顺序、作业组织形式、机械设备选型、技术组织措施等进行认真的研究分析，并运用价值工程原理，制定出科学先进、经济合理的施工方案。

（2）根据企业下达的成本目标，以分部分项工程的实物工程量为基础，联系劳动定额、材料消耗定额和技术组织措施的节约计划，在优化施工方案的指导下，编制明细、具体的成本计划，并按照部门、施工队和班组的分工进行分解，作为部门、施工队和班组的责任成本落实下去，为今后的成本控制做好准备。

（3）间接费用预算的编制及落实。

根据项目建设时间的长短和参加建设人数的多少，编制间接费用预算，并对上述预算进行明细分解，以项目经理部有关部门（或业务人员）责任成本的形式落实下去，为今后控制和绩效考评提供依据。

2. 施工阶段的成本控制

施工阶段成本控制的主要任务是确定项目经理部的成本控制目标，在项目经理部建立成本管理体系，将项目经理部各项费用指标进行分解以确定各个部门的成本控制指标；加强成本的过程控制。

（1）加强施工任务单和限额领料单的管理，特别要做好每一个分部分项工程完成后的验收（包括实际工程量的验收和工作内容、工程质量、文明施工的验收），以及对实耗工、实耗材料的数量核对，以保证施工任务单和限额领料单的结算资料绝对正确，为控制成本提供真实可靠的数据。

（2）将施工任务单和限额领料单的结算资料与施工预算进行核对，计算分部分项工程成本差异，分析差异产生的原因，并采取有效的纠偏措施。

（3）做好月度成本原始资料的收集和整理，正确计算月度成本，分析月度预算成本与实际成本的差异。一般的成本差异要在充分注意不利差异的基础上，认真分析差异产生的原因，以防对后续作业成本产生不利影响或因质量低劣而造成返工损失；对于盈亏比异常的现象要特别重视，并在查明原因的基础上采取果断措施，尽快加以纠正。

（4）在月度成本核算的基础上，实行责任成本核算。也就是利用原有会计核算的资料重新按责任部门或责任者归集成本费用，每月结算一次，并与责任成本进行对比，由责任部门或责任者自行分析成本差异和产生差异的原因，自行采取措施纠正差异，为全面实现责任成本制创造条件。

（5）经常检查对外经济合同的履约情况，为顺利施工提供物质保证。如遇拖期或质量不符合要求的情况，应根据合同规定向对方索赔；对缺乏履约能力的单位要采取果断措施，即中止合同，并另找可靠的合作单位，以免影响施工，造成经济损失。

（6）定期检查各责任部门和责任者的成本控制情况，检查成本控制责、权、利的落实情况

（一般为每月一次）。如发现成本差异偏高或偏低的情况，应会同责任部门或责任者分析产生差异的原因，并督促他们采取相应的对策来纠正差异；如有因责、权、利不到位的情况，应针对责、权、利不到位的原因，调整有关各方的关系，根据责、权、利相结合的原则，使成本控制工作得以顺利进行。

3. 竣工验收阶段的成本控制

（1）精心安排、干净利落地完成工程竣工扫尾工作。从现实情况看，很多工程一到竣工扫尾阶段，就把主要施工力量抽调到其他在建工程上，以致扫尾工作拖拖拉拉，战线拉得很长，机械、设备无法转移，成本费用照常发生，使在建阶段取得的经济效益逐步流失。因此，一定要精心安排，把竣工扫尾时间缩短到最少。

（2）重视竣工验收工作，顺利交付使用。在验收以前，要准备好验收所需要的各种书面资料（包括竣工图）送甲方备查；对验收中甲方提出的意见，应根据设计要求和合同内容认真处理，如果涉及费用，应请甲方签证，列入工程结算。

（3）及时办理工程结算。一般来说，工程结算造价等于原施工图预算加或减去增减账。但在施工过程中，有些按实际结算的经济业务，是由财务部门直接支付的，项目预算员并不掌握，往往在工程结算时遗漏。因此，在办理工程结算以前，项目预算员和成本员应进行一次认真、全面的核对。

（4）在工程保修期间，项目经理指定保修工作的责任者，并责成保修责任者根据实际情况提出保修计划（包括费用计划），以此作为控制保修费用的依据。

模块 3　施工项目成本控制的内容

施工项目成本控制的主要内容有以下几个方面。

1. 材料费的控制

材料费的控制按照"量价分离"的原则，一是进行材料用量的控制；二是进行材料价格的控制。

1）材料用量的控制

在保证符合设计规格和质量标准的前提下，要合理使用材料和节约使用材料，要通过定额管理、计量管理以及施工质量控制，避免返工等，来有效控制材料物资的消耗。

（1）定额控制。对于有消耗定额的材料，项目以消耗定额为依据，实行限额发料制度。项目各工长只能在规定限额内分期分批领用材料，需要超过限额领用的材料，必须先查明原因，经过一定审批手续方可领料。

（2）指标控制。没有消耗定额的材料要实行计划管理和按指标控制的办法进行控制。根据长期实际耗用材料，结合当月具体情况和节约要求，制定领用材料指标，据以控制发料。超过指标领用材料必须经过一定的审批手续方可领用。

（3）计量控制。为准确核算项目实际材料成本，保证材料消耗准确，在各种材料进场时，项目材料员必须准确计量，查明是否发生损耗或短缺，如有发生，则要查明原因，明确责任。发料过程中，要严格计量，防止多发或少发。

（4）以钱代物，包干控制。在材料使用过程中，部分小型及零星材料（如铁钉、铁丝等）采用以钱代物、包干发放的办法进行控制。其具体做法是：根据工程量结算出所需材料，将其折算成现金，每月结算时发给施工班组，一次包死，班组需要用料时，再从项目材料员购买，超支部分由班组自负,节约部分归班组所得。

2) 材料价格的控制

材料价格主要由材料采购部门在采购中加以控制。由于材料价格是由买价、运杂费、运输中的合理损耗等组成的,因此材料价格的控制主要通过市场信息、询价、应用竞争机制和经济合同手段等来实现。材料、设备、工程用品的采购价格包括买价、运费和耗损等。

(1) 买价控制。买价的变动主要由市场因素引起,但在内部控制方面,应事先对供应商进行考察,建立合格供应商名册。采购材料时,必须在合格供应商名册中选定供应商,实行货比三家,在保质保量的前提下,争取最低买价。同时实现项目监督,项目部对材料部门采购的物资有权过问与询价,对买价过高的物质,可以根据双方签订的横向合同处理。此外,材料部门对各个项目所需的物质可以分类批量采购,以降低买价。

(2) 运费控制。合理组织材料运输、就近购买材料、选用最经济的运输方法来降低成本。为此,材料采购部门要求供应商按规定的包装条件和指定的地点交货,如供应单位降低包装质量,则按质论价付款;因变更指定地点所增加的费用均由供应商自付。

(3) 损耗控制。项目现场材料验收人员应及时、严格办理验收手续,准确计量,以防止将损耗或短缺计入材料成本。

2. 人工费的控制

人工费的控制采取与材料费控制相同的原则,实行"量价分离"。人工用工数通过项目经理与施工劳务承包人的承包合同,按照内部施工图预算、钢筋翻样单或模板量计算出定额人工工日,并考虑将安全生产、文明施工及零星用工按定额工日的一定比例(一般为 15%～25%)一起发包。

例如,施工合同中规定的某项人工费为 32.9 元/工日,项目经理部在与施工队签订劳务分包合同时,将人工费用单价控制在 30 元以下,辅助工还可以再低一些,其余部分用于定额以外的人工费用和关键工序的奖励费用。这样人工费用就不会超支,还留有余地。

3. 机械费的控制

机械费用主要由台班数量和台班单价两方面决定,为有效控制台班费支出,主要从以下几个方面控制。

(1) 合理安排施工生产,加强设备租赁计划管理,减少因安排不当而引起的设备闲置。

(2) 加强机械设备的调度工作,尽量避免窝工,提高现场设备利用率。

(3) 加强现场设备的维修保养,避免因不正当使用而造成机械设备的停置。

(4) 做好上机人员与辅助生产人员的协调与配合,提高机械台班产量。

4. 管理费的控制

现场施工管理费在项目成本中占有一定比例,其控制与核算都较难把握,在使用和开支时弹性较大,主要采取以下控制措施。

(1) 根据现场施工管理费占施工项目计划总成本的比重,确定施工项目经理部施工管理费总额。

(2) 在施工项目经理的领导下,编制项目经理部施工管理费总额预算和各管理部门、各施工作业面的施工管理费预算,作为现场施工管理费的控制依据。

(3) 制定施工项目管理开支标准和范围,落实各部门人员岗位的控制责任。

（4）制定并严格执行施工项目经理部的施工管理费使用的审批、报销程序。

5. 现场设施配置规模控制

施工现场临时设施费用是工程直接成本的一个组成部分。在施工项目管理中，降低施工成本有硬手段和软手段两个途径。硬手段主要是指优化施工技术方案，应用价值工程方法，结合施工对设计提出改进意见，并合理配置施工现场临时设施，控制施工规模，降低固定成本的开支。软手段是指通过加强管理、减少浪费、提高效率等来降低单位建筑产品物化劳动和活劳动的消耗。

为了控制现场临时设施规模，应该通过周密的施工组织设计，在满足计划工期施工速度要求的前提下，尽可能组织均衡施工，以缩小施工规模，控制各类施工设施的配置数量，通常应注意以下几点。

（1）施工临时道路的修筑，材料工器具放置场地的铺设等，在满足施工需要的前提下，尽可能数量最少，并尽可能先利用永久道路路基，再修筑施工临时道路。

（2）施工临时供水、供电管网的铺设长度及容量，应尽可能合理。

（3）施工材料堆放场、仓库类型、面积的确定与配置，尽可能在满足合理储备和施工需要的前提下，力求数量合理，利用率高，费用低。

（4）现场办公、生产及生活临时用房和设施的搭建数量、形式，在满足施工基本需要的前提下，尽可能做到简洁适用，充分利用已有房屋和待拆迁的房屋，节省临建设施费用。

模块 4　施工项目成本控制的方法

1. 项目成本计划分解法

施工项目的成本控制，不仅是专业成本员的责任，所有的项目管理人员特别是项目经理都要按照自己的业务分工各负其责。为保证项目成本控制规则的顺利进行，需要将计划目标成本进行分解和交底，使项目经理部的所有成员和各个单位、部门都明确自己的成本责任，按照自己的分工进行成本控制。

（1）按照工程部位进行项目成本分解，为分部分项工程成本核算提供依据。

（2）按照成本项目进行成本分解，确定项目的人工费、材料费、机械台班费、其他直接费和施工管理费的构成，为施工生产要素的成本核算提供依据。

2. 项目成本分析表法

项目成本分析表包括月度成本分析表和最终成本控制报告表。月度成本分析表又分为月度直接成本分析表和月度间接成本分析表两种。

1）月度直接成本分析表

月度直接成本分析表主要是反映分部分项工程实际完成的实物量和与成本相对应的情况，以及与预算成本和计划成本相对比的实际偏差和目标偏差，为分析偏差产生的原因和针对偏差采取相应的措施提供依据。

2）月度间接成本分析表

月度间接成本分析表主要反映间接成本的发生情况，以及与预算成本和计划成本相对比的实际偏差和目标偏差，为分析偏差产生的原因和针对偏差采取相应的措施提供依据。此外，还要通过间接成本占产值的比例来分析其支用水平。

3）最终成本控制报告表

最终成本控制报告表主要用于通过已完实物进度、已完产值和已完累计成本，联系尚需完成的实物进度、尚可上报的产值和还将发生的成本，进行最终成本预测，以检验实现成本目标的可能性，并为项目成本控制提出新的要求。工期短的项目应该每季度进行一次这种预测，工期长的项目不妨每半年进行一次这种预测。以上项目成本的控制方法不可能也没有必要在一个工程项目中全部同时使用，可由各工程项目根据具体情况和客观需要，选用其具有针对性的、简单实用的方法，这将会收到事半功倍的效果。

3. 应用成本与进度同步跟踪法

长期以来，都认为计划工作是为安排施工进度和组织流水作业服务的，与成本控制的要求和管理方法截然不同。其实，成本控制与计划管理、成本与进度之间有着必然的同步关系。即施工到什么阶段，就应该发生相应的成本费用。如果成本与进度不对应，就要作为"不正常"现象进行分析，找出原因，并加以纠正。

为了便于在分部分项工程的施工中同时进行进度与费用的控制，掌握进度与费用的变化过程，可以按照横道图或网络计划图的特点分别进行处理。

1）横道图计划的进度与成本的同步控制

在横道图计划中，表示作业进度的横线有两条：一条为计划线；另一条为实际线。可用颜色或单线和双线（或细线和粗线）来区别，计划线上的"C"表示与计划进度相对应的计划成本；实际线下的"C"表示与实际进度相对应的实际成本。从横道图中可以掌握以下信息。

（1）每道工序（即分项工程）的进度与成本的同步关系，即施工到什么阶段，就将发生多少成本。

（2）每道工序的计划成本与实际成本比较（节约或超支），以及对完成某一时期责任成本的影响。

（3）每道工序的计划施工时间与实际施工时间（从开始到结束）比较（提前或拖后），以及对紧后工序的影响。

（4）每道工序施工进度的提前或拖期对成本的影响程度，如提前一天完成该工序可以节约多少人工费和机械设备使用费。

（5）整个施工阶段的进度和成本情况。

进度与成本同步跟踪的横道图可实现如下功能：

（1）以计划成本控制实际成本；

（2）以计划进度控制实际进度；

（3）随着每道工序进度的提前或拖后，对每个分项工程的成本实行动态控制，以保证项目成本目标的实现。

2）网络计划图的进度与成本的同步控制

网络计划图的进度与成本的同步控制与横道图计划有异曲同工之处，所不同的是网络计划在施工进度的安排上更具逻辑性，而且可在破网后随时进行优化和调整，因而对每道工序的成本控制也更为有效。

双代号网络计划图中箭线的下方为本工序的计划施工时间，箭线上方数字为本工序的计划成本；实际施工的时间和成本则在箭线附近的方格中按实填写，这样，就能从网络计划图中看到每道工序的计划进度与实际进度、计划成本与实际成本的对比情况，同时也可清楚地看出今后控制进度、控制成本的方向。

4. 用款计划控制法

建立项目月度财务收支计划制度，以用款计划控制成本费用支出。

（1）以月度施工作业计划为龙头，并以月度计划产值为当月财务收入计划，同时由项目各部门根据月度施工作业计划的具体内容编制本部门的用款计划。

（2）项目财务成本员应根据各部门的月度用款计划进行汇总，并按照用途的轻重缓急平衡调度，同时提出具体的实施意见，经项目经理审批后执行。

（3）在月度财务收支计划的执行过程中，项目财务成本员应根据各部门的实际用款做好记录，并于下月初反馈给相关部门，由各部门自行检查分析节超原因，吸取经验教训。对于节超幅度较大的部门，应以书面分析报告分别送达项目经理和财务部门，以便项目经理和财务部门采取针对性的措施进行整改。

建立项目月度财务收支计划制度的优点如下。

（1）根据月度施工作业计划编制财务收支计划，可以做到收支同步，避免支大于收而造成资金紧张。

（2）在实行月度财务收支计划的过程中，各部门既要按照施工生产的需要编制用款计划，又要在项目经理批准后认真贯彻执行，这就将使资金使用（成本费用开支）更趋合理。

（3）用款计划经过财务部门的综合平衡，并经过项目经理的审批，可使一些不必要的开支得到严格控制。

5. 项目成本审核签证法

不论是对内或对外的经济业务，都要与项目直接对口。在发生经济业务的时候，首先要由有关项目管理人员审核，最后经项目经理签证后支付。这是项目成本控制的最后一关，必须十分重视。审核成本费用的支出，必须以有关规定和合同为依据，主要有以下依据：

（1）国家规定的成本开支范围；

（2）国家和地方规定的费用开支标准和财务制度；

（3）内部经济合同；

（4）对外经济合同。

6. 控制质量成本法

质量成本是指项目为保证和提高产品质量而支出的一切费用，以及未达到质量标准而产生的一切损失费用之和。质量成本包括两个主要方面：控制成本和故障成本。控制成本包括预防成本和鉴定成本，属于质量保证费用，与质量水平成正比关系，即工程质量越高，鉴定成本和预防成本就越大。故障成本包括内部故障成本和外部故障成本，属于损失性费用，与质量水平成反比关系，即工程质量越高，故障成本就越低。

控制质量成本，首先要从质量成本核算开始，然后进行质量成本分析和质量成本控制。

1）质量成本核算

质量成本核算是指即将施工过程中发生的质量成本费用，按照预防成本、鉴定成本、内部故障成本和外部故障成本的明细科目归集，然后计算各个时期各项质量成本的发生情况。

质量成本的明细科目可根据实际支付的具体内容来确定。

（1）预防成本下，设置质量管理工作费、质量情报费、质量培训费、质量技术宣传费、质量管理活动费等子目。

（2）鉴定成本下，设置材料检验试验费、工序监测和计量服务费、质量评审活动费等子目。

（3）内部故障成本下，设置返工损失、返修损失、停工损失、质量过剩损失、技术超前支出和事故分析处理等子目。

（4）外部故障成本下，设置保修费、赔偿费、诉讼费和因违反环境保护法而发生的罚款等。

进行质量成本核算的原始资料，主要来自会计账簿和财务报表，或利用会计账簿和财务报表的资料整理加工而得。但也有一部分资料需要依靠技术、技监等有关部门提供，如质量过剩损失和技术超前支出等。

2）质量成本分析

质量成本分析，即根据质量成本核算的资料进行归纳、比较和分析，共包括如下四个内容：

（1）质量成本总额的构成内容分析；

（2）质量成本总额的构成比例分析；

（3）质量成本各要素之间的比例关系分析；

（4）质量成本占预算成本的比例分析。

上述分析内容可在一张质量成本分析表中反映。

3）质量成本控制

根据以上分析资料，对影响质量成本较大的关键因素采取有效措施，进行质量成本控制。

7. 标准化现场管理法

1）现场平面布置管理

施工现场的平面布置是根据工程特点和场地条件，以配合施工为前提合理安排的，有一定的科学根据。但是在施工过程中，往往会出现不执行现场平面布置，造成人力、物力浪费的情况，这主要表现在如下几方面。

（1）材料、构件不按规定地点堆放，造成二次搬运，不仅浪费人力，材料、构件在搬运中还会受到损失。

（2）钢模和钢管脚手架等周转设备，用后不予整修并堆放整齐，而是任意乱堆乱放，既影响场容整洁，又容易造成损失，特别是将周转设备放在路边，一旦车辆开过，轻则变形，重则报废。

（3）任意开挖道路，又不采取措施，造成交通中断，影响物资运输。

（4）排水系统不畅，一遇下雨现场就积水严重，造成电器设备受潮触电，水泥受潮就会变质报废，至于用钢模铺路的现象更是比比皆是。

由此可见，施工项目一定要强化现场平面布置的管理，堵塞一切可能发生的漏洞，争创"文明工地"。

2）现场安全生产管理

现场安全生产管理的目的在于保护施工现场的人身安全和设备安全，减少和避免不必要的损失。要达到这个目的，就必须强调按规定的标准去管理，不允许有任何细小的疏忽；否则，将会造成难以估量的损失。这表现在如下几方面。

（1）不遵守现场安全操作规程，容易发生工伤事故，甚至死亡事故，不仅本人痛苦，家属痛苦，而且还要支付一笔可观的医药、抚恤费用，有时还会造成停工损失。

（2）不遵守机电设备的操作规程，容易发生一般设备事故，甚至重大设备事故，不仅会损坏机电设备，还会影响正常施工。

（3）忽视消防工作和消防设施的检查，容易发生火灾，其后果更是不可想象。

（4）不注意食堂卫生管理，有可能发生食物中毒，危害职工的身体健康，影响施工生产。

诸如此类的事情，都是不利于项目成本的因素，必须从现场标准化管理着手，切实做好预防工作，把可能发生的经济损失减少到最低限度。

8. 资源消耗中间控制法

根据"必需、实用、简便"的原则，施工项目成本核算应设立资源消耗辅助记录台账，这里以"材料消耗台账"为例，说明资源消耗台账在成本控制中的应用。

1）材料消耗台账

材料消耗台账的账面内容：第一、第二两项分别为施工图预算数和施工预算数，是整个项目用料的控制依据；第三项为第一个月的材料消耗数；第四、第五两项为第二个月的材消耗数和到第二个月为止的累计耗用数；第五项以下，依次类推，直至项目竣工为止。

2）材料消耗情况的信息反馈

项目财务成本员应于每月初根据材料消耗台账的记录，填制"材料消耗情况信息表"，并向项目经理和材料部门反馈。

3）材料消耗的中间控制

由于材料成本是整个项目成本的重要环节，不仅比重大，而且有潜力可挖。材料成本方面出现亏损，必然使整个成本控制陷入被动。因此，对材料成本应有足够的重视，应该做好以下两件事。

（1）根据本月材料消耗数，联系本月实际完成的工程量，分析材料消耗水平和节超原因，制定材料节约使用的措施，分别落实给有关人员和生产班组。

（2）根据尚可使用数，联系项目施工的工程进度，从总量上控制今后的材料消耗，而且要保证有所节约。这是降低材料成本的重要环节，也是实现施工项目成本目标的关键。

9. "三同步"检查法

项目经济核算的"三同步"，就是统计核算、业务核算、会计核算的"三同步"。统计核算即产值统计，业务核算即人力资源和物质资源的消耗统计，会计核算即成本会计核算。根据项目经济活动的规律，这三者之间表现为规律性的同步关系，即完成多少产值，消耗多少资源，发生多少成本；否则，项目成本就会出现盈亏异常。

开展"三同步"检查的目的，就在于查明不同步的原因，纠正项目成本盈亏异常的偏差。"三同步"的检查方法可从以下三方面入手。

（1）时间上的同步。即产值统计、资源消耗统计和成本核算的时间应该统一。如果在时间上不统一，就不可能实现核算口径的同步。

（2）分部分项工程直接费的同步。即产值统计是否与施工任务单的实际工程量和工程进度相符；资源消耗统计是否与施工任务单的实耗人工和限额领料单的实耗材料相符；机械和周转材料的租费是否与施工任务单的施工时间相符，如果不符，应查明原因，予以纠正，直到同步为止。

(3) 其他费用是否同步。这要通过统计报表和财务付款逐项核对才能查明原因。

在选用控制方法时,应该充分考虑与各项施工管理工作相结合。例如,在计划管理、施工任务单管理、限额领料单管理、合同预算管理等工作中,跟踪原有的业务管理程序,利用业务管理所取得的资料进行成本控制,不仅省时省力,还能帮助各业务管理部门落实责任成本,从而得到它们有力的配合和支持。

任务3　施工项目成本核算与分析

知识目标

理解施工项目成本核算的重要性;掌握施工项目成本核算的对象、内容;掌握施工项目成本分析的方法;掌握施工项目成本纠偏的方法。

能力目标

能结合案例进行施工项目成本分析;能提出纠偏的措施。

模块1　施工项目成本核算的重要性

施工项目成本核算在施工项目管理中的重要性体现在两个方面:一方面是施工项目进行成本预测、制订成本计划和实行成本控制所需信息的重要来源;另一方面是施工项目进行成本分析和成本考核的基本依据。

成本预测是成本计划的基础。成本计划是成本预测的结果,也是所确定的成本目标的具体化。成本控制是对成本计划实施的责任者自我约束和对管理者进行监督的过程,以保证成本目标的实现。而成本核算则是对成本目标是否实现的最后检验。

决策目标未能达到,可以有两个原因:一个是决策本身的错误;另一个是计划执行过程中出现缺点。只有通过成本分析,查明原因,才能对决策正确性作出判断。施工项目成本核算是施工项目成本管理中最基本的职能,离开了成本核算,就谈不上成本管理,也就谈不上其他职能的发挥。

项目经理部在承建工程项目,并收到设计图纸以后,一方面要进行现场"四通一平"等施工前期准备工作;另一方面,还要组织力量分头编制施工图预算、施工组织设计、降低成本计划和控制措施,最后将实际成本与预算成本、计划成本对比考核。

模块2　施工项目成本核算的对象

成本核算对象是指在计算工程成本中,确定归集和分配生产费用的具体对象,即生产费用承担的客体。成本计算对象的确定是设立工程成本明细分类账户、归集和分配生产费用以及正确计算工程成本的前提。

有时一个施工项目包括几个单位工程,这几个单位工程需要分别核算。单位工程是编制工程预算、制定施工项目工程成本计划和与建设单位结算工程价款的计算单位。按照分批法原则,施工项目成本一般应以每一独立编制施工图预算的单位工程为成本核算对象,但也可以按照承包工程项目的规模、工期、结构类型、施工组织和施工现场等情况,结合成本管理要求,灵活划分成本核算对象。一般来说,成本核算对象有以下几种划分方法。

(1) 一个单位工程由几个施工单位共同施工时,各施工单位都应以同一单位工程为成本核算对象,各自核算自行完成的部分。

(2)规模大、工期长的单位工程,可以将工程划分为若干部位,以分部位的工程作为成本核算对象。

(3)同一建设项目由同一施工单位施工,并在同一施工地点,属同一结构类型,开竣工时间相近的若干单位工程可以合并作为一个成本核算对象。

(4)改建、扩建的零星工程可以将开竣工时间相接近、属于同一建设项目的各个单位工程合并作为一个成本核算对象。

(5)土石方工程、打桩工程可以根据实际情况和管理需要,以一个单项工程为成本核算对象,或将同一施工地点的若干个工程量较少的单项工程合并,作为一个成本核算对象。

成本核算对象确定后,各种经济、技术资料归集必须与此统一,一般不要中途变更,以免造成项目成本核算不实、结算漏账和经济责任不清的弊端。

模块 3　施工项目成本核算的内容

1. 人工费核算

内包人工费是指管理层和作业层两层分开后企业所属的劳务分公司(内部劳务市场自有劳务)和项目经理部签订的劳务合同结算的全部工程价款,适用于类似外包工式的合同定额结算支付办法,按月结算并计入项目单位工程成本。

外包人工费是指按企业或项目经理部与劳务分包公司或直接与劳务分包公司签订的包清工合同,以当月验收完成的工程实物量计算出定额工日数乘以合同人工单价确定的人工费,以及按月凭项目经济员提供的“包清工工程款月度成本汇总表”(分外包单位和单位工程)预提计入的项目单位工程成本。

上述内包、外包合同履行完毕,根据分部分项的工期、质量、安全、场容等验收考核情况,进行合同结算,以结账单按实据来调整项目实际成本。

2. 材料费核算

工程耗用的材料根据限额领料单、退料单、报损报耗单、大堆材料耗用计算单等,由项目料具员按单位工程编制“材料耗用汇总表”计入项目成本。

3. 周转材料费核算

(1)周转材料实行内部租赁制,以租费的形式反映其消耗情况,按“谁租用谁负担”的原则,核算其项目成本。

(2)按周转材料租赁办法和租赁合同,由出租方与项目经理部按月结算租赁费。租赁费按租用的数量、时间和内部租赁单价计算,计入项目成本。

(3)周转材料在调入移出时,项目经理部必须加强计量验收制度,如有短缺、损坏,一律按原价赔偿,计入项目成本(缺损数=进场数-退场数)。

(4)租用周转材料的进退场运费,按其实际发生数由调入项目负担。

(5)对 U 形卡、脚手扣件等零件除执行项目租赁制外,考虑到其比较容易散失,按规定实行定额预提摊耗,摊耗数计入项目成本,相应减少月租赁基数及租赁费。单位工程竣工后,必须进行盘点,盘点后的实物数与前期逐月按控制定额摊耗后的数量差,据实调整清算,计入成本。

（6）实行租赁制的周转材料，一般不再分配负担周转材料差价。退场后发生的修复整理费用应由出租单位做出租成本核算，不再向项目另行收费。

4. 结构件费核算

（1）项目结构件的使用必须有领发手续，并根据这些手续，按照单位工程使用对象编制"结构件耗用月报表"。

（2）项目结构件的单价以项目经理部与外加工单位签订的合同为准，计算耗用金额，计入成本。

（3）根据实际施工进度、已完成施工产值的统计、各类实际成本报耗三者在月度时点上的三同步原则（配比原则的引申与应用），结构件耗用的品种和数量应与施工产值相对应。结构件数量金额账的结存数，应与项目成本员的账面余额相符。

（4）结构件的高进高出价差核算与材料费的高进高出价差核算应一致。结构件内三材（钢材、木材、水泥）数量、单价、金额均按报价书核定，或按竣工结算单的数量按实结算。报价内的节约或超支由项目自负盈亏。

5. 机械使用费核算

（1）机械设备实行内部租赁制，以租赁费形式反映其消耗情况，按"谁租用谁负担"的原则，核算其项目成本。

（2）按机械设备租赁办法和租赁合同，由机械设备租赁单位与项目经理部按月结算租赁费。租赁费根据机械设备使用台班、停置台班和内部租赁单价计算，计入成本。

（3）机械设备进出场费，按规定由承租项目负担。

（4）项目经理部租赁的各类大中小型机械，其租赁费全额计入项目机械使用费成本。

（5）根据内部机械设备租赁市场运行规则要求，结算原始凭证由项目指定专人签证开班和停班数，据以结算费用。现场机、电、修等操作工奖金由项目考核支付，计入项目机械使用费成本并分配到有关单位工程。

6. 其他直接费核算

项目施工生产过程中实际发生的其他直接费，能分清受益对象的，应直接计入受益成本核算对象的工程施工的"其他直接费"中，如与若干个成本核算对象有关的，可先归集到项目经理部的"其他直接费"账科目（自行增设），再按规定的方法分配计入有关成本核算对象的工程施工的"其他直接费"成本项目内。

（1）施工过程中的材料二次搬运费，按项目经理部向劳务公司汽车队托运汽车包天或包月租费结算，或以运输公司的汽车运费计算。

（2）临时设施摊销费按项目经理部搭建的临时设施总价（包括活动房）除项目合同工期求出每月应摊销额，临时设施使用一个月摊销一个月，摊完为止。项目竣工搭拆差额（盈亏）按实调整实际成本。

（3）生产工具、用具的使用费。大型机动工具、用具等可以套用类似内部机械租赁办法，以租费形式计入成本，也可按购置费用一次摊销法计入项目成本，并做好在用工具实物借用记录，以便反复利用。工具、用具的修理费按实际发生数计入成本。

（4）除上述以外的其他直接费，均应按实际发生的有效结算凭证计入项目成本。

7. 施工间接费核算

项目发生的施工间接费必须处于受控状态。

(1) 项目经理部工资总额每月要正确核算,以此计提职工福利费、工会经费、教育经费、劳保统筹费等。

(2) 劳务分公司所提供的炊事人员代办食堂承包,服务、警卫人员提供区域岗点承包服务以及其他代办服务费用计入施工间接费。

(3) 内部银行的存贷利息,计入"内部利息"(新增明细子目)。

(4) 施工间接费先在项目"施工间接费"总账归集,再按一定的分配标准计入受益成本核算对象(单位工程)"工程施工间接成本"。

8. 分包工程成本核算

项目经理部将所管辖的个别单位工程以分包形式发给外单位承包,其核算要求包括以下几方面。

(1) 包清工工程,纳入人工费的外包人工费内核算。

(2) 部位分项分包工程,纳入结构件费内核算。

(3) 双包工程是指将整个建筑物以包工包料的形式分包给外单位施工的工程。对于双包工程,可根据施工合同取费情况和分包合同支付情况,即上下合同差,测定目标盈利率。月度结算时,以双包工程已完工价款作收入,应付双包单位工程款作支出,适当负担施工间接费的降低额。也可在月度结算成本时作收支持平,竣工结算时再如实调整实际成本,反映利润。

(4) 机械作业分包工程是指利用分包单位专业化施工优势,将打桩、吊装、大型土方、深基础等施工项目分包给专业单位施工的形式。对机械作业分包产值统计的范围是,只统计分包费用,不包括物耗价值,即打桩只计打桩费而不计桩材费,吊装只计吊装费而不包括构件费。机械作业分包实际成本与此对应,包括分包结账单内除工期奖之外的全部工程费用。总体反映其全貌成本。

与双包工程一样,总分包企业合同差,包括总包单位管理费、分包单位让利收益等,在月度结算成本时,可先预结一部分,或在月度结算时作收支持平处理,到竣工结算时,再作为项目效益反映。

模块 4　项目成本核算的基础工作

为了科学、有序地开展施工项目成本核算,分清责任,合理考核,应做好以下一些基础工作。

(1) 建立健全原始记录制度。原始记录是反映企业生产经营情况的第一手资料,其主要内容包括:材料物资方面,如收料单、领料单、材料盘点清单等;劳动工资方面,如水、电费及劳务支出等各种发票、账单等。如果原始记录不完整、不真实,就会影响成本核算。

(2) 建立健全各种财产物资的管理制度,如收发、领退、转移、保管保险(费)、清查、盘点、索赔等制度。

(3) 制定先进合理的企业成本定额。企业成本定额是企业根据其职工素质在正常生产条件下制定的人力、物力、财力消耗的标准。定额应该是平均先进的、合理可行的、多数职工经过努力能达到的水平。定额过高和过低都不利于开展正常的成本控制和核算工作。

(4) 建立企业内部结算体制。内部结算体制包括企业对项目的成本费用结算及项目内部成本核算的内容、范围、控制责任,结算依据、手续和程序等系统。只有建立了完善可操作的内部结算体制,才能保证成本计划的切实落实,才能直观、及时、准确地反映项目成本管理效益的好坏。

（5）培训成本核算人员。因为成本核算人员很多不是财会专业人员,而是兼职人员,有的是技术人员,缺乏财会专业知识,故对成本核算人员进行培训、传授成本核算知识是十分必要的。

【例 7-1】　某水利工程公司中标承包某施工项目,该项目承包成本（预算成本）、成本计划降低率和实际成本见表 7-1。

表 7-1　某施工项目的成本内容和成本项目　　　　　　　　单位:万元

成 本 项 目	成 本 内 容						实际降低率/(%)
	预算成本	计划降低率/(%)	计划降低额	计划成本	实际成本	实际降低额	
计算形式	①	②	③=	④=	⑤	⑥=	⑦=
人工费	100.00	1			99.00		
材料费	700.00	7			642.60		
机械使用费	40.00	5			38.00		
其他直接费	160.00	5			150.40		
管理费	150.00	6			139.50		
项目总成本	1150.00	6			1069.50		

问题:

（1）计划降低额、计划成本、实际降低额和降低率如何计算?

（2）计划降低额、计划成本、实际降低额和降低率各为多少?

（3）该项目总成本计划降低额任务为多少? 是否完成?

问题分析:成本计算见表 7-2。

表 7-2　某施工项目的成本计算　　　　　　　　单位:万元

成 本 项 目	成 本 内 容						实际降低率/(%)
	预算成本	计划降低率/(%)	计划降低额	计划成本	实际成本	实际降低额	
计算形式	①	②	③=①×②	④=①-③	⑤	⑥=①-⑤	⑦=⑥÷①
人工费	100.00	1	1.00	99.00	99.00	1.00	1
材料费	700.00	7	49.00	651.00	642.60	57.40	8.2
机械使用费	40.00	5	2.00	38.00	38.00	2.00	5
其他直接费	160.00	5	8.00	152.00	150.40	9.60	6
管理费	150.00	6	9.00	141.00	139.50	10.50	7
项目总成本	1150.00	6	69.00	1081.00	1069.50	80.50	7

经计算可知,该项目总成本计划降低额任务为 69.00 万元,总成本实际降低额为 80.50 万元,总成本计划降低额任务超额完成。其值如下:

项目总成本超计划完成的成本降低额＝(80.50－69.00)万元＝11.50 万元

模块 5　施工项目成本分析

施工项目成本分析就是在成本核算的基础上采取一定的方法,对所发生的成本精心比较分析,检查成本发生的合理性,找出成本的变动规律,寻求降低成本途径的过程。施工项目成本分析的基本方法有比较法、因素分析法、差额计算法、比率法等几种方法。

1. 比较法

比较法又称指标对比分析法,就是通过技术经济指标的对比,检查目标的完成情况,分析产生差异的原因,进而挖掘内部潜力的方法。这种方法具有通俗易懂、简单易行、便于掌握的特点,因而得到了广泛的应用,但在应用时必须注意各技术经济指标的可比性。比较法的应用通常有下列形式。

(1) 将实际指标与目标指标对比。通过这种对比来检查目标完成情况,分析影响目标完成的积极因素和消极因素,以便及时采取措施,保证成本目标的实现。在进行实际指标与目标指标对比时,还应注意目标本身有无问题。如果目标本身出现问题,则应调整目标,重新正确评价实际工作的成绩。

(2) 本期实际指标与上期实际指标对比。通过这种对比,可以看出各项技术经济指标的变动情况,反映施工管理水平的提高程度。

(3) 与本行业平均水平、先进水平对比。这种对比可以反映本项目的技术管理和经济管理与行业的平均水平和先进水平的差距,进而采取措施以赶超先进水平。

2. 因素分析法

因素分析法又称连环置换法,这种方法可用来分析各种因素对成本的影响程度。在进行分析时,首先要假定众多因素中的一个因素发生了变化,而其他因素则不变,然后逐个替换,分别比较其计算结果,以确定各个因素的变化对成本的影响程度。因素分析法的计算步骤如下。

(1) 确定分析对象,并计算出实际数与目标数的差异。

(2) 确定该指标是由哪几个因素组成的,并按其相互关系进行排序(排序规则是:先实物量,后价值量;先绝对值,后相对值)。

(3) 以目标数为基础,将各因素的目标数相乘,作为分析替代的基数。

(4) 将各个因素的实际数按照上面的排列顺序进行替换计算,并将替换后的实际数保留下来。

(5) 将每次替换计算所得的结果与前一次的计算结果相比较,两者的差异即为该因素对成本的影响程度。

(6) 各个因素的影响程度之和应与分析对象的总差异相等。

【例 7-2】　商品混凝土目标成本为 443040 元,实际成本为 473697 元,比目标成本增加 30657 元,资料见表 7-3。

表 7-3　商品混凝土目标成本与实际成本对比表

项　目	单　位	目　标	实　际	差　额
产　量	m³	600	630	＋30
单　价	元	710	730	＋20
损耗率	%	4	3	−1
成　本	元	443040	473697	＋30657

分析成本增加的原因如下。

(1) 分析对象是商品混凝土的成本,实际成本与目标成本的差额为 30657 元。该指标是由产量、单价、损耗率三个因素组成的,其排序见表 7-3。

(2) 以目标成本 443040(＝600×710×1.04)元为分析替代的基础:

第一次替代产量因素,以 630 m³ 替代 600 m³ 后的值为

$$630×710×1.04 \text{ 元} = 465192 \text{ 元}$$

第二次替代单价因素,以 730 元替代 710 元,并保留上次替代后的值为

$$630×730×1.04 \text{ 元} = 478296 \text{ 元}$$

第三次替代损耗率因素,以 1.03 替代 1.04,并保留上两次替代后的值为

$$630×730×1.03 \text{ 元} = 473697 \text{ 元}$$

(3) 计算差额:

第一次替代与目标数的差额＝(465192−443040)元＝22152 元

第二次替代与第一次替代的差额＝(478296−465192)元＝13104 元

第三次替代与第二次替代的差额＝(473697−478296)元＝−4599 元

(4) 产量增加使成本增加了 22152 元,单价提高使成本增加了 13104 元,而损耗率下降使成本减少了 4599 元。

(5) 各因素的影响程度之和为(22152＋13104−4599)元＝30657 元,与实际成本与目标成本的总差额相等。

为了使用方便,企业也可以运用因素分析表来求出各因素变动对实际成本的影响程度,其具体形式见表 7-4。

表 7-4　商品混凝土成本变动因素分析表

顺　序	连环替代计算结果/元	差异/元	因素分析
目标数	600×710×1.04		
第一次替代	630×710×1.04	22152	由于产量增加 30 m³,成本增加 22152 元
第二次替代	630×730×1.04	13104	由于单价提高,成本增加 13104 元
第三次替代	630×730×1.03	−4599	由于损耗率下降 1%,成本减少 4599 元
合　计	22152＋13104−4599＝30657	30657	

3. 差额计算法

差额计算法是因素分析法的一种简化形式,它利用各个因素的目标值与实际值的差额来

计算其对成本的影响程度。

4. 比率法

比率法是指用两个以上指标的比例进行分析的方法。它的基本特点是先把对比分析的数值变成相对数,再观察其相互之间的关系。常用的比率法有以下几种。

1)相关比率法

由于项目经济活动的各个方面是相互联系、相互依存,又相互影响的,因而可以将两个性质不同而又相关的指标加以对比,求出比率,并以此来考察经营成果的好坏。例如,产值和工资是两个不同的概念,但它们的关系又是投入与产出的关系。在一般情况下,都希望以最少的工资支出完成最大的产值。因此,用产值工资率指标来考核人工费的支出水平,就很能说明问题。

2)构成比率法

构成比率法又称比重分析法或结构对比分析法。通过构成比率,可以考察成本总量的构成情况及各成本项目占成本总量的比重,同时也可看出量、本、利的比例关系(即预算成本、实际成本和降低成本的比例关系),从而为寻求降低成本的途径指明方向。

3)动态比率法

动态比率法就是将同类指标、不同时期的数值进行对比,求出比率,以分析该项指标的发展方向和发展速度的方法。动态比率的计算通常采用基期指数和环比指数两种方法。

模块 6　施工项目成本的纠偏措施

成本偏差控制中,分析是关键,纠偏是核心。因此,要针对分析得出的偏差发生原因采取切实纠偏措施,加以纠正。需要强调的是,由于偏差已经发生,纠偏的重点放在今后的施工过程中。成本纠偏的措施包括组织措施、技术措施、经济措施和合同措施。

1. 组织措施

为使项目成本消耗保持在最低限度,实现对项目成本的有效控制,将成本责任分解落实到各个岗位和专人,对成本进行全过程控制、全员控制、动态控制,形成一个分工明确、责任到人的成本控制责任体系。要从财务角度做成本账,进行成本分析,从投标估价开始直至合同终止,对全过程中相关成本负总责。他们的工作也与投标估价、合同、施工方案、施工计划、材料和设备供应、财务等各方面有关。

进行成本控制的另一个组织措施应该是确定合理的工作流程。成本控制工作只有建立在科学管理的基础之上,具备合理的管理体制、完善的规章制度、稳定的作业秩序、完整准确的信息传递才能取得成效。

2. 技术措施

施工准备阶段应多做不同施工方案的技术经济比较。这方面的方法很多,如 VE(价值工程)、OR 方法、统筹方法(CPM)、ABC 分析法、量本利分析法等。

另外,由于施工的干扰因素多,因此在做方案比较时,应认真考虑不同方案对各种干扰因素影响的敏感性。

不但在施工准备阶段,还应在施工进展的全过程中注意在技术上采取措施,以降低成本:

(1)进行技术经济分析,确定最佳的施工方法;

　　(2) 结合施工方法,进行材料使用的比较与选择;

　　(3) 在满足功能要求的前提下,通过代用、改变配合比、使用添加剂等方法降低材料消耗的费用;

　　(4) 确定最合适的施工机械、设备使用方案;

　　(5) 结合项目的施工组织设计及自然地理条件,降低材料的库存成本和运输成本;

　　(6) 先进施工技术的应用,新材料的运用;

　　(7) 新开发出的机械设备的使用等。

3. 经济措施

　　(1) 认真做好成本的预测和各种计划成本。由于工程成本的不稳定性、不确定性以及施工过程中会受到各种不利因素的影响等,成本的计划应尽量准确,要认真做好合同预算成本、施工预算成本。

　　(2) 对各种支出,应认真做好资金的使用计划,并在施工中严格控制各项开支。

　　(3) 及时准确地记录、收集、整理、核算实际发生的成本。

　　(4) 对各种变更及时做好增减账,及时找业主签证。

　　(5) 及时结算工程款。

4. 合同措施

　　选用合适的合同结构对项目的合同管理至关重要,在施工项目任务组织的模式中,有多种合同结构模式。使用时必须对其分析、比较,选用适合于工程的规模、性质和特点的合同结构模式。

　　在合同条文中应细致地考虑一切影响成本、效益的因素。特别是潜在的风险因素,对引起成本变动的风险因素进行识别和分析,采取必要的风险对策,如通过合理的方式与其他参与方共同承担,增加承担风险的个体数量,降低损失发生的比例,并最终使这些策略反映在已签订合同的具体条款中。

　　采用合同措施控制项目成本,应贯彻在合同的整个生命期,包括从合同谈判开始到合同终结的整个过程。

　　在合同执行期间,合同管理部门主要进行合同文本的审查和合同风险分析。在这个时间范围内,合同管理的任务既要密切注意对方合同执行的情况,以寻求向对方索赔的机会,也要密切注意我方是否履行合同的规定,以防止被对方索赔。应该看到,合同双方既有义务也有权利,既约束对方,也被对方所约束。经济合同体现了两个法人之间的经济关系。

任务 4　降低施工项目成本的措施

知识目标

　　掌握降低施工项目成本的各项措施。

能力目标

　　能结合案例分析提出降低施工项目成本的措施。

　　降低施工项目成本要从加强施工管理、技术管理、劳动工资管理、机械设备管理、材料管理、费用管理以及正确划分成本中心,使用先进的成本管理方法和考核手段入手,制订既开源又节流的方针,即一方面控制各种消耗和单价,另一方面增加收入,合理索赔。

模块1 重视加强图纸会审,提出合理建议

在项目建设过程中,施工单位必须按图施工。但是,图纸是由设计单位按照用户要求和项目所在地的自然地理条件(如水文地质情况等)设计的,施工单位应该在满足用户要求和保证工程质量的前提下,联系项目施工的主客观条件,对设计图纸进行认真的会审,并提出积极的修改意见,在取得用户和设计单位的同意后,修改设计图纸,同时办理增减账。

会审图纸时,对于结构复杂、施工难度高的项目,更要加倍认真,并且要从方便施工、有利于加快工程进度和保证工程质量,又能降低资源消耗、增加工程收入等方面综合考虑,提出有科学根据的合理化建议,争取业主、监理单位、设计单位的认同。

模块2 加强合同预算管理,增加工程预算收入

(1)正确编制施工图预算。编制施工图预算时,深入研究招标文件、合同内容,要充分考虑可能发生的成本费用,将其全部列入施工图预算,然后在工程款结算时向甲方取得补偿。

(2)把握"开口"项目,增加预算收入。一般来说,按照设计图纸和预算定额编制的施工图预算,必须受预算定额的制约,很少有灵活伸缩的余地;而"开口"项目的取费则有比较大的潜力,是项目增收的关键。合同规定的"开口"项目可作为增加预算收入的重要方面。

例如,合同规定,待图纸出齐后,由甲乙双方共同制定加快工程进度、保证工程质量的技术措施,费用按实结算。按照这一规定,项目经理和工程技术人员应该联系工程特点,充分利用自己的技术优势,采用先进的新技术、新工艺和新材料,经甲方签证后实施。这些措施应符合以下要求:既能为施工提供方便,有利于加快施工进度,又能提高工程质量,还能增加预算收入。还有,如合同规定,预算定额缺项的项目可由乙方参照相近定额,经监理工程师复核后报甲方认可,这种情况在编制施工图预算时是常见的,需要项目预算员参照相近定额进行换算。在定额换算的过程中,预算员可根据设计要求,充分发挥自己的业务技能,提出合理的换算依据,以此来摆脱原有的定额偏低的约束。

(3)重视工程变更资料,获得合理补偿。由于设计单位、施工单位和业主使用要求等种种原因,工程变更是项目施工过程中经常发生的事情,是不以人们的意志为转移的。随着工程的变更,必然会带来工程内容的增减和施工工序的改变,从而也必然会影响成本费用的变更。因此,承包方应就工程变更对既定施工方法、机械设备使用、材料供应、劳动力调配和工期目标等的影响程度,以及为实施变更内容所需要的各种资源进行合理估价,及时办理增减账手续,并在工程款结算时从业主那里取得补偿。

模块3 制定先进的、经济合理的施工方案,降低施工成本

施工方案主要包括四项:施工方法的确定、施工机具的选择、施工顺序的安排和流水施工的组织。施工方案的不同,工期就会不同,所需机具也不同,因而发生的费用也就不同。因此,正确选择施工方案是降低成本的关键所在。

制定施工方案要以合同工期和项目要求为依据,联系项目的规模、性质、复杂程度、现场条件、装备情况、人员素质等因素综合考虑。可以同时制定几个施工方案,倾听现场施工人员的意见,以便从中选择最合理、最经济的一个。

必须强调,施工项目的施工方案应该同时具有先进性和可行性。如果只先进不可行,不能在施工中发挥有效的指导作用,那就不是最佳施工方案。

模块 4　认真落实技术组织措施

落实技术组织措施,走技术与经济相结合的道路,以技术优势来取得经济效益,是降低项目成本的又一个关键。一般情况下,项目应在开工以前根据工程情况制订技术组织措施计划,并将其作为降低成本计划的内容之一列入施工组织设计。在编制月度施工作业计划的同时,也可按照作业计划的内容编制月度技术组织措施。

为了保证技术组织措施的落实并能取得预期的效果,应在项目经理的领导下明确分工:由工程技术人员定措施,材料人员供材料,现场管理人员和生产班组负责执行,财务成本员结算节约效果,最后由项目经理根据措施执行情况和节约效果对有关人员实行奖励,形成落实技术组织措施的一条龙。

必须强调,在结算技术组织措施执行效果时,除要按照定额数据等进行理论计算外,还要做好节约实物的验收,防止"理论上节约、实际上超用"的情况发生。

模块 5　组织均衡施工,加快施工进度,确保施工质量

凡是按时间计算的成本费用,如项目管理人员的工资和办公费,现场临时设施费和水电费,以及施工机械和周转设备的租赁费等,在加快施工进度、缩短施工周期的情况下,都会有明显的节约。除此之外,还可从业主那里得到一笔相当可观的提前竣工奖。因此,加快施工进度是降低项目成本的有效途径之一。

(1) 根据施工具体情况,合理规划施工现场平面布置(包括机械布置,材料、构件的堆放场地,车辆进出施工现场的运输道路,临时设施搭建数量和标准等),为文明施工、减少浪费创造条件。

(2) 严格执行技术规范和以预防为主的方针,确保工程质量,减少零星工程的修补,消灭质量事故,不断降低质量成本。

(3) 根据工程设计特点和要求,运用自身的技术优势,采用有效的技术组织措施,实行经济与技术相结合的道路。

(4) 严格执行安全施工操作规程,减少一般安全事故,确保安全生产,将事故损失降到最低。

为了加快施工进度,将会增加一定的成本支出。例如,在组织两班制施工的时候,需要增加夜间施工的照明费、夜点费和工效损失费;同时,还将增加模板的使用量和租赁费。在签订合同时,应根据用户和赶工要求,将赶工费列入施工图预算。如果事先并未明确,而由用户在施工中临时提出赶工要求,则应请监理工程师和业主签证,费用按实结算。

模块 6　降低材料因为量差和价差所产生的材料成本

(1) 材料采购和构件加工要求选择质优价廉、运输距离短的供应单位。对到场的材料、构件要正确计量,认真验收,遇到不合格产品或用量不足就要进行索赔。切实做到降低材料、构件的采购成本,减少采购加工过程中的管理损耗。

(2) 根据项目施工的进度计划,及时组织材料、构件的供应,保证项目施工的顺利进行,防

止因停工造成的损失。在构件生产过程中,要按照施工顺序组织配套供应,以免因规格不齐造成施工间隙,浪费时间和人力。

（3）在施工过程中,严格按照限额领料制度控制材料消耗,同时还要做好余料回收和利用工作,为考核材料的实际消耗水平提供正确的数据。

（4）根据施工需要,合理安排材料储备,减少资金占用率,提高资金利用效率。

模块 7　提高机械的利用效果

（1）根据工程特点和施工方案,合理选择机械的型号、规格和数量。

（2）根据施工需要,合理安排机械施工,充分发挥机械的效能,减少机械使用成本。

（3）严格执行机械维修和养护制度,加强平时的维修保养,保证机械完好和运转良好。

模块 8　重视人的因素,加强激励职能的利用,调动职工的积极性

（1）对关键工序施工的关键班组要实行重奖。

（2）对材料操作损耗特别大的工序,可由生产班组直接承包。

（3）实行钢模零件和脚手架螺栓有偿回收,减少零件的丢失和损坏以降低工程成本。

（4）实行班组承包责任制,把施工成本与职工工资直接挂钩。

思　考　题

一、简答题

1. 施工项目成本的构成有哪些?
2. 施工项目成本的控制内容有哪些?
3. 施工项目成本分析的方法有哪些?
4. 施工项目成本纠偏的措施有哪些?
5. 降低施工项目成本的措施有哪些?

二、案例分析

某承包商承包某水电工程。该工程的工程量清单中的"模板"工作项目为一项 350 m^3 的混凝土模板支撑工作。承包商在其中标的报价书中指明,计划用工 210 小时,工效为 210 工时/350 m^3＝0.6 工时/m^3,每小时工资为 6.0 元。合同规定模板材料(木材)由业主供应,但在施工过程中,由于业主供应木材不及时,影响了承包商支模工作效率,完成 350 m^3 的支模工作实际用工 265 个工时,其中加班 55 工时,加班工资按照 7.5 元/h 支出,工期没有造成拖延。承包商提出了施工索赔报告,要求赔偿。

问题:

（1）承包商是否该得到赔偿? 若该赔偿,应包括哪些内容? 为什么?

（2）试通过对该承包施工项目的计划成本、实际成本的分析计算,确定承包商应得到多少赔偿款额?

项目8　施工项目安全管理与职业健康

项目重点

理解施工项目安全管理的相关概念；理解施工项目职业健康的相关概念。

教学目标

本项目主要介绍了两方面内容：施工项目安全管理和职业健康。要求学生熟悉和掌握安全管理与职业健康的目的、安全管理与职业健康体系、安全管理与职业健康的内容和程序、危险源的识别与风险评价、安全管理与职业健康的目标、安全控制措施、施工安全隐患和事故的处理、职业健康管理的方法手段等。

任务1　施工安全管理概述

知识目标

理解施工安全管理的概念和特点；掌握施工安全管理的任务、要求和程序。

能力目标

具有安全意识；能够根据项目的安全目标编制安全技术措施；能够对项目安全技术措施计划的执行情况进行验证。

模块1　概述

世界经济的快速增长和科学技术的发展给人类带来了一系列问题。市场竞争日益加剧，在这样的情况下，人们往往专注于追求低成本、高利润，而忽视了劳动者的劳动条件和环境的改善，甚至以牺牲劳动者的生命安全为代价；生产事故有增无减，特别在发展中国家和发达国家尤为严重。因此，在建设工程生产过程中，除了对工程项目的施工成本、施工进度和施工质量进行严格管理外，还必须对施工安全进行管理。

1. 施工安全管理的概念

施工安全管理是指在项目施工的全过程中，运用科学管理的理论、方法，通过法规、技术、组织等手段所进行的规范劳动者行为，控制劳动对象、劳动手段和施工环境条件，消除或减少不安全因素，使人、物、环境构成的施工生产体系达到最佳安全状态，实现项目安全目标等一系列活动的总称。

2. 施工安全管理的目的

施工安全管理的目的是通过对生产因素具体状态的控制，防止和减少生产安全事故的发生，保护作业者的健康与安全，保障人民群众的生命和财产免受损失，使施工项目效益目标得以实现，并以此建立以人为本的安全管理体系，提升企业的品牌和形象。

3. 施工安全管理的任务

（1）贯彻落实国家安全生产法规，落实"安全第一，预防为主"的安全生产、劳动保护方针。

（2）制定安全生产的各种规程、规定和制度，并认真贯彻执行。

（3）制定并落实各级安全生产责任制。

（4）积极采取各项安全生产技术措施，保障职工有一个安全可靠的作业条件，减少和杜绝各类事故。

（5）定期对企业各级领导、特种作业人员和所有职工进行安全教育，强化安全意识。

（6）及时完成各类事故的调查、处理和上报。

（7）推动安全生产目标管理，推广和应用现代化安全管理技术与方法，深化企业安全管理。

4. 施工安全管理的特点

建筑产品不同于普通的工业产品，其特殊性决定了施工安全管理的特点，其特点主要体现在以下几方面。

1）复杂性

建筑产品的固定性决定了施工的流动性，而且施工生产中露天作业和高空作业多，受到气候条件、工程地质和水文地质、地理条件和地域资源等不可控因素影响较大，从而导致施工现场的安全管理比较复杂。

2）多样性

建筑产品的单件性使施工作业形式多样化，从而决定了安全管理的多样性。

3）多变性

建设项目规模大，使得项目建设现场材料、设备和工具的流动性大；加之因技术进步，项目不断引入新材料、新设备和新工艺，决定了安全管理的方法和手段也要与时俱进。

4）竞争性

建设工程市场在供大于求的情况下，业主经常会压低标价，造成施工单位对安全管理投入费用减少，不符合有关规定的现象时有发生。

5）协调性

项目施工涉及的内部专业多、外界单位广、综合性强，这就要求施工方做到各专业之间、单位之间相互配合，共同注意施工过程中接口部分的安全管理的协调性。

6）持续性

建设工程项目一般具有建设周期长的特点，从设计、实施直至投产阶段，诸多工序环环相扣。前一道工序的隐患可能会在后续的工序中暴露，而酿成安全事故。

7）主观性

施工作业人员文化素质低，并处在动态调整的不稳定状态中，给施工现场的安全管理带来很多不利因素。

模块 2　施工安全管理的基本原则、要求和程序

1. 施工安全管理的基本原则

1）管生产同时管安全

《建筑法》第四十四条规定：建筑施工企业必须依法参加对建筑安全生产的管理，执行安全生产责任制度，采取有效措施，防止伤亡和其他安全事故的发生。建筑企业的法人代表人要对本企业的安全生产负责。

项目经理对合同工程项目生产经营过程中的安全生产负全面领导责任,是项目安全生产第一责任人。

2）坚持安全生产管理的目的性

坚持安全生产管理的目的是消除或避免安全事故的发生,保护劳动者的安全和健康。

3）贯彻预防为主的方针

《建筑法》规定,建筑工程安全生产管理必须坚持"安全第一、预防为主"的方针,建立健全安全生产的责任制度和群防群治制度。安全第一体现了"以人为本"的指导思想。

4）坚持"四全"动态管理

所谓"四全"动态管理是指全员、全过程、全方位、全天候的动态管理。

5）安全管理重在控制

重点控制人的不安全行为、物的不安全状态和环境的不安全因素。

人的不安全行为包括违章作业、生理缺陷、错误行为等。

物的不安全状态包括物体打击、车辆伤害、机械伤害、化学品、易爆易燃品、有毒品、坍塌、触电等。

环境的不安全因素包括作业条件恶劣、生活环境差等。

6）在管理中发展提高

在管理中总结经验教训,制定新的管理制度和方法,使安全管理不断得到提高。

2. 施工安全管理的要求

1）建设工程项目决策阶段

建设单位应按照有关建设工程法律、法规的规定和强制性标准的要求,办理各种有关安全方面的审批手续。组织或委托有相应资质的单位对需要进行安全预评价的建设工程项目,进行建设工程项目安全预评价。

2）工程设计阶段

设计单位应按照有关建设工程法律、法规的规定和强制性标准的要求,进行安全设施方面的设计,防止因设计考虑不周而导致生产安全事故的发生。

在进行工程设计时,设计单位应考虑施工安全和防护需要,对涉及施工安全的重点部分和环节在设计文件中应进行注明,并对防范生产安全事故提出指导意见。

对于采用新结构、新材料、新工艺的建设工程和特殊结构的建设工程,设计单位应在设计中提出保障施工作业安全和预防生产安全事故的措施建议。

3）工程施工阶段

施工企业在其生产经营的活动中必须对本企业的安全生产负全面责任。企业代表人是安全生产的第一负责人,项目经理是施工项目生产的主要负责人。施工企业应当具备安全生产的资质,取得安全生产许可证的施工企业应设立安全机构,配备合格的安全人员,提供必要的资源;要建立健全安全生产责任制和各项安全生产规章制度。对项目要编制切合实际的安全生产计划,实施安全教育培训制度,不断提高员工的安全意识和安全生产素质。

3. 施工安全管理的程序

施工安全管理的程序如图 8-1 所示。

(1) 确定项目的安全目标。

按"目标管理"方法,将安全目标在以项目经理为首的项目管理系统内进行分解,明确每个

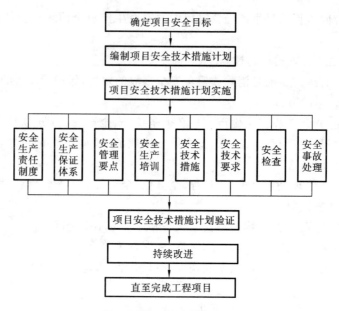

图 8-1　施工安全管理程序

岗位的安全目标,实现全员安全控制。

（2）编制项目安全技术措施计划。

对生产过程中的不安全因素可用技术手段加以消除和控制,并能用文件化的方式表示,这是落实"预防为主"方针的具体体现,是进行工程项目安全控制的指导性文件。

（3）项目安全技术措施计划实施。

这包括建立健全安全生产责任制度、设置安全生产设施、进行安全教育和培训、沟通和交流信息,安全控制可使生产作业的安全状况处于受控状态。

（4）安全技术措施计划的验证。

这包括安全检查,纠正不符合情况,并做好检查记录工作。根据实际情况补充和修改安全技术措施。

（5）持续改进。

持续改进项目安全技术措施,直至建设工程项目的所有工作完成为止。

任务 2　施工现场不安全因素辨识

知识目标

理解危险源的概念;掌握危险源的类别、辨识方法和危险源的评估。

能力目标

具有安全意识;能够区分两类危险源;能够判断风险等级,并根据风险等级采取措施保证自身安全;能够对已判定的危险源进行控制策划,排除危险。

模块 1　危险源概述

1. 概念

危险源是安全管理的主要对象,是可能导致人身伤害或疾病、财产损失、工作环境破坏或这些情况组合的危险因素和有害因素。危险因素是强调突发性和瞬间作用的因素,有害因素强调的是在一定时期内有慢性损害和累积作用的因素。

2. 分类

根据危险源在事故发生发展中的作用,危险源可分为两大类:第一类危险源和第二类危险源。

1）第一类危险源

能量和危险物质的存在是危害产生的最根本原因,通常把可能发生意外释放的能量(能源或能量载体)或危险物质称为第一类危险源。

第一类危险源是事故发生的物理本质,危险性主要表现为导致事故而造成后果的严重程度方面。第一类危险源危险性的大小主要取决于以下几个方面:

(1) 能量或危险物质的量;

(2) 能量或危险物质意外释放的强度;

(3) 意外释放的能量或危险物质的影响范围。

2）第二类危险源

造成约束、限制能量和危险物质措施失控的各种不安全因素称为第二类危险源。第二类危险源主要体现在设备故障或缺陷(物的不安全状态)、人为失误(人的不安全行为)和管理缺陷等几个方面。这是导致事故的必要条件,决定事故发生的可能性。

3. 危险源与事故

事故的发生是两类危险源共同作用的结果,第一类危险源是事故发生的前提,第二类危险源的出现是第一类危险源导致事故的必要条件。在事故的发生和发展过程中,两类危险源相互依存,相辅相成。第一类危险源是事故的主体,决定事故的严重程度,第二类危险源出现的难易,决定事故发生的可能性大小。

模块 2　危险源的辨识

危险源辨识是安全管理的基础工作,主要目的是找出与每项工作活动有关的所有危险源,并考虑这些危险源可能会对什么人造成什么样的伤害,或导致哪些设备、设施损坏等。

1. 危险源的辨识

我国在 2009 年发布了国家标准《生产过程危险和有害因素分类与代码》(GB/T 13861—2009),该标准适用于各个行业在规划、设计和组织生产时对危险源的预测和预防、伤亡事故的统计分析和应用计算机进行管理。进行危险源辨识时可参照该标准的分类和编码,便于管理。

按照该标准,危险源分为人的因素、物的因素、环境因素和管理因素四大类。

2. 危险源的辨识方法

危险源辨别的方法有询问交谈、现场观察、查阅有关记录、获取外部信息、工作任务分析、安全检查表、危险与操作性研究、事故树分析、故障树分析等方法。这些方法各有特点和局限性,往往采用两种或两种以上的方法辨识危险源。以下简单介绍常用的两种方法。

1）专家调查法

专家调查法是通过有经验的专家咨询、调查、识别、分析和评价危险源的一类方法,其优点是简便、易行,其缺点是受专家的知识、经验和占有资料的限制,可能出现遗漏。常用的有头脑风暴法和德尔菲法。

头脑风暴法是通过专家创造性的思考,产生大量的观点、问题和议题的方法。其特点是多人讨论、集思广益,可以弥补个人判断的不足,常采取专家会议的方式来相互启发、交换意见,使危险、危害因素的辨识更加细致、具体。

德尔菲法是采用背对背的方式进行调查的方法。其特点是避免了集体讨论中的从众性倾向,更能代表专家的真实意见。要求对调查的各种意见进行汇总统计处理,再反馈给专家,反复征求意见。

2）安全检查表法

安全检查表实际上就是实施安全检查和诊断项目的明细表。运用已编制好的安全检查表进行系统的安全检查,辨识工程项目存在的危险源的方法称为安全检查表法。检查表的内容一般包括分类项目、检查内容及要求、检查以后处理意见等。可以用"是"、"否"作回答,或用"√"、"×"符号作标记,同时注明检查日期,并由检查人员和被检单位同时签字。安全检查表法的优点是简单易懂、容易掌握,可以事先组织专家编制检查项目,使安全检查做到系统化、完整化。安全检查表法的缺点是一般只能作出定性评价。

模块 3　危险源的评估

根据对危险源的识别,评估危险源造成风险的可能性大小,对风险进行分级。按不同级别的风险应针对性地采取风险控制措施。这种方法将安全风险的大小(R)用事故发生的可能性(p)与发生事故后果的严重程度(f)的乘积,即 $R = pf$ 来衡量风险的大小。《职业健康安全管理体系　实施指南》(GB/T 28002—2011)推荐的简单的风险等级评估见表 8-1,结果分为Ⅰ、Ⅱ、Ⅲ、Ⅳ、Ⅴ五个风险等级,其中Ⅰ级为可忽略风险,Ⅱ级为可容许风险,Ⅲ级为中度风险,Ⅳ级为重大风险,Ⅴ级为不容许风险。

表 8-1　风险等级评估表

可能性(p)	后果(f)		
	轻度损失(轻微伤害)	中度损失(伤害)	重大损失(严重伤害)
	风险级别(大小)		
很大	Ⅲ	Ⅳ	Ⅴ
中等	Ⅱ	Ⅲ	Ⅳ
很小	Ⅰ	Ⅱ	Ⅲ

模块 4　风险的控制

1. 风险控制策划

风险评价后,应分别列出所找出的所有危险源和重大危险源清单,对已经评价出的不容许的和重大风险(重大危险源)进行优先排序,由工程技术主管部门的相关人员进行风险控制策划,制订风险控制措施计划或管理方案。对于一般危险源可以通过日常管理程序来实施控制。

风险控制策划可以按照以下顺序和原则进行考虑:

(1)尽可能完全消除有不可接受风险的危险源,如用安全品代替危险品;

（2）如果是不可能消除有重大危险的危险源，应努力采取降低风险的措施，如使用低压电器等；

（3）在条件允许时，工作应适合于人，如考虑降低人的精神压力和体能消耗；

（4）应尽可能利用技术进步来改善安全控制措施；

（5）应考虑保护每名工作人员的措施；

（6）将技术管理与程序控制结合起来；

（7）应考虑引入诸如机械安全防护装置的维护计划的要求；

（8）在各种措施还不能绝对保证安全的情况下，作为最终手段，还应考虑使用个人防护用品；

（9）应有可行、有效的应急方案；

（10）预防性测定指标是否符合控制措施计划的要求。

2. 风险控制措施计划

不同的组织、不同的工程项目需要根据不同的条件和风险量来选择适合的控制策略和管理方案。表 8-2 所示的是针对不同风险水平的风险控制措施计划表。在实际应用中，应该根据风险评价所得出的不同风险源和风险量大小（风险水平），选择不同的控制策略。

表 8-2　基于不同风险水平的风险控制措施计划表

风　险	措　　施
可忽略的	不采取措施且不必保留文件记录
可容许的	不需要另外的控制措施，应考虑投资效果更佳的解决方案或不增加额外成本的改进措施，需要监视来确保控制措施得以维持
中度的	应努力降低风险，但应仔细测定并限定预防成本，并在规定的期限内降低风险的措施。在中度风险与严重伤害后果相关的场合，必须进一步作出评价，以更准确地确定伤害的可能性，以确定是否需要改进控制措施
重大的	直至风险降低后才能开始工作，为降低风险有时必须配给大量资源。当风险涉及正在进行中的工作时，应采取应急措施
不容许的	只有当风险已经降低时，才能开始或继续工作。如果无限资源的投入也不能降低风险，必须禁止工作

风险控制措施计划在实施前需进行评审。评审主要包括以下内容：

（1）更改的措施是否使风险降低至可容许水平；

（2）是否产生新的危险源；

（3）是否已选定了成本效益最佳的解决方案；

（4）更改的预防措施是否能得以全面落实。

3. 风险控制方法

1）第一类危险源控制方法

第一类危险源可以采取消除危险源、限制能量和隔离危险物质、个体防护、应急救援等方法进行控制。建设工程可能遇到不可预测的各种自然灾害而引发的风险，这只能采取预测、预防、应急计划和应急救援等措施，以尽量消除或减少人员伤亡和财产损失。

2）第二类危险源控制方法

第二类危险源可以采取提高各类设施的可靠性、增加安全系数、设置安全监控系统、改善作业环境等方法进行控制。最重要的是加强员工的安全意识培训和教育，克服不良的操作习惯，严格按章办事，并帮助其在生产过程中保持良好的心理和心理状态。

任务3　施工安全管理体系

知识目标

理解施工安全管理的概念；掌握施工安全管理的保障机制。

能力目标

具有安全意识；能够充分发挥积极性，在工作中相互监督、严格遵守各项安全管理制度，保证安全管理制度的落实。

模块1　概述

建筑施工是一个极其复杂的过程，危险源众多，容易产生安全问题。安全施工是施工企业生产管理的头等大事，目前我国的安全生产形势仍然严峻，特别是建筑领域伤亡事故多发状况尚未扭转，安全生产基础比较薄弱，部分地方和施工企业安全意识薄弱，责任不落实，投入不够；安全生产监督管理机构、队伍建设以及监管工作急待加强。因此，建立一套完善的施工安全管理体系势在必行。

1. 概念

施工安全管理体系实质上是一种安全管理模式，目的是提高企业管理水平，促进经济发展。施工安全体系运行借助一系列的管理标准，标准依据是2002年11月1日正式实施的《中华人民共和国安全生产法》和2004年2月1日正式实施的《建设工程安全生产管理条例》。安全管理体系使企业的安全管理朝着科学化、规范化、法制化方向发展。

2. 作用

建立安全管理体系的作用在于从组织上、制度上保证企业的生产安全、顺利进行。

3. 目标

（1）尽力将员工面临的风险减小到最低限度，并最终实现预防和控制工伤事故、职业病及其他损失的目标。

（2）实施"施工安全管理"体系，直接或间接获得经济效益。

（3）实现"以人为本"的安全管理。

（4）提升企业的品牌和形象，安全生产是反映企业品牌的重要指标。

（5）促进管理现代化。

4. 内容

建立健全施工安全管理体系包括：加快立法进程，建立健全法律、法规体系；将企业中行之有效的安全管理措施和办法制定成统一标准，纳入规章制度，建立健全建筑安全标准体系；在企业中设立专职安全管理机构，配备专职安全管理人员，建立健全建筑安全管理组织体系；明确企业各部门、各级人员在安全管理工作中所承担的职责和权限，落实安全生产责任制，建立健全建筑安全管理责任制体系；严格执行未经岗前安全教育培训不得上岗的制度，对全体职工进行经常性的安全教育和技术培训，建立健全建筑安全管理培训体系；企业内部成立检查小组，经常进行现场检查，并自觉接受行业专门检查机构检查，建立健全建筑安全管理稽查体系。

模块 2　施工安全管理体系的建立

1. 施工安全管理体系的基本制度

根据国家的有关安全生产的法律、法规、规范、标准，企业应建立以下几项安全管理基本制度。

1）建立健全安全生产责任制

安全生产责任制是安全管理的核心，是保障安全生产的重要手段，它能有效地预防事故的发生。

安全生产责任制是根据"管生产必须管安全"、"安全生产人人有责"的原则。明确各级领导和各职能部门及各类人员在生产活动中应负的安全职责的制度。有了安全生产责任制，就能把安全与生产从组织形式上统一起来，把"管生产必须管安全"的原则从制度上固定下来，从而增强了各级管理人员的安全责任心，使安全管理纵向到底、横向到边、专管成线、群管成网、责任明确、协调配合、共同努力，真正把安全生产工作落到实处。

安全生产责任制的内容要分级制定和细化，如企业、项目、班组都应建立各级安全生产责任制，按其职责分工，确定各自的安全责任，并组织实施和考评，保证安全生产责任制的落实。

2）制定安全教育制度

安全教育制度是企业对职工进行安全法律、法规、规范、标准、安全知识和操作规程培训教育的制度，是提高职工安全意识的重要手段，是企业安全管理的一项重要内容。

安全教育制度内容应规定：定期和不定期安全教育的时间、应受教育的人员、教育的内容和形式，如新工人、外施队人员等进场前必须接受三级（公司、项目、班组）安全教育。从事危险性较大的特殊工种的人员必须经过专门的培训机构培训合格后持证上岗，每年还必须进行一次安全操作规程的训练和再教育。对采用新工艺、新设备、新技术和变换工种的人员应进行安全操作规程和安全知识的培训和教育。

3）制定安全检查制度

安全检查是发现隐患、消除隐患、防止事故、改善劳动条件和环境的重要措施，是企业预防安全生产事故的一项重要手段。

安全检查制度内容应规定：安全检查负责人、检查时间、检查内容和检查方式。它包括经常性的检查、专业性的检查、季节性的检查和专项性的检查，以及群众性的检查等。对于检查出的隐患应进行登记，并采取定人、定时间、定措施的"三定"办法给予解决，同时对整改情况进行复查验收，彻底消除隐患。

4）制定各工种安全操作规程

工种安全操作规程是消除和控制劳动过程中的不安全行为，预防伤亡事故，确保作业人员的安全和健康的需要的措施，也是企业安全管理的重要制度之一。

安全操作规程的内容应根据国家和行业安全生产法律、法规、标准、规范，结合施工现场的实际情况制定出各工种的安全操作规程。同时根据现场使用的新工艺、新设备、新技术，制定出相应的安全操作规程，并监督其实施。

5）制定安全生产奖罚办法

企业制定安全生产奖罚办法的目的是不断提高劳动者进行安全生产的自觉性，调动劳动者的积极性和创造性，防止和纠正违反法律、法规和劳动纪律的行为，也是企业安全管理重要制度之一。

安全生产奖罚办法规定了奖罚的目的、条件、种类、数额、实施程序等。企业只有建立安全生产奖罚办法，做到有奖有罚、奖罚分明，才能鼓励先进、督促落后。

6）制定施工现场安全管理规定

施工现场安全管理规定是施工现场安全管理制度的基础，目的是规范施工现场安全防护设施的标准化、定型化。

施工现场安全管理规定的内容包括：施工现场一般安全规定、安全技术管理、脚手架工程安全管理（包括特殊脚手架、工具式脚手架等）、电梯井操作平台安全管理、马路搭设安全管理、大模板拆装存放安全管理、水平安全网支搭拆除安全管理、井字架龙门架安全管理、孔洞临边防护安全管理、拆除工程安全管理、防护棚支搭安全管理等。

7）制定机械设备安全管理制度

机械设备是指目前建筑施工普遍使用的垂直运输和加工机具，由于机械设备本身存在一定的危险性，管理不当就可能造成机毁人亡，所以它是目前施工安全管理的重点对象。

机械设备安全管理制度应规定，大型设备应到上级有关部门备案，符合国家和行业有关规定，还应设专人负责定期进行安全检查、保养，保证机械设备处于良好的状态，以及各种机械设备的安全管理制度。

8）制定施工现场临时用电安全管理制度

施工现场临时用电是目前建筑施工现场离不开的一项操作，由于其使用广泛、危险性比较大，因此它牵涉到每个劳动者的安全，也是施工现场一项重要的安全管理制度。

施工现场临时用电管理制度的内容应包括：外电的防护、地下电缆的保护、设备的接地与接零保护、配电箱的设置及安全管理规定（总箱、分箱、开关箱）、现场照明、配电线路、电器装置、变配电装置、用电档案的管理等。

9）制定生产安全事故报告和调查处理办法

制定生产安全事故报告和调查处理办法，目的是规范生产安全事故的报告和调查处理，主要为查明事故原因，吸取教训，采取改进措施，防止事故重复发生。生产安全事故报告和调查处理办法也是企业安全管理的一项重要内容。

生产安全事故报告和调查处理制度的内容应包括：企业内部生产安全事故的报告程序、内容和要求；根据生产安全事故的情况成立事故调查组；生产安全事故的调查程序、调查组人员的组成、调查组人员的分工和职责事故调查报告的时间、内容、要求；对事故责任人的处理和采取防止同类事故发生的措施等。

10）制定劳动防护用品管理制度

使用劳动防护用品是为了减轻或避免劳动过程中，劳动者受到的伤害和职业危害，保护劳动者安全健康的一项预防性辅助措施，是安全生产防止职业性伤害的需要，对于减少职业危害起着相当重要的作用。

劳动防护用品制度的内容应包括：安全网、安全帽、安全带、绝缘用品、防职业病用品等的采购、验收、发放、使用、维护等的管理要求。

11）建立应急救援预案

《中华人民共和国安全生产法》规定，生产经营单位必须建立应急救援组织，建立应急救援的目的是保障一旦发生生产安全事故，能迅速启动预案，采取有效措施，组织抢救，防止事故扩大，减少人员伤亡和财产损失。

应急救援预案的主要内容应包括：应急救援组织机构、应急救援程序、应急救援要求、应急救援器材、设备的配备、应急救援人员的培训、应急救援的演练等。

12）其他制度

除以上安全管理制度外，企业还应建立有关的安全管理制度，如安全值班制度、班前安全活动制度、特种作业安全管理制度、安全资料管理制度、总分包安全管理制度等，使企业安全管理更加完善和有效，达到以制度管理安全的目的。

2. 建立健全安全组织机构

施工企业一般都有安全组织机构，但必须建立健全项目安全组织机构，确定安全生产目标，明确参与各方对安全管理的具体分工，安全岗位责任与经济利益挂钩，根据项目的性质规模不同，采用不同的安全管理模式。对于大型项目，必须安排专门的安全总负责人，并配以合理的班子，共同进行安全管理，建立安全生产管理的资料档案。实行单位领导对全施工现场负责，专职安全员对部位负责，班组长和施工技术员对各自的施工区域负责，操作者对自己的工作范围负责的"四负责"制度。

3. 施工安全管理体系建立步骤

1）领导决策

最高管理者亲自决策，以便获得各方面的支持和在体系建立过程中所需的资源保证。

2）成立工作组

最高管理者或授权管理者代表成立的工作小组负责建立安全管理体系。工作小组的成员要覆盖组织的主要职能部门，组长最好由管理者代表担任，以保证小组对人力、资金、信息的获取。

3）人员培训

培训的目的是使有关人员了解建立安全管理体系的重要性，了解标准的主要思想和内容。

4）初始状态评审

初始状态评审要对组织过去和现在的安全信息、状态进行收集、调查分析、识别和获取现有的、适用的法律、法规和其他要求，进行危险源辨识和风险评价，评审的结果将作为制定安全方针、管理方案、编制体系文件的基础。

5）制定方针、目标、指标的管理方案

方针是组织对其安全行为的原则和意图的声明，也是组织自觉承担其责任和义务的承诺。方针不仅为组织确定了总的指导方向和行动准则，而且是评价一切后续活动的依据，并为更加具体的目标和指标提供一个框架。

安全目标、指标的制定是组织为了实现其在安全方针中所体现出的管理理念及其对整体绩效的期许与原则，与企业的总目标相一致。

管理方案是实现目标、指标的行动方案。为保证安全管理体系的实现，需结合年度管理目标和企业客观实际情况，策划制定安全管理方案。该方案应明确旨在实现目标、指标的相关部门的职责、方法、时间表以及资源的要求。

6）管理体系的策划与设计

管理体系策划与设计是依据制定的方针、目标和指标、管理方案确定组织机构职责和筹划各种运行程序。文件策划的主要内容有：

（1）确定文件结构；

（2）确定文件编写格式；

（3）确定各层文件名称及编号；

（4）制定文件编写计划；

（5）安排文件的审查、审批和发布工作。

7）体系文件编写

体系文件包括管理手册、程序文件和作业文件三个层次。

（1）体系文件编写的原则。

安全管理体系是系统化、结构化、程序化的管理体系，是遵循 PDCA 管理模式并以文件支持的管理制度和管理办法。

体系文件编写应遵循以下原则：

① 标准要求的要写到；

② 文件写到的要做到；

③ 做到的要有效记录。

（2）管理手册的编写。

管理手册是对组织整个管理体系的整体性描述，它为体系的进一步展开以及后续程序文件的制定提供了框架要求和原则规定，是管理体系的纲领性文件。管理手册可使组织的各级管理者明确体系概况，了解各部门的职责权限和相互关系，以便统一分工和协调管理。

管理手册除了反映组织管理体系需要解决的问题外，还反映了组织的管理思路和理念，同时也向组织内、外部人员提供了查询所需文件和记录的途径。

管理手册的主要内容包括：

① 方针、目标、指标、管理方案；

② 管理、运行、审核和评审工作人员的主要职责、权限和相互关系；

③ 关于程序文件的说明和查询途径；

④ 关于管理手册的管理、评审和修订工作的规定。

（3）程序文件的编写。

程序文件的编写应符合以下要求：

① 程序文件包括需要编制程序文件体系的管理要素；

② 程序文件的内容可按"4W1H"的顺序和内容来编写，即明确程序中管理要素由谁做（who），什么时间做（when），在什么地点做（where），做什么（what），怎么做（how）；

③ 程序文件一般格式可按目的和适用范围、引用的标准及文件、术语和定义、职责、工作程序、报告和记录的格式以及相关文件等的顺序来设计。

（4）作业文件的编写。

作业文件是指管理手册、程序文件之外的文件，一般包括作业指导书（操作规程）、管理规定、监测活动准则及程序文件引用的表格。其编写的内容和格式与程序文件的要求基本相同。在编写之前应对原有的作业文件进行清理，摘其有用的，删除无关的。

8）文件的审查、审批和发布

文件编写完成后应进行审查,经审查、修改、汇总后进行审批,然后发布。

模块 3　施工安全管理体系的运行

1. 管理体系的运行

管理体系运行是指按照已建立体系的要求实施,其实施的重点是围绕培训意识和能力、信息交流、文件管理、执行控制程序、检测、不符合、纠正和预防措施、记录等活动进行的。上述运行活动简述如下。

1）培训意识和能力

主管培训的部门根据体系、体系文件(培训意识和能力程序文件)的要求,制订详细的培训计划,明确培训的组织部门、时间、内容、方法和考核要求。

2）信息交流

信息交流时确保各要素构成一个完整的、动态的、持续改进的体系和基础,应关注信息交流的内容和方式。

3）文件管理

(1)对现有有效文件进行整理编号,方便查询索引。

(2)对适用的规范、规程等行业标准应及时补充,对适用的表格要及时发放。

(3)对在内容上有抵触的文件和过期的文件要及时作废并妥善处理。

4）执行控制程序文件的规定

体系的运行离不开程序文件的指导,程序文件及其相关的作业文件在组织内部都具有法定效力,必须严格执行,才能保证体系正确运行。

5）监测

为保证体系正确、有效地运行,必须严格监测体系的运行情况。监测中应明确监测的对象和监测的方法。

6）不符合、纠正和预防措施

体系在运行过程中,不符合规定行为的出现是不可避免的,包括事故也难免发生,关键是相应的纠正与预防措施是否及时有效。

7）记录

体系运行中应及时按文件要求进行记录,如实反映体系运行情况。

2. 管理体系的维持

1）内部审核

内部审核是组织对其自身的管理体系进行的审核,是对体系是否正常进行以及是否达到了规定的目标所做的独立的检查和评价,是管理体系自我保证和自我监督的一种机制。

内部审核要明确提出审核的方式、方法和步骤,形成审核日程计划,并发至相关企业,保证安全管理制度的贯彻落实。企业领导要定期地组织检查安全管理制度的落实情况,对各项安全管理制度执行得好的单位要及时给予表扬、奖励,对安全管理制度落实不到位的单位要及时提出批评,对多次指出不改的单位要给予处罚,并及时追踪制度的执行效果,适时地加以修改、补充。

2）发挥全体劳动者的作用

要充分发挥劳动者的积极性,调动劳动者在工作中相互监督、严格遵守各项安全管理制度,才能保证安全管理制度的落实。

3）充分发挥施工现场安全管理中安全监理的监督管理作用

当前,建设工程施工安全的形势依然严峻,各种性质、程度的事故屡屡发生,恶性事故也时见报端,直接影响着建筑业的健康稳定发展。2004 年 2 月 1 日实施的《建设工程安全生产管理条例》把安全职责纳入监理的范围,将监理单位在安全生产中所要承担的安全职责法制化,同时也为监理单位开展安全监理工作提供了法律依据。2006 年 10 月建设部《关于落实建设工程安全生产监理责任的若干意见》进一步明确了安全监理的内容、程序和责任。工程监理单位和常驻现场的监理工程师按照有关法律、法规和工程建设强制性标准实施监理,对建设工程中的安全生产履行监理职责。

监理单位审查、核验施工单位提交的有关技术文件及资料,并由项目总监在有关技术文件报审表上签署意见;审查未通过的,安全技术措施及专项施工方案不得实施。

（1）项目监理机构对施工现场安全管理体系审查。

监理工程师在审查施工现场安全管理体系时,应审查以下主要内容。

① 审查施工单位安全组织机构和施工现场的安全管理机构。安全监理人员要严格把施工企业的安全生产许可证和"三类人员"（企业负责人、项目负责人、专职安全管理人员）的管理纳入建设工程管理的全过程,审查是否与投标文件相一致,实行动态管理、全过程监控。

② 审查施工单位应有的安全生产管理制度和安全文明施工管理制度。

③ 审查本项目工程施工中应用的安全措施与管理手段,如班组相互安全监督检查,专检与自检相结合的安全检查方法,定期与不定期的安全检查,现场轮流安全值日,签订安全责任书,以及现场悬挂各种安全宣传标语和警示标牌,安全教育与培训等的方法和手段。

④ 审查施工单位安全资质和特种作业人员操作证。施工单位安全资质是当地行政主管部门审查与颁发的《企业安全资质合格证书》。特种作业人员包括维修电工、安装电工、电焊工、架子工、塔吊和施工电梯的司机、指挥大型机构搭拆人员、井字架操作工、登高作业工等。审查操作证的时效性和人证相符性。

⑤ 审核施工单位应急救援预案和安全防护措施费用使用计划。

（2）项目监理机构对组织设计中的安全技术措施审查。

施工组织设计中的安全技术措施主要包括:

① 进入施工现场的安全规定;

② 地面及深坑作业的防护;

③ 高处及立体交叉作业的防护;

④ 施工用电安全;

⑤ 机械设备的安全使用;

⑥ 对采用的新工艺、新材料、新技术和新结构,制定有针对性、行之有效的专门安全技术措施;

⑦ 预防自然灾害措施;

⑧ 防火防爆措施。

（3）检查安全技术措施的落实工作。

在施工阶段,安全监理人员的主要工作内容就是通过有效手段,监督施工单位按照施工组织设计中的安全技术措施和专项施工方案组织施工,及时制止违规施工作业。其主要内容如下。

① 督促承包单位的安全管理职能部门切实履行好各自的安全管理职责,对施工单位自查情况进行抽查。

② 依照经审查批准的方案定期或不定期对施工现场的起重机械、整体提升脚手架、模板等自升式架设设施和安全设施进行专项检查,核查验收手续。

③ 现场巡查,检查实际上岗人员是否有相应的上岗资格。根据人员流动性大的实际情况,监理人员有必要实行过程动态控制。

④ 检查施工现场各种安全标志和安全防护措施是否符合强制性标准要求,并检查安全生产费用的使用情况。

⑤ 检查安全生产基本措施的落实。安全生产基本措施主要表现有:安全帽措施、安全带措施、安全网措施、安全棚措施,以及机械设备的规范化管理和施工现场的文明施工。

⑥ 定期巡视检查施工过程中的危险性较大工程作业情况,对重要工序关键部位(如塔吊的安装、拆除、顶升等)进行旁站监理。

(4) 及时督促整改或向有关部门汇报。

在施工阶段,监理单位应对施工现场安全生产情况进行巡视检查,对发现的各类安全事故隐患,应书面通知施工单位,并督促其立即整改;情况严重的,监理单位应及时下达工程暂停令,要求施工单位停工整改,并同时报告建设单位。安全事故隐患消除后,监理单位应检查整改结果,签署复查或复工意见。施工单位拒不整改或不停工整改的,监理单位应当及时向工程所在地建设主管部门或工程项目的行业主管部门报告。检查、整改、复查、报告等情况应记载在监理日志、监理月报中。

模块 4　建立建筑安全管理信息系统

随着 Internet 技术的普及和计算机的广泛应用,应用计算机网络建立一个庞大的面向全社会开放的建筑安全管理信息系统已成为现实,当然,该系统必须由专门的全国性行业管理机构建立并控制。该系统建立之后,行业管理机构工作人员将全国所有施工企业的安全管理信息录入信息系统,如某企业发生了安全事故,就要把该事故的前因后果以及最终责任确定等情况录入系统进行曝光,随时供全社会点击了解,这样就可以从舆论上监督所有施工企业狠抓安全管理工作;再比如某企业在安全管理方面取得了卓越的成效,那么也将该情况录入系统,供其他施工企业借鉴学习,这样就可以把好的经验迅速在全国推广,有助于提高整个建筑行业的安全管理水平。另外,该系统的建立也使得发包人或者招标机构能够真实、准确地获得施工企业的安全管理情况,不至于被投标书里面的虚假安全管理资料所蒙蔽。这既有助于发包人或者招标机构选择出真正满意的、合格的施工企业,也有助于建筑业招标投标市场的有序、公平发展。

施工企业安全管理是一个系统的动态管理进程,它包括安全组织和安全意识,企业只有综合利用这些手段,才能取得有效的结果。加强安全管理,首先必须建立科学的安全规章制度,而且这些制度要随着施工技术的发展而不断变化,使之与新的施工技术相配套。同时企业要加大对安全管理的投入,使之与生产能力相吻合,使安全生产责任制逐级落实到每个工作岗位和每个人头上,并经常性地开展和利用形式多样的安全生产法规知识宣传活动,努力提高建筑职工和广大从业人员的安全素质,切实做到安全生产,警钟长鸣。

任务 4　施工安全控制措施

知识目标

理解施工安全控制的概念、目标;理解施工安全控制程序;掌握施工安全控制措施。

能力目标

具有安全意识;能够充分发挥积极性,对危险源能够进行有效的控制及排除。

模块 1　概述

施工安全控制措施是施工安全管理体系得以正常、有效运行的有力保障,是保证企业的生产安全、顺利进行必不可少的环节。

1. 安全控制的概念

安全控制是生产过程中涉及的计划、组织、监控、调节和改进等一系列致力于满足生产安全所进行的管理活动。

2. 安全控制的目标

安全控制的目标是减少和消除生产过程中的事故,保证人员健康安全和财产免受损失。安全控制的具体目标应包括:

(1)减少或消除人的不安全行为;

(2)减少或消除设备、材料的不安全状态;

(3)改善生产环境和自然环境。

3. 安全控制的特点

1)控制面广

由于建设工程规模大,生产工艺复杂、工序多,在建造过程中流动作业多,高处作业多,作业位置多变,因此遇到的不确定因素多,安全控制工作涉及范围大,控制面广。

2)控制的动态性

(1)建设工程项目的单件性使得每项工作所处的条件不同,所面临的危险因素和防范措施也会有所改变。员工在转移工地后,熟悉一个新的工作环境需要一定的时间,有些工作制度和安全技术措施也会有所调整,员工同样有个熟悉的过程。

(2)因为现场施工是分散于施工现场的各个部位进行的,尽管有各种规章制度和安全技术交底的环节,但面对具体的生产环境时仍然需要自己的判断和处理,有经验的人员还必须适应不断变化的情况。

3)控制的交叉性

建设工程项目是开放系统,受自然环境和社会环境影响较大,同时也会对社会和环境造成影响,安全控制需要把工程系统、环境系统及社会系统结合起来。

4)控制的严谨性

由于建设工程施工的危害因素复杂、风险程度高、伤亡事故多,所以预防控制措施必须严谨,如有疏漏就可能发展到失控,而酿成事故,造成损失和伤害。

模块 2　施工安全控制程序

1. 确定每项具体建设项目的安全目标

按"目标管理"方法,将安全目标在以项目经理为首的项目管理系统内进行分解,确定每个岗位的安全目标,实现全员安全控制。

2. 编制建设工程项目安全技术措施计划

工程施工安全技术措施计划是对生产过程中的不安全因素,用技术手段加以消除和控制的文件,是落实"预防为主"方针的具体体现,是进行工程项目安全控制的指导性文件。

安全技术措施的一般要求如下:

(1) 必须在开工前制定,与施工组织一同设计编制;

(2) 要全面、具体、可靠,应包含施工过程中的每一道工序;

(3) 要有针对性,应根据每项工作的特点量身制定;

(4) 必须包含应急预案;

(5) 有可行性和可操作性。

3. 安全技术措施计划的落实和实施

安全技术措施计划的落实和实施包括建立健全安全生产责任制,设置安全生产设施,采用安全技术和应急措施,进行安全教育和培训、安全检查、事故处理、沟通和交流信息,采取一系列安全措施使生产作业的安全状况处于受控状态。

4. 安全技术措施计划的验证

安全技术措施计划的验证是对施工过程中施工安全措施计划实施情况的安全检查,它可纠正不符合安全技术措施计划的情况,保证安全技术措施的贯彻和实施。

5. 持续改进

持续改进是根据安全技术措施计划的验证结果,不断对不适宜的安全技术措施计划进行修改、补充和完善的过程。

模块 3　施工安全控制措施

1. 建立健全各种规章制度

1）安全生产责任制度

安全生产责任制是最基本的安全管理制度,也是最有效的安全控制措施。它将安全生产责任分解到相关单位的主要负责人、项目负责人、班组长以及每个岗位的作业人员身上。

2）安全生产许可证制度

《安全生产许可证条例》规定国家对建筑施工企业实施安全生产许可证制度。其目的是严格规范安全生产条件,进一步加强安全生产监督管理,防止和减少生产安全事故。

3）政府安全生产监督检查制度

政府安全生产监督检查制度是指国家法律、法规授权的行政部门,代表政府对企业的安全生产过程实施监督管理的制度。

4）安全生产教育培训制度

企业安全生产教育培训一般包括对管理人员、特种作业人员和企业员工的安全教育。对施工项目中的各个层次人群进行安全教育培训,使其在各自岗位职责范围内加强安全管理,提高其安全防范意识,保证项目安全有序进行。

5）安全措施计划制度

安全措施计划制度是指企业进行生产活动时,必须编制安全措施计划的制度。它是企业有计划地改善劳动条件和安全卫生设施,防止工伤事故和职业病的重要措施之一。它对企业加强劳动保护,改善劳动条件,保障职工的安全和健康,促进企业生产经营的发展都将起着积极作用。

6）特种作业人员持证上岗制度

《建设工程安全生产管理条例》第二十五条规定:垂直运输机械作业人员、起重机械安装拆卸工、爆破作业人员、起重信号工、登高架设作业人员等特种作业人员,必须按照国家有关规定经过专门的安全作业培训,并取得特种作业操作资格证以后,方可上岗作业。

7）专项施工方案专家论证制度

对达到一定规模的危险性较大的分部分项工程应编制专项施工方案,并要经专家论证,通过后方可实施。

8）危及施工安全的工艺、设备、材料淘汰制度

严重危及施工安全的工艺、设备、材料是指不符合生产安全要求,极有可能导致生产安全事故发生,致使人民生命和财产遭受重大损失的工艺、设备和材料。我国实行此制度,有利于保障生产安全,同时也体现了优胜劣汰的市场经济规律,有利于提高生产经营单位的工艺水平,促进设备更新。

9）施工起重机械使用登记制度

这是对施工起重机械的使用进行监督和管理的一项重要制度,能够有效防止不合格机械和设备投入使用,保证施工安全。

10）安全检查制度

（1）目的。

安全检查制度是消除隐患、防止事故、改善劳动条件的重要手段,是企业安全生产管理工作的一项重要内容。通过安全检查可以发现企业及生产过程中的危险因素,以便有计划地采取措施,保证安全生产。

（2）方式。

检查方式有企业组织的定期安全检查、各级管理人员的日常巡回检查、专业性检查、季节性检查、节假日前后的安全检查、班组自检、交接检查,不定期检查等。

（3）检查内容。

安全检查的内容主要包括:查思想、查管理、查隐患、查整改、查伤亡事故处理等。安全检查的重点是检查"三违"和安全责任制的落实情况。

（4）安全隐患的处理。

11）生产安全事故报告和调查处理制度

一旦发生安全事故,及时报告有关部门是及时组织抢救的基础,也是认真进行调查分清责任的基础。事故处理后,对事故发生原因进行调查和处理,吸取教训,保证后续工作的安全进行。

12）"三同时"制度

"三同时"制度是指凡是我国境内新建、改建、扩建的基本建设项目（工程）、技术改建项目

（工程）和引进的建设项目，其安全生产设施必须符合国家规定的标准，必须与主体工程同时设计、同时施工、同时投入生产和使用的制度。安全生产设施主要是指安全技术方面的设施、职业卫生方面的设施和生产辅助性设施。

13）安全预评价制度

安全预评价是在建设工程项目前期，应用安全评价的原理和方法对工程项目的危险性、危害性进行预测性评价。开展安全预评价工作，是贯彻落实"安全第一、预防为主"方针的重要手段，是企业实施科学化、规范化安全管理的工作基础。科学、系统地开展安全评价工作，不仅直接起到了消除危险有害因素、减少事故发生的作用，有利于全面提高企业的安全管理水平，而且有利于系统地、有针对性地加强对不安全状况的治理、改造，最大限度地降低安全生产风险。

14）意外伤害保险制度

根据《建筑法》第四十八条规定，建筑职工意外伤害保险是法定的强制性保险。建筑施工企业应当为施工现场从事施工作业和管理的人员，在施工活动过程中发生的人身意外伤亡事故提供保障，办理建筑意外伤害保险、支付保险费，范围应当覆盖整个项目。

2. 安全技术交底

1）安全技术交底的内容

安全技术交底是一项技术性很强的工作，对于贯彻设计意图、严格实施技术方案、按图施工、循规操作、保证施工质量和施工安全至关重要。

安全技术交底的主要内容如下：

（1）本施工项目的施工作业特点和危险点；

（2）针对危险点的具体预防措施；

（3）应注意的安全事项；

（4）相应的安全操作规程和标准；

（5）发生事故后应及时采取的避难和急救措施。

2）安全技术交底的要求

（1）项目经理部必须实行逐级安全技术交底制度，纵向延伸到班组全体作业人员。

（2）技术交底必须具体、明确，针对性强。

（3）技术交底的内容应针对分部分项工程施工中给作业人员带来的潜在危险因素和存在问题。

（4）应优先采用新的安全技术措施。

（5）对于涉及"四新"项目或技术含量高、技术难度大的单项技术设计，必须经过两阶段技术交底，即初步设计技术交底和实施性施工图技术设计交底。

（6）应将工程概况、施工方法、施工程序、安全技术措施等向工长、班组长进行详细交底。

（7）定期向有两个以上作业队和多工种进行交叉施工的作业队伍进行书面交底。

（8）保持书面安全技术交底签字记录。

3）安全技术交底的作用

（1）让一线作业人员了解和掌握该作业项目的安全技术操作规程和注意事项，减少因违章操作而导致事故的可能。

（2）是安全管理人员在项目安全管理工作中的重要环节。

（3）是安全管理体系内容的要求，是安全管理人员自我保护的手段。

3. 施工单位定期安全检查

工程项目安全检查的目的是消除隐患、防止事故、改善劳动条件及提高员工安全生产意识,是安全控制工作的一项重要内容。通过安全检查可以发现工程中的危险因素,进而有计划地采取措施,保证安全生产。施工项目的安全检查由项目经理组织,定期进行。

1）安全检查的类型

安全检查的类型如下:

(1) 全面安全检查;

(2) 经常性安全检查;

(3) 专业或专职安全管理人员的专业安全检查;

(4) 季节性安全检查;

(5) 节假日检查;

(6) 要害部门重点安全检查。

2）安全检查的内容

安全检查的内容如下:

(1) 查思想;

(2) 查制度;

(3) 查管理;

(4) 查隐患;

(5) 查整改;

(6) 查事故处理。

4. 充分发挥施工现场安全管理中安全监理的监督管理作用

具体内容与上节内容相同,在此不再赘述。

任务 5　安全事故处理程序

知识目标

掌握安全事故的等级划分;掌握施工安全事故处理程序。

能力目标

事故发生时能够保护自身安全;能够自救并救治他人;能够编写事故报告。

模块 1　概述

施工现场一旦发生生产安全事故,应当立即实施抢险救援,特别是抢救人员,迅速控制事态,防止事故进一步扩大,并依法向有关部门报告事故。事故调查处理应当坚持实事求是、尊重科学的原则,及时、准确地查清事故经过、事故原因和事故损失,查明事故性质,认定事故责任,总结经验教训,提出整改措施,并对事故责任者依法追究责任。

模块 2　安全事故的等级划分标准

明确生产安全事故的分级,区分不同事故级别所规定的报告和调查处理要求,是顺利开展生产安全事故报告和调查处理工作的前提,也是规范生产安全事故报告和调查处理的必然要求。

《生产安全事故报告和调查处理条例》规定,根据生产安全事故造成的人员伤亡或者直接经济损失,事故一般分为四个等级。

1. 特别重大事故

特别重大事故是指造成 30 人以上死亡,或者 100 人以上重伤(包括急性工业中毒,下同),或者 1 亿元以上直接经济损失的事故。

2. 重大事故

重大事故是指造成 10 人以上 30 人以下死亡,或者 50 人以上 100 人以下重伤,或者 5000 万元以上 1 亿元以下直接经济损失的事故。

3. 较大事故

较大事故是指造成 3 人以上 10 人以下死亡,或者 10 人以上 50 人以下重伤,或者 1000 万元以上 5000 万元以下直接经济损失的事故。

4. 一般事故

一般事故是指造成 3 人以下死亡,或者 10 人以下重伤,或者 1000 万元以下直接经济损失的事故。

这里所称的“以上”包括本数,“以下”不包括本数。

在实践中,确实存在着一些生产安全事故没有造成人员死亡或者重伤的损害后果,甚至也很难说造成了多大的直接经济损失,但是该事故对经济、社会潜在的负面影响和无形损失却是巨大的,造成了恶劣的社会影响。例如,严重影响周边单位和居民正常的生产生活,社会反应强烈;事故造成较大的国际影响;事故对公众健康构成潜在威胁,等等。对于这类事故,如果国务院或者有关地方人民政府认为需要调查处理的,依照《生产安全事故报告和调查处理条例》的有关规定执行。

模块 3　安全事故处理程序

《建筑法》规定,施工中发生事故时,建筑施工企业应当采取紧急措施减少人员伤亡和事故损失,并按照国家有关规定及时向有关部门报告。

《建筑工程安全生产管理条例》进一步规定,施工单位发生生产安全事故时,应当按照国家有关伤亡事故报告和调查处理的规定,及时、如实地向负责安全生产监督管理的部门、建设行政主管部门或者其他有关部门报告;特种设备发生事故的,还应当同时向特种设备安全监督管理部门报告。

一旦事故发生,通过应急预案的实施,尽可能防止事态的扩大和减少事故的损失。通过事故处理程序,查明原因,制定相应的纠正和预防措施,避免类似事故的再次发生。

1. 事故处理的原则(“四不放过”原则)

国家对发生的事故采取“四不放过”处理原则,其具体内容如下。

(1)事故原因未查清不放过。

要求在调查处理伤亡事故时,首先要把事故原因分析清楚,找出导致事故发生的真正原因,未找到真正原因决不轻易放过,并搞清楚各因素之间的因果关系才算达到事故原因分析的目的,避免今后类似事故的发生。

（2）事故责任人未受到处理不放过。

这是安全事故责任追究制的具体体现,对事故责任者要严格按照安全事故责任追究的法律法规的规定进行严肃处理;不仅要追究事故直接责任人的责任,同时要追究有关负责人的领导责任。当然,处理事故责任者必须谨慎,避免事故责任追究的扩大化。

（3）事故责任人和周围群众未受到教育不放过。

要使事故责任者和广大群众了解事故发生的原因及所造成的危害,并深刻认识到搞好安全生产的重要性,从事故中吸取教训,提高安全意识,改进安全管理工作。

（4）事故隐患不整改不放过。

必须针对事故发生的原因,提出防止相同或类似事故发生的切实可行的预防措施,并督促事故发生单位加以实施。只有这样,才算达到事故调查和处理的最终目的。

2. 建设工程安全事故处理程序

（1）迅速抢救伤员并保护事故现场。

事故发生后,事故现场有关人员应当立即向本单位负责人报告;单位负责人接到报告后,应当在1小时内向事故发生地县级以上人民政府安全生产监督管理部门和负有安全生产监督管理职责的有关部门报告,并有组织、有指挥地抢救伤员,排除险情,防止人为或自然因素的破坏,便于事故原因的调查。

（2）组织调查组,开展事故调查。

事故调查组有权向有关单位和个人了解与事故有关的情况,并要求其提供相关文件、资料,有关单位和个人不得拒绝。事故发生单位的负责人和有关人员在事故调查期间不得擅离职守,并应当随时接受事故调查组的询问,如实提供有关情况。事故调查中发现涉嫌犯罪的,事故调查组应当及时将有关材料或者其复印件一并交给司法机关处理。

（3）现场勘查。

事故发生后,调查组应迅速到现场进行及时、全面、准确和客观的勘察,包括现场笔录、现场拍照和现场绘图。

（4）分析事故原因。

通过调查分析,查明事故经过,按受伤部位、受伤性质、起因物、致害物、伤害方法、不安全状态、不安全行为等,查明事故原因,包括人、物、生产管理和技术管理等方面的原因。通过直接和间接的分析,确定事故的直接责任者、间接责任者和主要责任者。

（5）制定预防措施。

根据事故原因分析,制定防止类似事故再次发生的预防措施。根据事故后果和事故责任者应负的责任提出处理意见。

（6）提交事故调查报告。

事故调查报告应包括以下内容:

① 事故发生单位概况;

② 事故发生经过和事故救援情况;

③ 事故造成的人员伤亡和直接经济损失;

④ 事故发生的原因和事故性质;

⑤ 事故责任的认定以及对事故责任者的处理建议;

⑥ 事故防范和整改措施。

（7）事故的审理和结案。

对于重大事故、较大事故、一般事故，负责事故调查的人民政府应当自收到事故调查报告之日起 15 日内作出批复；特别重大事故，30 天内作出批复，特殊情况下，批复时间可以适当延长，但延长的时间最长不超过 30 天。

有关机关应当按照人民政府的批复，依照法律、行政法规规定的权限和程序，对事故发生单位和有关人员进行行政处罚，对负有事故责任的国家工作人员进行处分。事故发生单位应当按照负责事故调查的人民政府的批复，对本单位负有事故责任的人员进行处理。

负有事故责任的人员涉嫌犯罪的，依法追究刑事责任。

事故处理的情况由负责事故调查的人民政府或者其授权的有关部门、机构向社会公布，依法应当保密的除外。事故调查处理的文件记录应长期完整保存。

任务 6　职业健康管理

知识目标

理解职业健康安全管理体系的作用和必要性；掌握职业健康安全管理的目标。

能力目标

具有防范意识，工作过程中能够保护自身安全，远离危险源；能够对潜在危险进行排除。

模块 1　概述

改革开放以来，我国的经济保持着令世人瞩目的高速发展，但各类伤亡事故的总量很大，一直居高不下，特大、重大事故频繁发生，职业病患者也逐步增多。这是对市场经济大潮的巨大冲击，也体现了职业安全健康工作远滞后于经济建设步伐的现状。2001 年颁布的《安全生产法》，2002 年颁布的《职业病防治法》、《职业健康安全管理体系规范》，这些安全生产法规正是为了减少和预防各类安全事故、降低职业病发生率应运而生的。

职业健康是指对工作场所内产生或存在的职业性有害因素及其健康损害进行识别、评估、预测和控制的一门科学，其目的是预防和保护劳动者免受职业性有害因素所致的健康影响和危险，使工作适应劳动者，促进和保障劳动者在职业活动中的身心健康和社会福利。

建立、实施和保持质量、环境与职业健康安全三项国际通行的管理体系认证是现代企业管理的一个重要标志。我国加入国际贸易组织之后，企业更加关注自身的现代化管理，积极地进行质量、环境、职业健康安全管理体系的认证工作。企业实施并通过国际通行的认证标准，将为企业增强国际市场竞争能力，提高企业经济效益和社会效益带来巨大影响。

模块 2　建设工程职业健康安全管理体系(OHSMS)

1. 职业健康安全管理体系的概念

职业健康安全管理体系是组织全部管理体系中专门管理健康安全工作的部分。组织实施职业健康安全管理体系的目的是辨别组织内部存在的危险源，控制其所带来的风险，从而避免或减少事故的发生。

2. 职业健康安全管理体系的作用

（1）实施职业健康安全管理体系标准，为企业提高职业健康安全绩效提供科学、有效的管理手段。

（2）有助于推动职业健康安全法规和制度的贯彻执行。职业健康安全管理体系标准要求组织必须对遵守法律、法规作出承诺，并定期进行评审以判断其遵守的情况。

（3）能使组织的职业健康安全管理由被动强制行为转变为主动自愿行为，从而促进企业职业健康安全管理水平的提高。

（4）可以促进我国职业健康安全管理标准与国际接轨，有助于消除贸易壁垒。很多国家和国际组织把职业健康安全与贸易挂钩，形成贸易壁垒，实施职业健康安全管理体系标准成为国际市场竞争的必备条件。

（5）会对企业产生直接和间接的经济效益。实施职业健康安全管理体系标准，可以明显提高企业安全生产的管理水平和管理效益。此外，改善劳动作业条件，增强劳动者的身心健康，可显著提高职工的劳动效率。

（6）有助于提高全民的安全意识。为实施职业健康安全管理体系标准，组织必须对员工进行系统的安全培训，这将使全民的安全意识得到很大的提高。

（7）不仅可以强化企业的安全管理，还可以完善企业安全生产的自我约束机制，使企业具有强烈的社会关注力和责任感，对企业树立良好形象具有重要的促进作用。

3. 职业健康安全管理体系需注意的问题

（1）实现有机融合是 GB/T 28001—2011 建立的生命力所在。

建立和运行职业健康安全管理体系不是全盘否定原有的安全管理方式，而是对原有管理模式规范化、系统化，并对其进行更新、补充和完善。因此，我们不仅要按照标准的要求建立规范化的体系，在建立过程中更要结合本企业的实际，灵活应用体系，实现管理体系的有机融合。

（2）转变传统思想，避免两张皮现象。

在建立体系过程中，企业必须结合实际，以企业安全管理实际需要为主，保证体系通过认证后可以在本单位有效运行，要以提高安全管理水平为目标，在危险源确定、危害辨识、风险评价、程序文件编制等环节上，严格按照体系并结合单位实际管理需要来进行。企业要在咨询、认证机构的协助下，建立起可操作性强、具有自身特点的现代安全管理体系，实现对安全经营的有效监管，防止出现体系管理与现行管理脱离的现象。

（3）克服行为惯例，有效实施运行。

在实施过程中，企业要克服原有的管理方式的行为惯例，要重视记录，要对原有管理模式中存在的缺陷进行补充和完善，保证体系的有效实施。

模块 3　建筑工程项目职业健康安全管理

1. 建筑工程项目职业健康安全管理内容

建筑工程项目职业健康安全管理的内容如下：

（1）职业健康安全组织管理；

（2）职业健康安全制度管理；

（3）施工人员操作规范化管理；

（4）职业健康安全技术管理；

（5）施工现场职业健康安全设施管理。

2. 建筑工程项目职业健康安全管理程序

建筑工程项目职业健康安全管理的程序如下：

(1) 识别并评价危险源及风险；

(2) 确定职业健康安全管理目标；

(3) 编制并实施项目职业健康安全技术措施计划；

(4) 职业健康安全技术措施计划实施结果验证；

(5) 持续改进相关措施和绩效。

3. 确定职业健康安全管理目标

建筑工程项目职业健康安全管理目标是根据企业的整体职业健康安全目标，结合本工程的性质、规模、特点、技术复杂程度等实际情况，确定职业健康安全生产所要达到的目标。

1）控制目标

(1) 控制和杜绝因公负伤、死亡事故的发生（负伤频率在 3.6% 以下，死亡率为零）。

(2) 一般事故频率控制目标（通常在 0.6% 以内）。

(3) 无重大设备、火灾和中毒事故。

(4) 无环境污染和严重扰民事件。

2）管理目标

(1) 及时消除重大事故隐患，一般隐患整改率达到的目标不应低于 95%。

(2) 扬尘、噪声、职业危害作业点达到国家规定标准的合格率为 100%。

(3) 保证施工现场达到当地省（市）级文明安全工地。

3）工作目标

(1) 施工现场实现全员职业健康安全教育，特种作业人员持证上岗率达到 100%，操作人员三级职业健康安全教育率为 100%。

(2) 按期开展安全检查活动，隐患整改达到"五定"要求，即定整改责任人、定整改措施、定整改完成时间、定整改完成人、定整改验收人。

(3) 必须把好职业健康安全生产的"七关"要求，即教育关、措施关、交底关、防护关、文明关、验收关、检查关。

(4) 认真开展重大职业健康安全活动和施工项目的日常职业健康安全活动。

(5) 职业健康安全生产达标合格率为 100%，优良率为 80% 以上。

4. 职业健康安全技术措施计划的编制

建筑工程项目职业健康安全技术措施计划应在项目管理实施规划中由项目经理主持编制，经有关部门批准后，由专职安全管理员进行现场监督实施。

1）职业健康安全技术措施计划的编制依据

职业健康安全技术措施计划的编制是依据以下几方面的情况来进行的。

(1) 国家职业健康安全法规、条例、规程、政策，以及与企业有关的职业健康安全规章制度。

(2) 在职业健康安全生产检查中发现的，但尚未解决的问题。

(3) 造成工伤事故与职业病的主要设备与技术原因，应采取的有效防止措施。

(4) 生产发展需要所采取的职业健康安全技术与工业卫生技术措施。

(5) 职业健康安全技术革新项目和职工提出的合理化建议项目。

2）职业健康安全技术措施计划的编制内容

建筑工程项目职业健康安全技术措施计划应根据工程特点、施工方法、施工程序、安全法规和标准的要求，采取可靠的技术措施来编制，以消除安全隐患，保证施工安全。其内容可根据项目运行实际情况增减，一般应包括工程概况、控制目标、控制程序、组织结构、职责权限、规章制度、资源配置、职业健康安全技术措施、检查评价和奖惩制度，以及对分包的职业健康安全管理等内容。

3）建筑工程施工职业健康安全技术措施简介

建筑工程结构复杂多变，工程施工涉及专业和工种很多，职业健康安全技术措施内容很广泛，但归结起来，可以分为一般工程施工职业健康安全技术措施、特殊工程施工职业健康安全技术措施、季节性施工职业健康安全技术措施和应急措施等。

（1）一般工程施工职业健康安全技术措施。

一般工程是指结构共性较多的工程，其施工生产作业既有共性，也有不同之处。由于施工条件、环境等不同，同类工程的不同之处在共性措施中就无法解决。应根据相关法规，结合以往的施工经验与教训，制定职业健康安全技术措施。

（2）特殊工程施工职业健康安全技术措施。

结构比较复杂、技术含量高的工程称为特殊工程。对于特殊工程，应编制单项的职业健康安全技术措施。例如，爆破、大型吊装、沉箱、沉井、烟囱、水塔、特殊架设作业。高层脚手架、井架和拆除工程必须制定专项施工职业健康安全技术措施，并注明设计依据，做到有计算、有详图、有文字说明。

（3）季节性施工职业健康安全技术措施。

季节性施工职业健康安全技术措施是考虑不同季节的气候条件对施工生产带来的不安全因素和可能造成的各种突发性事件，从技术上、管理上采取的各种预防措施。一般工程施工方案中的职业健康安全技术措施中，都需要编制季节施工职业健康安全技术措施。对危险性大、高温期长的建筑工程，应单独编制季节性施工职业健康安全技术措施。季节主要指夏季、雨季和冬季。各季节性施工职业健康安全的主要内容如下：

① 夏季气候炎热，高温时间持续较长，主要是做好防暑降温工作，避免员工中暑和因长时间暴晒引发的职业病；

② 雨季作业时，主要应做好防触电、防雷击、防水淹泡、防塌方、防台风和防洪等工作；

③ 冬季作业时，主要应做好防冻、防风、防火、防滑、防煤气中毒等工作。

（4）应急措施。

应急措施是在事故发生或各种自然灾害发生的情况下采取的应对措施。为了在最短的时间内达到救援、逃生、防护的目的，必须在平时就准备好各种应急措施和预案，并进行模拟训练，尽量使损失减小到最低限度。应急措施可包括以下几种：

① 应急指挥和组织机构；

② 施工场内应急计划、事故应急处理程序和措施；

③ 施工场外应急计划和向外报警程序及方式；

④ 安全装置、报警装置、疏散口装置、避难场所等；

⑤ 有足够数量并符合规格的安全进、出通道；

⑥ 急救设备（担架、氧气瓶、防护用品、冲洗设施等）；

⑦ 通信联络与报警系统；

⑧ 与应急服务机构(医院、消防等)建立联系渠道；

⑨ 定期进行事故应急训练和演习。

5. 职业健康安全管理

职业健康安全管理方案一般包括以下内容：

① 总计划和目标；

② 各级管理部门的职责和指标；

③ 满足危险源辨识、风险评价和风险控制及法律、法规要求的实施方案；

④ 可操作的详细行动计划、时间表和方法；

⑤ 方案形成过程中的评审和执行中的控制；

⑥ 项目文件的记录方法。

6. 职业健康安全隐患和事故处理

1）职业健康安全隐患的控制

（1）职业健康安全隐患的概念。

职业健康安全隐患是指可能导致职业健康安全事故的缺陷和问题，包括安全设施、过程和行为等诸方面的缺陷问题。因此，应对检查和检验中发现的事故隐患采取必要的措施及时处理和化解，以确保不合格设施不使用、不合格过程不通过、不安全行为不放过，防止职业健康安全事故的发生。

（2）职业健康安全隐患的分类。

① 职业健康安全隐患按危害程度，可分为一般隐患（危险性较小，事故影响或损失较小的隐患）、重大隐患（危险性较大，事故影响或损失较大的隐患）、特别重大隐患（危险性大，事故影响或损失大的隐患，如事故造成死亡 10 人以上，或直接经济损失 500 万元以上的）。

② 职业健康安全隐患按危害类型，可分为火灾隐患、爆炸隐患、危房隐患、坍塌和倒塌隐患、滑坡隐患、交通隐患、泄漏隐患和中毒隐患等。

③ 职业健康安全隐患按表现形式，可分为人的隐患（认识隐患和行为隐患）、设备的状态隐患、环境隐患和管理隐患等。

（3）职业健康安全隐患的控制要求。

项目经理部对各类事故隐患应确定相应的处理部门和人员，规定其职责和权限，要求一般问题当天解决，重大问题限期解决。根据隐患的危害程度提出相应的处理方式进行整改，只有当险情排除并采取了可靠措施后方可恢复使用或施工。

2）职业健康安全事故的处理

职业健康安全事故分为两大类型，即职业伤害事故和职业病。职业伤害事故是指因生产过程及工作原因或与其相关的其他原因造成的伤亡事故。职业病是指因从事接触有毒、有害物质或不良环境的工作而造成的急慢性疾病。

（1）职业伤害事故的分类。

① 按事故类别分类。

根据《企业职工伤亡事故分类》(GB/T 6441—1986)规定，将事故类别划分为 20 类，其中与建筑工程密切相关的有 11 类,分别是:物体打击、车辆伤害、机械伤害、起重伤害、触电、灼烫、火灾、高处坠落、坍塌、中毒和窒息及其他伤害。

② 按事故后果严重程度分类。

根据国务院 75 号令《企业职工伤亡事故报告和处理规定》,按照事故的严重程度,职业伤害事故分为以下 6 类。

轻伤事故:轻伤是指造成职工肢体伤残,或某些器官功能性或器质性轻度损伤,表现为劳动能力轻度或暂时丧失的伤害,一般受伤人员休息 1 个工作日以上,105 个工作日以下。轻伤事故是指一次事故中只发生轻伤的事故。

重伤事故:重伤是指造成人员肢体残缺或视觉、听觉等器官受到严重损伤,一般能引起人体长期存在功能障碍或劳动能力有重大损失的伤害,或者是受伤人休息 105 个工作日以上的失能伤害。重伤事故是指一次事故中只发生重伤(包括伴有轻伤)、无死亡的事故。

死亡事故:指一次事故中死亡 1~2 人的事故。

重大伤亡事故:指一次事故中死亡 3 人以上(含 3 人)的事故。

特大伤亡事故:指一次死亡 10 人以上(含 10 人)的事故。

特别重大伤亡事故:凡符合下列情况之一者即为特别重大伤亡事故,民航客机发生的机毁人亡(死亡 40 人及其以上)事故;专机和外国民航客机在中国境内发生的机毁人亡事故;铁路、水运、矿山、水利、电力事故造成一次死亡 50 人及其以上的,或者一次造成直接经济损失 1000 万元及其以上的,公路和其他发生一次死亡 30 人及其以上或直接经济损失在 500 万元及其以上的事故(航空、航天器科研过程中发生的事故除外);一次造成职工和居民 100 人及其以上的急性中毒事故;其他性质特别严重产生重大影响的事故。

(2)职业健康安全事故的处理原则和程序。

职业健康安全事故的处理原则和程序同任务五安全事故处理程序,在此不再赘述。

思 考 题

一、简答题

1. 简述施工安全管理的目的。

2. 简述施工安全管理的程序。

3. 什么是危险源? 危险源辨识的方法有哪些? 施工过程中危险因素一般存在于哪些方面?

4. 职业健康安全检查的内容有哪些?

5. 安全事故的处理原则是什么? 程序如何?

二、案例分析

某高土石坝坝体施工项目,业主与施工总承包单位签订了施工总承包合同,并委托了工程监理单位实施监理。

施工总承包完成桩基施工后,将深基坑支护工程的设计委托给了专业设计单位,并自行决定将基坑的支护和土方开挖工程分包给了一家专业分包单位施工。专业设计单位根据业主提供的勘察报告完成了基坑支护设计后,即将设计文件直接给了专业分包单位。专业分包单位在收到设计文件后编制了基坑支护工程和降水工程专项施工组织方案,施工组织方案经施工总承包单位项目经理签字后即由专业分包单位组织了施工。

专业分包单位在施工过程中,由负责质量管理工作的施工人员兼任现场安全生产监督工作。土方开挖到接近基坑设计标高时,总监理工程师发现基坑四周地表出现裂缝,即向施工总承包单位发出书面通知,要求停止施工,并要求立即撤离现场施工人员,查明原因后再恢复施工,但施工总承包单位认为地表裂缝属于正常现象没有予以理睬。不久基坑发生严重坍塌,并造成 4 名施工人员被掩埋,其中 3 人死亡,1 人重伤。

事故发生后,专业分包单位立即向有关安全生产监督管理部门上报了事故情况。经事故调查组调查,造成坍塌事故的主要原因是由于地质勘查资料中未标明地下存在古河道,基坑支护设计中未能考虑这一因素。事故造成直接经济损失 80 万元,于是专业分包单位要求设计单位赔偿事故损失 80 万元。

问题:

(1) 请指出上述整个事件中有哪些做法不妥,并写出正确的做法。

(2) 本事故应定为哪种等级的事故?

(3) 这起事故的主要责任人是哪一方? 并说明理由。

项目 9　施工项目环境管理

项目重点

　　熟悉施工环境管理的要求;掌握施工环境管理的措施。

教学目标

　　理解施工环境管理体系;掌握施工环境管理的要求和措施。

任务 1　施工环境管理概述

知识目标

　　了解施工环境管理的目的;理解施工环境管理的任务和特点。

能力目标

　　能识别施工中环境管理的任务。

模块 1　环境管理的目的

　　随着经济的高速增长和科学技术的飞速发展,生产力迅速提高,新技术、新材料、新能源不断涌现,新的产业和生产工艺不断诞生,但在生产力高速发展的同时,尤其是在市场竞争日益加剧的情况下,人们往往专注于追求低成本、高利润,而忽视了环境的改善,甚至以破坏人类赖以生存的自然环境为代价。

　　施工项目环境管理就是在生产活动中,通过对环境因素的管理,使环境不受到污染,使资源得到节约的活动。其目的是保护生态环境,使社会的经济发展与人类的生存环境相协调。控制作业现场的各种粉尘、废水、废气、固体废弃物以及噪声、振动对环境的污染和危害,考虑能源节约和避免资源的浪费。

模块 2　环境管理的任务

　　环境管理的任务是建筑生产组织为达到建筑工程的环境管理的目的,指挥和控制组织的协调活动,包括制定、实施、实现、评审和保持环境方针所需的组织结构、计划活动、职责、惯例、程序、过程和资源。

模块 3　环境管理的特点

　　(1)建筑产品的固定性和生产的流动性及所受的外部环境影响因素,决定了环境管理的复杂性,稍有考虑不周就会出现问题。

　　(2)产品的多样性和生产的单件性决定了环境管理的多样性。由于每个建筑产品都要根据其特定要求进行施工,因此,每个施工项目都要根据其实际情况,制订环境管理计划,不可相互套用。

　　(3)产品生产过程的连续性和分工性决定了环境管理的协调性。在环境管理中要求各单位和各专业人员横向配合和协调,共同注意产品生产过程接口部分的环境管理的协调性。

(4)产品的委托性决定了环境管理的不符合性,这就要求建设单位和生产组织必须重视对环保费用的投入,不可进行不符合环境管理要求的活动。

(5)产品生产的阶段性决定了环境管理的持续性。施工项目从立项到投产所经历的各个阶段都要十分重视项目的环境问题,持续不断地对项目各个阶段可能出现的环境问题实施管理。

任务 2　施工环境管理体系

知识目标

了解环境管理体系的背景、环境管理体系中相关概念;熟悉环境管理体系的内容、环境管理体系的建立和运行。

能力目标

能运用环境管理体系的要求进行施工环境管理。

模块 1　环境管理体系的背景

环境管理是随着科学技术的发展而产生的。科学技术的发展既带来了繁荣也带来了环境保护问题。环境保护的意识是随着不断发生严重的环境问题而开始被许多国家重视的。联合国于 1972 年发表了《人类环境宣言》。1992 年又召开了环境与发展大会,发表了《关于环境与发展的宣言》(里约热内卢宣言)、《21 世纪议程》、《联合国气候变化框架条约》、《联合国生物多样化公约》等。联合国的宣言提出了环境保护的重要性,提出了可持续发展的战略思想,得到了与会国家的承认,逐步成为各国的共识。

1993 年,国际标准化组织成立了环境管理技术委员会,开始对环境管理体系的国际通用标准的制定工作。1996 年公布了《环境管理体系规范及使用指南》(ISO 14001),以后又公布了若干标准,形成了体系。我国从 1996 年开始就以等同的方式,颁布了《环境管理体系规范及使用指南》(GB/T 24001—1996 idt ISO 14001—1996),目前采用的是《环境管理体系　要求及使用指南》(GB/T 24001—2004)。

环境管理体系是一个组织内部管理体系的组成部分,它包括为制定、实施、实现、评审和保持环境方针所需的组织机构、规划活动、机构职责、惯例、程序、过程和资源,还包括组织的环境方针、目标和指标等管理方面的内容。

模块 2　环境管理体系的有关概念

环境管理的主要术语有以下几个。

(1)环境是指组织运行活动的外部存在,包括空气、水、土地、自然资源、植物、动物、人,以及它们之间的相互关系。

(2)环境因素是指一个组织的活动、产品或服务中能与环境发生相互作用的要素,其中具有或能够产生重大环境影响的环境因素称为重要环境因素。

(3)环境影响是指全部或部分有组织的活动、产品或服务给环境造成的任何有害或有益的变化。

（4）环境管理体系是整个管理体系的一个组成部分，包括为制定、实施、实现、评审和保持环境方针所需的组织机构、计划活动、职责、惯例、程序、过程和资源。

（5）组织是指具有自身职能和行政管理的公司、集团公司、商行、企事业单位、政府机构或社团，或是上述单位的部分或结合体，无论其是否是法人团体、公营或私营。

（6）污染预防旨在避免、减少或控制污染而对各种过程、惯例、材料或产品的采用，可包括再循环、处理、过程更改、控制机制、资源的有效利用和材料替代等。

（7）持续改进是指强化环境管理体系的过程。其目的是根据组织的环境方针，实现对整体环境表现（行为）的改进。

模块 3　环境管理体系的基本内容

根据《环境管理体系　要求及使用指南》(GB/T 24001—2004)，环境管理体系的基本内容由 5 个一级要素和 17 个二级要素构成，见表 9-1。17 个要素的内在关系如图 9-1 所示。

表 9-1　环境管理体系一级、二级要素表

	一 级 要 素	二 级 要 素
要素名称	1.环境方针	1.环境方针
	2.规划（策划）	2.环境因素 3.法律和其他要求 4.目标和指标 5.环境管理方案
	3.实施和运行	6.组织结构和职责 7.培训意识和能力 8.信息交流 9.环境管理体系文件 10.文件控制 11.运行控制 12.应急准备和响应
	4.检查和纠正措施	13.检测和测量 14.不符合、纠正和预防措施 15.记录 16.环境管理体系审核
	5.管理评审	17.管理评审

环境管理体系的各要素的目的和意义如下。

1. 环境方针

（1）制定环境方针是最高管理者的责任。

（2）环境方针的内容必须包括对法律的遵守及其他要求、持续改进和污染预防的承诺，并作为制定与评审环境目标和指标的框架。

（3）环境方针应适合组织的规模、行业特点，要有个性。

（4）环境方针在管理上要求形成文件，便于员工理解和相关方获取。

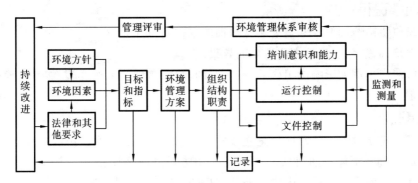

图 9-1 环境管理体系要素关系图

2. 环境因素

（1）识别和评价环境因素，以确定组织的环境因素和重要环境因素。

（2）识别环境因素时要考虑到正常、异常和紧急"三种状态"，过去、现在、将来"三种时态"，向大气排放、向水体排放、废弃物处理、土地污染、原材料和自然资源的利用以及其他当地环境问题。

（3）应及时更新环境方面的信息，以确保环境因素识别的充分性和重要环境因素评价的科学性。

3. 法律和其他要求

（1）组织应建立并保持程序以保证活动、产品或服务中环境因素遵守法律和其他要求。

（2）组织还应建立获得相关法律或其他要求的渠道，包括对变动信息的跟踪。

4. 目标和指标

（1）组织内部各管理层次、各有关部门和岗位在一定的时期内均应有相应的目标和指标，并用文件表示。

（2）组织在建立和评审目标时，应考虑的因素主要有：环境影响因素、遵守法律法规和其他要求的承诺、相关方要求等。

（3）目标和指标应与环境方针中的承诺相呼应。

5. 环境管理方案

（1）组织应制定一个或多个环境管理方案，其作用是保证环境目标和指标的实现。

（2）方案的内容一般可以有组织的目标、指标的分解落实情况，使各相关层次和职能在环境管理方案与其所承担的目标、指标相对应，并应规定实现目标、指标的职责、方法和时间等。

（3）环境管理方案应随情况变化及时做相应修订。

6. 组织结构和职责

（1）环境管理体系的有效实施要靠组织的所有部门承担相关的环境职责。

（2）必须对每一层次的任务、职责、权限作出明确规定，形成文件并给予传达。

（3）最高管理者应指定管理者代表，并明确其任务、职责、权限。

（4）管理者代表应做到：对环境管理体系建立、实施保持负责，并向最高管理者报告环境管理体系运行情况。

（5）最高管理者应为环境管理体系的实施提供各种必要的资源。

7. 培训意识和能力

（1）组织应明确培训要求和需要特殊培训的工作岗位和人员。

（2）建立培训程序，明确培训应达到的效果。

（3）对可能产生重大影响的工作，要有必要的教育、培训及工作经验、能力方面的要求，以保证他们能胜任所承担的工作。

8. 信息交流

（1）组织应建立对内对外双向信息交流的程序，其功能是：能在组织的各层次和职能间交流有关环境因素和管理体系的信息，以及外部相关方信息的接收、成文、答复。

（2）特别注意涉及重要环境因素的外部信息的处理，并记录其决定。

9. 环境管理体系文件

（1）环境管理体系文件应充分描述环境管理体系的核心要素及其相互作用。

（2）应给出查询相关文件的途径，明确查找的方法，使相关人员易于获取有效版本。

10. 文件控制

（1）组织应建立并保持有效的控制程序，保证所有文件的实施。

（2）环境管理文件应注明日期（包括发布和修订日期）、字迹清楚、标志明确，妥善保管并在规定期间予以保留等；还应及时从发放和使用场所收回失效文件，防止误用。

（3）建立并保持有关制定和修改各类文件的程序。

（4）环境管理体系重在运行和对环境因素的有效控制，应避免文件过于烦琐，以利于建立良好的控制系统。

11. 运行控制

（1）运行控制是对组织环境管理体系实施控制的过程，其目的是实现组织方针和目标指标，其对象是与环境因素有关的运行与活动，其手段是编制控制程序。

（2）应确保组织的方针、目标和指标及与重要环境因素有关的活动，在程序的控制下运行；当某些活动有关标准在第三层文件中已有具体规定时，程序可予以引用。

（3）对于缺乏程序指导可能偏离方针、目标、指标的运行，应建立运行控制程序，但并不要求所有的活动和过程都建立相应的运行控制程序。

（4）应识别组织使用的产品或服务中的重要环境因素，并建立和保持相应的文件程序，将有关程序与要求通报供方和承包方，以促使他们提供的产品或服务符合组织的要求。

12. 应急准备和响应

（1）组织应建立并保持一套程序，使之能有效确定潜在的事故或紧急情况，并在其发生前予以预防，减少可能伴随的环境影响。一旦紧急情况发生时做出响应，尽可能地减少由此造成的环境影响。

（2）组织应考虑可能会有的潜在事故和紧急情况（如组织在识别和评审重要环境因素时，就应包括这些方面的内容），采取预防和纠正的措施应针对潜在的和发生的原因。

（3）必要时特别是在事故或紧急情况发生后，应对程序予以评审和修订，确保其切实可行。

（4）可行时，按程序有关规定定期进行实验或演练。

13. 监测和测量

（1）对环境管理体系进行例行监测和测量，既是对体系运行状况的监督手段，又是发现问题及时采取纠正措施,实施有效运行控制的首要环节。

(2)组织应建立文件程序,其对象是对可能具有重大环境影响的运行与活动的关键特性进行监测和测量,保证监测活动按规定进行。

(3)监测的内容通常包括:组织的环境绩效(如组织采取污染预防措施收到的效果,节省资源和能源的效果,对重大环境因素控制的结果等),有关的运行控制(对运行加以控制,监测其执行程序及其运行结果是否偏离目标和指标),目标、指标和环境管理方案的实现程度,为组织评价环境管理体系的有效性提供充分的客观依据。

(4)对监测活动,程序中应明确规定:如何进行例行监测;如何使用、维护、保管监测设备;如何记录和保管记录;如何参照标准进行评价;什么时候向谁报告监测结果和发现的问题等。

(5)组织应建立评价程序,定期检查有关法律、法规的持续遵循情况,以判断环境方针有关承诺的符合性。

14. 不符合、纠正与预防措施

(1)组织应建立并保持文件程序,用来规定有关的职责和权限,对不符合规定的进行处理与调查,采取措施减少由此产生的影响,采取纠正与预防措施并予以完成。

(2)对于旨在消除已存在和潜在不符合所采取纠正或预防措施,应分析原因并与该问题的严重性和伴随的环境影响相适应。

(3)对于纠正与预防措施所引起的对程序文件的任何更改,组织均应遵照实施并予以记录。

15. 记录

(1)组织应建立对记录进行管理的程序,明确对环境管理的标志、保存、处置的要求。

(2)程序中应规定记录的内容。

(3)对记录本身的质量要求是字迹清楚、标志清楚、可追溯。

16. 环境管理体系审核

(1)本条款所讲的"审核"是指环境管理内部审核。

(2)组织应制定、保持定期开展环境管理体系内部审核的程序、方案。

(3)审核程序和方案的目的是判定其是否满足符合性(即环境管理体系是否符合对环境管理工作的预定安排和规范要求)和有效性(即环境管理体系是否得到正确实施和保持),向管理者报告管理结果。

(4)对审核方案的编制依据和内容要求,应立足于所涉及活动的环境的重要性和以前审核的结果。

(5)审核的具体内容包括:规定审核的范围、频次、方法;对审核组的要求;对审核报告的要求等。

17. 管理评审

(1)管理评审是组织最高管理者的职责。

(2)应按规定的时间间隔进行,评审过程要记录,结果要形成文件。

(3)评审的对象是环境管理体系,目的是保证环境管理体系的持续适用性、充分性、有效性。

(4)评审前要收集充分必要的信息,作为评审依据。

模块 4　环境管理体系的建立和运行

1. 环境管理体系的建立步骤

1）领导决策

最高管理者亲自决策，以便获得各方面的支持和在体系建立过程中所需的资源保证。

2）成立工作组

最高管理者或授权管理者代表人成立工作小组负责建立体系。工作小组的成员要覆盖组织的主要职能部门，组长最好由管理者代表担任，以保证小组对人力、资金、信息的获取。

3）人员培训

培训的目的是使有关人员了解建立体系的重要性，了解标准的主要思想和内容。

4）初始状态评审

初始状态评审是对组织过去和现在的职业健康安全与环境的信息、状态进行收集、调查分析、识别和获取现有的适用的法律法规和其他要求，进行危险源辨识和风险评价、环境因素识别和重要环境因素评价。评审的结果将作为确定职业健康安全与环境方针、制定管理方案、编制体系文件的基础。初始状态评审的内容包括：

（1）辨识工作场所中的危险源和环境因素；

（2）明确适用的有关职业健康安全与环境法律、法规和其他要求；

（3）评审组织现有的管理制度，并与标准进行对比；

（4）评审过去的事故，进行分析评价，以及检查组织是否建立了处罚和预防措施；

（5）了解相关方对组织在职业健康安全与环境管理工作的看法和要求。

5）制定方针、目标、指标和管理方案

方针是组织对其职业健康安全与环境行为的原则和意图的声明，也是组织自觉承担其责任和义务的承诺。方针不仅为组织确定了总的指导方向和行动准则，而且是评价一切后续活动的依据，并为更加具体的目标和指标提供一个框架。

职业健康安全及环境目标、指标的制定是组织为了实现其在职业健康安全及环境方针中所体现出的管理理念及其对整体绩效的期许与原则，与企业的总目标相一致。目标和指标制定的依据和准则如下：

（1）以方针为依据，并符合方针要求；

（2）考虑法律、法规和其他要求；

（3）考虑自身潜在的危险和重要环境因素；

（4）考虑商业机会和竞争机遇；

（5）考虑可实施性；

（6）考虑监测考评的现实性；

（7）考虑相关方的观点。

管理方案是实现目标、指标的行动方案。为保证职业健康安全和环境管理体系目标的实现，需结合年度管理目标和企业客观实际情况，策划制定职业健康安全和环境管理方案。方案中应明确旨在实现目标指标的相关部门的职责、方法、时间表以及资源的要求。

6）管理体系策划与设计

体系策划与设计是依据制定的方针、目标和指标、管理方案，确定组织机构职责和筹划的

各种运行程序。文件策划的主要工作如下：

(1) 确定文件结构；

(2) 确定文件编写格式；

(3) 确定各层文件名称及编号；

(4) 制订文件编写计划；

(5) 安排文件的审查、审批和发布工作。

7) 体系文件编写

体系文件包括管理手册、程序文件和作业文件三个层次。

(1) 体系文件编写的原则。

职业健康安全与环境管理体系是系统化、结构化、程序化的管理体系，是遵循 PDCA 管理模式并以文件支持的管理制度和管理办法。

体系文件编写应遵循的原则：标准要求的要写到；文件写到的要做到；做到的要有记录。

(2) 管理手册的编写。

管理手册是对组织整个管理体系的整体性描述，它为体系的进一步展开以及后续程序文件的制定提供了框架要求和原则规定，是管理体系的纲领性文件。管理手册可使组织的各级管理者明确体系概况，了解各部门的职责权限和相互关系，以便统一分工和协调管理。

管理手册除了反映组织管理体系需要解决的问题外，还反映出组织的管理思路和理念，同时也向组织内外部人员提供查询所需文件和记录的途径，相当于体系文件的索引。

管理手册的主要内容包括：

① 方针、目标、指标、管理方案；

② 管理、运行、审核和评审工作人员的主要职责、权限和相互关系；

③ 关于程序文件的说明和查询途径；

④ 关于管理手册的管理、评审和修订工作的规定。

(3) 程序文件的编写。

程序文件的编写应符合以下要求：

① 程序文件包括需要编制程序文件体系的管理要素；

② 程序文件的内容可按"4W1H"的顺序和内容来编写，即明确程序中管理要素由谁做(who)，什么时间做(when)，在什么地点做(where)，做什么(what)，怎么做(how)；

③ 程序文件一般格式可按照目的和适用范围、引用的标准及文件、术语和定义、职责、工作程序、报告和记录的格式以及相关文件等的顺序来设计。

(4) 作业文件的编制。

作业文件是指管理手册、程序文件之外的文件，一般包括作业指导书(操作规程)、管理规定、监测活动准则及程序文件引用的表格。其编写的内容和格式与程序文件的要求基本相同。在编写之前应对原有的作业文件进行清理，摘其有用的，删除无关的。

8) 文件的审查、审批和发布

文件编写完成后应进行审查，经审查、修改、汇总后进行审批，然后发布。

2. 环境管理体系的运行

1) 管理体系的运行

管理体系运行是指按照已建立体系的要求实施，其实施的重点围绕培训意识和能力，信息交流,文件管理,执行控制程序,监测,不符合、纠正和预防措施,记录等活动推进体系的运行工作。上述运行活动简述如下。

（1）培训意识和能力。

主管培训的部门应根据体系、体系文件(培训意识和能力程序文件)的要求,制订详细的培训计划,明确培训的组织部门、时间、内容、方法和考核要求。

（2）信息交流。

信息交流是确保各要素构成一个完整的、动态的、持续改进的体系和基础,应关注信息交流的内容和方式。

（3）文件管理。

① 对现有有效文件进行整理编号,方便查询索引。

② 对适用的规范、规程等行业标准应及时购买补充,对适用的表格要及时发放。

③ 对在内容上有抵触的文件和过期的文件要及时作废并妥善处理。

（4）执行控制程序文件的规定。

体系的运行离不开程序文件的指导,程序文件及其相关的作业文件在组织内部都具有法定效力,必须严格执行,才能保证体系正确运行。

（5）监测。

为保证体系正确有效地运行,必须严格监测体系的运行情况。监测中应明确监测的对象和方法。

（6）不符合、纠正和预防措施。

体系在运行过程中,出现不符合要求的现象是不可避免的,就是事故也难免要发生,关键是相应的纠正与预防措施是否及时有效。

（7）记录。

在体系运行过程中及时按文件要求进行记录,如实反映体系运行情况。

2）管理体系的维持

（1）内部审核。

内部审核是组织对其自身的管理体系进行的审核,是对体系是否正常进行以及是否达到规定的目标所做的独立检查和评价,是管理体系自我保证和自我监督的一种机制。内部审核要明确提出审核的方式方法和步骤,形成审核日程计划,并发至相关部门。

（2）管理评审。

管理评审是由组织的最高管理者对管理体系进行系统评价,判断组织的管理体系面对内部情况的变化和外部环境是否充分适应有效,由此决定是否对管理体系作出调整,包括方针、目标、机构和程序等。

管理评审中应注意以下问题:

① 信息输入的充分性和有效性;

② 评审过程十分严谨,应明确评审的内容,对相关信息进行收集、整理,并进行充分的讨论和分析;

③ 评审结论应该清楚明了,表述准确;

④ 评审中提出的问题应认真进行整改,不断改进。

（3）合规性评价。

合规性评价分为公司级评价和项目组级评价两个层次。

项目组级评价是由项目经理组织有关人员对施工中应遵守的法律、法规和其他要求的执行情况进行一次合规性评价。当某个阶段施工时间超过半年时,合规性评价不少于一次。项目工程结束时应针对整个项目工程进行系统的合规性评价。

公司级评价每年进行一次,制订计划后由管理者代表组织企业相关部门和项目组,对公司应遵守的法律、法规和其他要求的执行情况进行合规性评价。

各级合规性评价后,不能充分满足合规性要求的相关活动或行为,要通过管理方案或纠正措施等方式进行逐步改进。上述评价和改进的结果应形成必要的记录和证据,作为管理评审的依据。

管理评审时,最高管理者应结合上述合规性评价的结果、企业的客观管理实际,相关法律、法规和其他要求,系统评价体系运行过程中对适用法律、法规和其他要求的遵守执行情况,并由相关部门或最高管理者提出改进要求。

任务 3　环境管理要求

知识目标

了解建设工程项目决策、工程设计阶段的环境管理要求;掌握工程施工阶段环境管理要求。

能力目标

能按环境管理的要求进行施工项目环境管理。

模块 1　建设工程项目决策阶段

建设单位应按照有关建设工程法律、法规的规定和强制性标准的要求,办理各种有关环境保护方面的审批手续。对需要进行环境影响评价的建设工程项目,应组织或委托有相应资质的单位进行建设工程项目环境影响评价。

模块 2　工程设计阶段

设计单位应按照有关建设工程法律、法规的规定和强制性标准的要求,进行环境保护设施的设计,防止因设计考虑不周而导致对环境造成不良影响。

在进行工程设计时,设计单位应考虑施工安全和防护需要,对涉及施工安全的重点部分和环节在设计文件中应进行注明,并对防范生产安全事故提出指导意见。

对于采用新结构、新材料、新工艺的建设工程和特殊结构的建设工程,设计单位应在设计中提出保障施工作业人员安全和预防生产安全事故的措施建议。

工程总概算中应明确工程安全环保设施费用、安全施工和环境保护措施费等。设计单位和注册建筑师等执业人员应当对其设计负责。

模块 3　工程施工阶段

建设单位在申请领取施工许可证时,应当提供建设工程有关安全施工措施的资料。对于依法批准开工报告的建设工程,建设单位应当自开工报告批准之日起 15 天内,将保证安全施工的措施报送建设工程所在地的县级以上人民政府的建设行政主管部门或者其他有关部门备案。

对于应当拆除的工程,建设单位应当在拆除工程施工 15 天前,将拆除施工单位资质等级证明,拟拆除建筑物、构筑物及可能涉及毗邻建筑的说明,拆除施工组织方案,堆放、清除废弃物的措施的资料报送建设工程所在地的县级以上的地方人民政府的主管部门或者其他有关部门备案。

建设工程实行总承包的,由总承包单位对施工现场的安全生产负总责并自行完成工程主体结构的施工。分包单位应当接受总承包单位的安全生产管理,分包合同中应当明确各自的安全生产方面的权利、义务。分包单位不服从管理导致发生生产安全事故的,由分包单位承担主要责任,总承包和分包单位对分包工程的安全生产承担连带责任。

模块 4　项目验收试运行阶段

项目竣工后,建设单位应向审批建设工程项目环境影响报告书、环境影响报告或者环境影响登记表的环境保护行政主管部门申请,对环保设施进行竣工验收。环保行政主管部门应在收到申请环保设施竣工验收之日起 30 天内完成验收。验收合格后,才能投入生产和使用。

对于需要试生产的建设工程项目,建设单位应在项目投入试生产之日起 3 个月内向环保行政主管部门申请对其项目配套的环保设施进行竣工验收。

任务 4　施工环境管理措施

知识目标

掌握施工现场空气污染、水污染的防治措施;掌握施工现场噪声的控制措施和施工现场固体废弃物的处理方法。

能力目标

能采取有效措施防治施工现场的空气污染和水污染,控制施工现场的噪音,处理施工现场的固体废弃物。

模块 1　施工现场空气污染的防治措施

大气污染物的种类有数千种,已发现有危害作用的有 100 多种,其中大部分是有机物。大气污染物通常以气体状态和粒子状态存在于空气中。施工中,防治施工对大气污染的措施主要有以下几点。

(1)施工现场垃圾、渣土要及时清理出现场。

(2)对于细颗粒散体材料(如水泥、粉煤灰、白灰等)的运输、储存要注意遮盖、密封,防止和减少飞扬。

(3)车辆开出工地要做到不带泥砂,基本做到不洒土、不扬尘,减少对周围环境的污染。

(4)除设有符合规定的装置外,禁止在施工现场焚烧油毡、橡胶、塑料、皮革、树叶、枯草、各种包装物等废弃物品,以及其他会产生有毒、有害烟尘和恶臭气体的物质。

(5)机动车都要安装减少尾气排放的装置,确保符合国家标准。

(6)应尽量采用电热水器。若只能使用烧煤茶炉和锅炉时,应选用消烟除尘型茶炉和锅炉,大灶应选用消烟节能回风炉灶,使烟尘降至允许排放范围为止。

（7）大城市市区的建设工地上已不容许搅拌混凝土。在容许设置搅拌站的工地,应将搅拌站封闭严密,并在进料仓上方安装除尘装置,采用可靠措施控制工地粉污染。

（8）拆除旧建筑物时,应适当洒水,防止扬尘。

模块 2　施工现场水污染的防治措施

施工中,防治现场污水对大气污染的措施主要有以下几点。

（1）禁止将有毒、有害废弃物当做土方回填。

（2）施工现场搅拌站的废水、现制水磨石的污水、电石（碳化钙）的污水必须经沉淀池沉淀合格后再排放,最好将沉淀水用于工地洒水降尘或采取措施回收利用。

（3）现场存放油料的库房,必须对其地面进行防渗处理,如采用防渗混凝土地面、铺油毡等措施。使用时,要采取防止油料跑、冒、滴、漏的措施,以免污染水体。

（4）施工现场 100 人以上的临时食堂,污水排放时可设置简易有效的隔油池,定期清理,防止污染。

（5）工地临时厕所、化粪池应采取防渗漏措施。中心城市施工现场的临时厕所可采用水冲式厕所,并有防蝇、灭蛆措施,防止污染水体和环境。

（6）化学用品、外加剂等要妥善保管,库内存放,防止污染环境。

模块 3　施工现场的噪声控制

1. 施工现场噪声的限值

声音是由物体振动产生的。当频率在 20～20000 Hz 时,作用于人的耳膜而产生的感觉,称为声音。由声构成的环境称为"声环境"。当环境中的声音对人类、动物及自然物没有产生不良影响时,就是一种正常的物理现象。相反,对人的生活和工作造成不良影响的声音就称为噪声。

根据国家标准《建筑施工场界环境噪声排放标准》（GB 12523—2011）的要求,对不同施工作业的噪声限值见表 9-2。在工程施工中,特别注意不得超过国家标准的限值,尤其是夜间禁止打桩作业。

表 9-2　建筑施工现场噪声限值

施 工 阶 段	主要噪声源	噪声限值(A)/dB	
		昼间	夜间
土石方	推土机、挖掘机、装载机等	75	55
打桩	各种打桩机等	85	禁止施工
结构	混凝土搅拌机、振捣棒、电锯等	70	55
装修	吊车、升降机等	65	55

2. 施工现场的噪声控制措施

施工现场噪声的控制可从声源、传播途径、接收者防护等方面来考虑。

1）声源控制

从声源上降低噪声是防止噪声污染的最根本的措施。尽量采用低噪声设备和加工工艺代替高噪声设备与加工工艺,如采用低噪声振捣器、风机、电动空压机、电锯等设备。

在声源处安装消声器消声,如在通风机、鼓风机、压缩机、燃气轮机、内燃机及各类排气放空装置等进出风管的适当位置设置消声器。

2）传播途径的控制

在传播途径上控制噪声的方法主要有以下几种。

（1）吸声:利用吸声材料(大多由多孔材料制成)或由吸声结构形成的共振结构(如金属或木质薄板钻孔形成的空腔体等)吸收声能,降低噪声。

（2）隔声:应用隔声结构阻碍噪声向空间传播,将接收者与噪声声源分隔。隔声结构包括隔声室、隔声罩、隔声屏障、隔声墙等。

（3）消声:利用消声器阻止噪声传播。允许气流通过的消声降噪装置是防治空气动力性噪声的主要装置。例如,消除空气压缩机、内燃机产生的噪声等就采用这种装置实现的。

（4）减振降噪:对来自振动引起的噪声,通过降低机械振动减小噪声,如将阻尼材料涂在振动源上,或改变振动源与其他刚性结构的连接方式等。

3）接收者的防护

让处于噪声环境下的人员使用耳塞、耳罩等防护用品,减少相关人员在噪声环境中的暴露时间,以减轻噪声对人体的危害。

4）严格控制人为噪声

进入施工现场不得高声喊叫、无故甩打模板、乱吹哨,限制高音喇叭的使用,最大限度地减少噪声扰民。

5）控制强噪声作业的时间

凡在人口稠密区进行强噪声作业时,须严格控制作业时间,一般晚10点到次日早6点之间停止强噪声作业。确系特殊情况必须深夜施工时,尽量采取降低噪声的措施,并会同建设单位找当地居委会、村委会或当地居民协调,出安民告示,求得群众谅解。

模块4　施工现场固体废物的处理

固体废物是生产、建设、日常生活和其他活动中产生的固态、半固态废弃物质。固体废物是一个极其复杂的废物体系。固体废物按照其化学组成,可分为有机废物和无机废物;按照其对环境和人类健康的危害程度,可分为一般废物和危险废物。

1. 施工工地上常见的固体废物

（1）建筑渣土,包括砖瓦、碎石、渣土、混凝土碎块、碎玻璃、废屑、废弃装饰材料等。

（2）废弃的散装建筑材料,包括散装水泥、石灰等。

（3）生活垃圾,包括厨房废物、丢弃食品、废纸、生活用具、玻璃、陶瓷碎片、废电池、废旧日用品、废塑料制品、煤灰渣、废交通工具等。

（4）设备、材料等的废弃包装材料。

2. 施工现场固体废物的处理

1）回收利用

回收利用是对固体废物进行资源化、减量化的重要手段之一,对建筑渣土可视其情况加以利用。废钢可按需要做金属原材料,对废电池等废弃物应分散回收,集中处理。

2）减量化处理

减量化是对已经产生的固体废物进行分选、破碎、压实浓缩、脱水等,以减少其最终处置量,降低处理成本,减少对环境的污染,在减量化处理的过程中,也包括与其他处理技术相关的工艺方法,如焚烧、热解、堆肥等。

3)焚烧技术

焚烧用于不适合再利用的不宜直接予以填埋处置的废物,尤其是对于受到病菌、病毒污染的物品,可以用焚烧进行无害化处理。焚烧处理应使用符合环境要求的处理装置,注意避免对大气造成污染。

4)稳定和固化技术

利用水泥、沥青等胶结材料,将松散的废物包裹起来,降低废物的毒性和可迁移性,使得污染减少。

5)填埋

填埋是固体废物处理的最终技术,将经过无害化、减量化处理的废物残渣集中到填埋场进行处置。填埋场应利用天然或人工屏障,尽量使需处置的废物与周围的生态环境隔离,并注意废物的稳定性和长期安全性。

思 考 题

一、简答题

1. 简述环境管理的目的。

2. 环境管理体系是如何建立和运行的?

3. 在施工中,环境管理的要求有哪些?

4. 施工现场中空气污染和水污染的防治措施有哪些?

5. 如何控制施工现场的噪声?

6. 如何处理施工现场的固体废弃物?

二、案例分析

某施工单位分别在某省会城市远郊和城区承接了两个标段的堤防工程施工项目,其中防渗墙采用钢板桩技术进行施工。施工安排均为夜间插打钢板桩,白天进行钢板桩防渗墙顶部的混凝土圈梁浇筑、铺土工膜、植草皮等施工。施工期间由多台重型运输车辆将施工材料及钢板桩运抵作业现场,临时散乱堆放。由于工程任务量大,施工工期紧,施工单位调度大量运输车辆频繁来往于城郊之间,并且土料运输均出现超载,同时又正值酷暑季节,气候干燥,因此,运输过程中产生大量泥土和灰尘。

问题:

(1)加强施工环境管理,应重点做好哪几方面的工作?

(2)远郊施工环境布置应重点注意哪些方面?

(3)应如何考虑城区施工环境的布置?

(4)分析本例施工期环境保护存在的主要问题?如何改进?

参 考 文 献

[1] 水利电力部水利水电建设总局.水利水电工程施工组织设计手册[M].北京:中国水利水电出版社,1996.

[2] 武长玉.水利工程施工组织设计与施工项目管理实务[M].北京:当代音像出版社,2004.

[3] 水利部.水利水电工程施工组织设计规范 SL 303—2004[S].北京:中国水利水电出版社,2004.

[4] 水利部.水利水电工程施工总布置设计规范 SL 487—2010[S].北京:中国水利水电出版社,2010.

[5] 中华人民共和国建设部.建设工程项目管理规范(GB/T 50326—2006)[S].北京:中国建筑工业出版社,2006.

[6] 国家标准.混凝土结构工程施工质量验收规范(GB 50204—2002)[S].北京:中国建筑工业出版社,2002.

[7] 国家标准.建筑工程施工质量验收统一标准(GB 50300—2001)[S].北京:中国计划出版社,2001.

[8] 钟汉华.水利水电工程施工组织与管理[M].北京:中国水利水电出版社,2005.

[9] 丁士昭.工程项目管理[M].北京:中国建筑工业出版社,2006.

[10] 国向云.建筑工程施工项目管理[M].北京:北京大学出版社,2009.

[11] 全国一级建造师执业资格考试用书编写委员会.建设工程项目管理[M].北京:中国建筑工业出版社,2007.

[12] 王辉.建筑施工项目管理[M].北京:机械工业出版社,2009.

[13] 翟丽旻,姚玉娟.建筑施工组织与管理[M].北京:北京大学出版社,2009.

[14] 中国水利工程协会.水利工程建设进度控制[M].北京:中国水利水电出版社,2011.

[15] 黄森开.水利水电工程施工组织与工程造价[M].北京:中国水利水电出版社,2003.

[16] 薛振清.水利工程项目施工组织与管理[M].徐州:中国矿业大学出版社,2008.